新工科计算机专业卓越人才培养系列教材

数据库原理与应用

MySQL版 | 微课版 | 第4版

赵杰 杨丽丽 陈雷◎编著

Database
Principle and Application

人民邮电出版社

北　京

图书在版编目（CIP）数据

数据库原理与应用：MySQL：微课版 / 赵杰，杨丽丽，陈雷编著. -- 4版. -- 北京：人民邮电出版社，2023.1（2023.12重印）
新工科计算机专业卓越人才培养系列教材
ISBN 978-7-115-59876-9

Ⅰ. ①数… Ⅱ. ①赵… ②杨… ③陈… Ⅲ. ①关系数据库系统－高等学校－教材 Ⅳ. ①TP311.132.3

中国版本图书馆CIP数据核字(2022)第150310号

内 容 提 要

本书基于流行的 MySQL 数据库技术，以编者亲自研发的开源商用数据库系统为例编写而成。本书内容由浅入深，案例讲解详细，以求满足高校数据库技术人才的培养目标，提升读者的数据库设计与开发能力。

全书分为 4 篇，共 11 章，主要内容包括数据库系统、关系数据库数学模型、关系数据库设计理论、数据查询、数据管理、简单数据库设计与操作、前端开发及工具、后端开发及工具、复杂数据库设计、大数据管理系统、综合案例——会展管理系统开发。本书内容全面、实用性强，读者参照书中案例即可开发一个小型的 MySQL 数据库应用系统。

本书可作为普通高等学校计算机及相关专业"数据库原理及应用"课程的教材，也可作为从事互联网软件开发的科技工作者和信息管理人员的参考书。

- ◆ 编　著　赵　杰　杨丽丽　陈　雷
　　责任编辑　许金霞
　　责任印制　王　郁　陈　犇
- ◆ 人民邮电出版社出版发行　　北京市丰台区成寿寺路 11 号
　　邮编　100164　　电子邮件　315@ptpress.com.cn
　　网址　https://www.ptpress.com.cn
　　固安县铭成印刷有限公司印刷
- ◆ 开本：787×1092　1/16
　　印张：19.5　　　　　　　　　2023 年 1 月第 4 版
　　字数：533 千字　　　　　　　2023 年 12 月河北第 2 次印刷

定价：69.80 元

读者服务热线：(010)81055256　印装质量热线：(010)81055316
反盗版热线：(010)81055315
广告经营许可证：京东市监广登字 20170147 号

随着互联网和移动互联网的普及，我们日常的工作环境和生活环境也发生了天翻地覆的变化。从"PC 桌面"到"手机应用"、从"数字孪生"到"软件定义一切"，再从"大数据挖掘"到"人工智能"等，这些技术促进了互联网和数字化产业的大发展。数据库作为现代信息产业发展的基础平台，起到至关重要的作用，这一点已经毋庸置疑。"数据库原理与应用"已经是所有大学生，特别是理工科大学生必须认真学习的通识课程。

本书自 2001 年首次出版以来，受到了全国各类高校师生的厚爱，历经了 2 次改版、数十次印刷，内容不断得以丰富和完善。本书编者长期从事数据库应用软件开发的技术研究和教学实践工作，主持过多个商用系统的设计、开发、实施和运维，积累了丰富的实战经验。随着 MySQL 数据库技术的快速发展及广泛应用，编者在原有基础之上对本书进行第 3 次改版。

本书特点

1．结合商用数据库系统开发实际需要，实用性强

本书不仅全面、系统地介绍了数据库的基本概念、数学模型和关系理论，还通过使用 HeidiSQL 可视化的开源数据库客户端进行实际操作，讲解了数据库的建立、查询及标准 SQL 查询语言。本书还结合数据库应用系统的前端开发工具（HTML、CSS、JavaScript 等）和后端开发工具（PHP），讲解了如何利用各类语言和工具进行数据库应用开发。此外，书中还结合编者多年来的实践经验，讲解了复杂数据库应用系统的开发范式，以及大数据应用相关的知识。最后，以商用的会展管理系统为例，介绍了满足复杂业务需求的数据库应用的实现方法，以及其业务数据的展现。

2．基于 MySQL 平台，注重理论与实践相结合

本书在保留原版教学内容的基础上，基于 MySQL 平台列举了大量的实际案例。同时，针对 MySQL 的插件存储引擎、聚簇索引结构及扩展的 SQL 程序结构等特色功能和核心内容进行了讲解和分析，并分别使用 MySQL 命令行及第三方客户端——HeidiSQL 对案例内容加以操作和总结，以适应当前更广泛的实际商业应用环境，也降低了教学环境准备的难度。

3．贯穿数据库应用的前端和后端，易于读者深入理解数据库的应用

本书详细介绍了基于互联网和移动互联网的数据库前端及后端开发工具，帮助读者在掌握数据库应用系统开发能力的同时，能很好地掌握数据的获取、验证、传输、存储、转换、展现等过程，理解各种开发工具的应用价值和在数据库应用系统开发过程中所起到的作用。

4．内容形式多样，教学资源丰富

本书配套微课视频，编者针对书中重点难点做了详细视频解析，读者扫描书中二维码即可观看。各篇章均设置了"本篇导读"和"本章导读"等内容，大部分章附有多种类型的习题和上机题，以求更好地帮助读者明确学习要点并巩固课堂所学。同时，本书还配套教学课件、教学大纲、数据源、源代码、习题答案等教学资源。另外，编者将数据库应用技术相关的学习资源发布在 CSDN 社区，以便读者即时了解数据库的相关技术。

编者分工

本书由赵杰负责内容框架审定并编写应用实例，以及第 7 章～第 9 章、第 11 章等内容；杨丽丽编写第 1 章～第 3 章、第 10 章的数据库原理及大数据技术部分等内容；陈雷编写第 4 章～第 6 章的应用部分等内容。

编者

2022 年 9 月

第 1 篇　数据库原理

第 2 篇 SQL 语言基础

第 3 篇　数据库编程开发基础

第 7 章　前端开发及工具 ················ 211

CONTENTS 目录

第 4 篇　复杂数据库设计与应用

第 1 篇

数据库原理

【本篇导读】本篇主要介绍数据库系统的基本概念和基础知识，包括数据库系统概述、关系数据库数学模型、关系数据库设计理论。本篇是数据库设计和应用开发的基础，是学习数据库的必备基础知识。

1

第 1 章　数据库系统

【本章导读】本章将介绍数据库系统及其一些基本概念，如数据模型、数据库系统结构、数据库管理系统的功能和工作过程等，以使读者对数据库系统有大概的了解。准备参加计算机等级考试的读者，应该更加注意本章介绍的基本概念。

1.1　数据库技术概述

随着计算机技术的进步，计算机中的数据越来越多，人们对数据管理、数据共享的要求越来越高，能够统一管理和共享数据的数据库系统应运而生。

1.1.1　数据库是计算机技术发展的产物

数据库（Database，DB）技术是计算机科学技术的一个重要分支。从 20 世纪 50 年代中期开始，计算机应用由科学研究部门扩展到企业各行政部门，数据处理很快上升为计算机应用的一个重要方面。1968 年第一个商品化的信息管理系统（Information Management System，IMS）问世以来，数据库技术得到了飞速发展。随着计算机应用的不断深入，数据库的重要性日益被人们认识，它已成为信息管理、办公自动化和计算机辅助设计等的主要软件工具之一。

1.1.2　数据库是计算机应用的基础

数据库技术研究如何科学地组织数据和存储数据、如何高效地检索数据和处理数据，以及如何既能减少数据冗余又能保障数据安全，以实现数据共享。在计算机应用的领域中，管理信息系统方面的应用占 90%以上，而数据库技术又是管理信息系统的基础。因此，可以说数据库是计算机应用的重要基础。

1.2　数据库技术的发展

数据库技术从诞生到现在，在差不多半个世纪的时间里，拥有了坚实的理论基础、成熟的商业产品和广泛的应用领域。几十年来，国内外已经开发、建设了成千上万个数据库，数据库已成为我们工作和生活的必需品。

1.2.1　数据库发展阶段的划分

数据处理面临的首要问题是数据管理。数据管理是指分类、组织、存储、检索及维护数据。

1946 年世界上第一台通用电子数字积分计算机诞生以来，随着计算机硬件和软件的发展，数据管理技术不断更新、完善，数据库的发展经历了以下 4 个阶段。

1.2.1.1　人工管理阶段

1. 人工管理阶段的时期及特征

从 1946 年第一台通用电子数字计算机诞生至 20 世纪 50 年代中期，当时的计算机主要用于科学计算。计算机除硬件设备外没有任何软件可用，使用的外存只有磁带、卡片和纸带，没有磁盘等直接存取的设备，也没有操作系统，数据处理完全由人工进行。

2. 人工管理阶段数据管理的特点

人工管理阶段数据管理有以下 4 个特点。

（1）数据不保存。一组数据对应一个应用程序，应用程序与其处理的数据结合成一个整体。有时也把数据与应用程序分开，但只是形式上地分开，数据的传输和使用完全取决于应用程序。在进行计算时，系统将应用程序与数据一起装入，用完后就将它们撤销，释放被占用的数据空间与程序空间。

（2）没有软件对数据进行管理。应用程序的设计者不仅要考虑数据的逻辑结构，还要考虑存储结构、存取方法及输入和输出方式等。如果存储结构发生变化，程序中的取数子程序也要发生变化，数据与应用程序不具有独立性。

（3）没有文件的概念。数据的组织方法由应用程序开发人员自行设计和安排。

（4）数据面向应用程序。一组数据对应一个程序。即使两个应用程序使用相同的数据，也必须各自定义数据的存取方式，不能共享相同的数据定义，因此程序与程序之间可能会有大量的重复数据。

3. 人工数据管理的模型

人工数据管理的模型如图 1-1 所示。

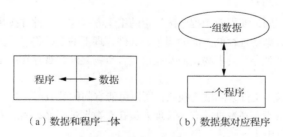

（a）数据和程序一体　　　　（b）数据集对应程序

图 1-1　数据的人工管理模型

图 1-1（a）说明数据和程序是一体的，即数据置于程序内部；图 1-1（b）说明数据和程序是一一对应的，即一组数据只能用于一个程序。

1.2.1.2　文件系统阶段

1. 文件系统阶段的时期及特征

20 世纪 50 年代后期至 20 世纪 60 年代中期，计算机不仅用于科学计算，还大量用于管理。计算机硬件有了磁盘、磁鼓等直接存储设备，计算机软件有了高级语言和操作系统。

2．文件系统阶段数据管理的特点

文件系统阶段数据管理有以下 4 个特点。

（1）数据可长期保存在磁盘上。用户可使用程序经常对文件进行查询、修改、插入或删除等操作。

（2）文件系统提供数据与应用程序之间的存取方法。文件管理系统是应用程序与数据文件之间的一个接口。应用程序通过文件管理系统建立和存储文件；反之，应用程序要存取文件中的数据，必须通过文件管理系统来实现。用户不必关心数据的物理位置，应用程序与数据有一定的独立性。

（3）文件的形式多样化。因为有了直接存取设备，所以可建立索引文件、链接文件和直接存取文件等。对文件的记录可顺序访问、随机访问。文件之间是相互独立的，文件与文件之间的联系要用程序来实现。

（4）数据的存取以记录为单位。

3．文件系统的模型

文件系统的模型如图 1-2 所示。通过文件管理系统，程序和数据文件之间可以组合，即一个程序可以使用多个数据文件，多个程序也可以共享同一个数据文件。

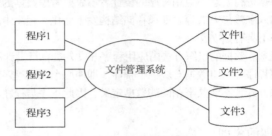

图 1-2　文件系统的模型

4．文件系统的缺陷

文件管理系统的应用，使得应用程序按规定的组织方式建立文件并按规定的存取方法使用文件，不必过多地考虑数据物理存储方面的问题。文件管理下的数据仍然是无结构的信息集合，它可以反映现实世界中客观存在的事物，但不能反映各事物之间客观存在的本质联系。文件系统有以下三大缺陷。

（1）数据冗余。因为文件之间缺乏联系，所以可能有同样的数据在多个文件中重复存储。

（2）不一致性。由于存在数据冗余，管理人员在对数据进行修改时，若不小心，可能导致同样的数据在不同的文件中不一致。

（3）数据联系弱。数据联系弱是文件之间缺乏联系造成的。

1.2.1.3　数据库系统阶段

1．数据库系统阶段的时期及特征

从 20 世纪 60 年代后期开始，存储技术取得很大发展，有了大容量的磁盘。计算机用于管理的规模更加庞大，数据量急剧增长。为了提高效率，人们着手开发和研制更加有效的数据管理模式，提出了数据库的概念。

美国 IBM 公司于 1968 年研制成功的 IMS 标志着数据管理进入了数据库系统阶段，IMS 为层次模型数据库。1969 年美国数据系统语言协会（Conference On Data System Language，CODASYL）公布的数据库工作组（Database Task Group，DBTG）报告，对研制开发网状数据库系统起了重大的推动作用。从 1970 年起，IBM 公司的 E.F 科德连续发表论文，又奠定了关系数据库的理论基础。

20 世纪 70 年代以来数据库技术发展很快，得到了广泛的应用，已成为计算机科学技术的一个重要分支。

2. 数据库系统阶段数据管理的特点

数据库系统与文件系统相比，弥补了文件系统的缺陷。数据库系统阶段数据管理主要有以下 4 个特点。

（1）数据库中的数据是结构化的。在文件系统中，从整体上来看，数据是无结构的，即不同文件中的记录之间没有联系，它仅关心数据项之间的联系。数据库系统不仅要考虑数据项之间的联系，还要考虑记录之间的联系，这种联系是通过存储路径来实现的。例如，在学生选课情况的管理中，一名学生可以选修多门课，一门课可被多名学生选修，我们可用 3 种记录（学生的记录、课程的记录及选课的记录）来进行这种管理，如图 1-3 所示。

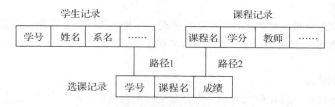

图 1-3　学生选课管理中的数据联系

在查询"张三的学习成绩及学分"时，如果用文件系统实现学生选课的管理，程序员要编程从 3 个文件中查找出所需的信息；如果用数据库系统管理学生选课，此时可通过存取路径来实现。利用存取路径，再从一个记录"走"到另一个记录。事实上，学生记录、课程记录与选课记录有着密切的联系，存取路径表示了这种联系。这一点是数据库系统与文件系统的根本区别。

（2）数据库中的数据是面向系统的，不是面向某个具体应用的，这样可减少数据冗余，实现数据共享。数据库中的数据共享情况如图 1-4 所示。

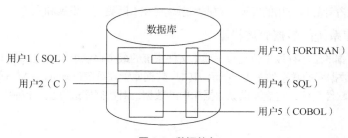

图 1-4　数据共享

（3）数据库系统比文件系统有较高的数据独立性。数据库系统的结构分为 3 级：用户（应用程序或终端用户）数据的逻辑结构、整体数据的逻辑结构（用户数据逻辑结构的最小并集）和数据的物理结构。当整体数据的逻辑结构或数据的物理结构发生变化时，应用不变。数据的独立性是通过数据库系统在数据的物理结构与整体数据的逻辑结构、整体数据的逻辑结构与用户数据逻辑结构之间提供的映像实现的。

例如，在图 1-3 中，根据需要把课程记录中的字段"学分"移出，加到选课记录中，即课程记录中减少一个字段，选课记录中增加一个字段。原来的应用不变，仍然可用。

（4）数据库系统为用户提供了方便的接口。用户可以用数据库系统提供的查询语言和交互式命令操纵数据库，也可以用高级语言（如 C、FORTRAN、COBOL 等）编写程序来操纵数据库，以拓宽数据库的应用范围。

3. 数据库系统的控制功能

（1）数据的完整性

保证数据库存储数据的正确性。例如，预订同一班飞机的旅客不能超过飞机的定员数；订购货物时，订货日期不能大于发货日期。使用数据库系统提供的存取方法，设计一些完整性规则，对数据值之间的联系进行校验，可以保证数据库中数据的正确性。

（2）数据的安全性

并非每个应用都可以存取数据库中的全部数据。例如，建立一个人事档案数据库，只有那些需要了解工资情况且有一定权限的工作人员才能存取这些数据。数据的安全性是保护数据库不被非法使用，防止数据的丢失和被盗的特性。

（3）并发控制

当多个用户同时存取、修改数据库中的数据时，可能会发生相互干扰，使数据库中的数据完整性受到破坏，而导致数据不一致。数据库的并发控制可防止这种现象的发生，提高数据库的利用率。

（4）数据库的恢复

任何系统都不可能永远正确无误地工作，数据库系统也是如此。在运行过程中，会出现硬件故障或软件故障。数据库系统具有恢复能力，能把数据库恢复到最近某个时刻的正确状态。

4. 数据库的定义

综合前面的叙述，可为数据库下一个定义：数据库是与应用彼此独立、以一定的组织方式存储在一起、彼此相互关联、具有较少冗余的、能被多个用户共享的数据集合。

数据库技术的发展使数据管理上了"新台阶"，几乎所有的信息管理系统都以数据库为核心，数据库系统在计算机领域中的应用越来越广泛，其本身也越来越完善。目前，数据库系统已深入人类生活的各个领域，从企业管理、银行业务管理到情报检索、档案管理、普查、统计都离不开数据库管理。随着计算机应用的发展，数据库系统也在不断更新、发展和完善。

5. 数据库系统的数据管理模型

数据库中数据的最小存取单位是数据项（文件系统的最小存取单位是记录）。应用（应用程序和终端用户）与数据库的联系如图 1-5 所示。其中，数据库管理系统（Database Management System，DBMS）是一个软件系统，它能够操纵数据库中的数据，对数据库进行统一控制。

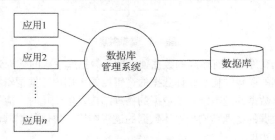

图 1-5　应用与数据库的联系

1.2.1.4 高级数据库阶段

20 世纪 70 年代中期以来，随着计算机技术的不断发展，出现了分布式数据库、面向对象数据库和智能型知识数据库等，它们通常被称为高级数据库。

计算机领域中其他新兴技术的发展对数据库技术产生了重大影响。数据库技术与网络通信技术、并行计算技术、面向对象程序设计技术、人工智能技术等互相渗透、互相结合，成为当前数据库技术发展的主要特征，并涌现出各种新型的数据库系统。例如，数据库技术与分布式处理技术相结合，形成了分布式数据库系统；数据库技术与并行计算技术相结合，形成了并行数据库系统；数据库技术与面向对象技术相结合，形成了面向对象数据库系统；数据库技术与多媒体技术相结合，形成了多媒体数据库系统；数据库技术与人工智能技术相结合，形成了知识库系统和主动数据库系统；数据库技术与模糊技术相结合，形成了模糊数据库系统等。

1. 并行数据库系统

并行数据库系统（Parallel Database System）是在并行机上运行的具有并行处理能力的数据库系统。并行数据库系统是数据库技术与并行计算技术相结合的产物。并行计算技术利用多处理机并行处理产生的规模效益来提高系统的整体性能，可为数据库系统提供一个良好的硬件平台。并行数据库技术包括对数据库的分区管理和并行查询。它通过将一个数据库任务分割成多个子任务，由多个处理机协同完成这些任务，从而极大地提高事务处理能力，并且通过数据分区可以实现数据的并行 I/O 操作。DBMS 进程结构的发展为数据库的并行处理奠定了基础。多线程技术和虚拟服务器技术是并行数据库技术实现中采用的重要技术。一个理想的并行数据库系统应能充分利用硬件平台的并行性，采用多进程、多线程的数据库结构，提供不同粒度（Granularity）的并行性、不同用户事务间的并行性、同一事务内不同查询间的并行性、同一查询内不同操作间的并行性和同一操作内的并行性。

并行数据库系统应该实现如下目标。

（1）高性能：并行数据库系统通过将数据库管理技术与并行计算技术有机结合，发挥多处理机结构的优势，从而提供比相应的大型机系统高得多的性能价格比和可用性。

（2）高可用性：并行数据库系统可通过数据复制来增强数据库的可用性。

（3）可扩展性：数据库系统的可扩展性是指系统通过增强处理和存储能力而平滑地扩展性能的能力。

在国内，并行数据库系统的研究刚起步，如中国人民大学开发的基于曙光天演系列并行计算机的 PBASE/3 系统。另外，联想集团正在投入巨资进行并行数据库服务器系统的开发和推广。

2. 分布式数据库系统

分布式数据库系统（Distributed Database System）是由一组数据组成的系统，这组数据分布在计算机网络的不同计算机上，网络中的每个节点具有独立处理的能力（称为场地自治），可以执行局部应用，同时，每个节点也能通过网络通信子系统执行全局应用。一个分布式数据库系统由一个逻辑数据库组成，这个逻辑数据库的数据存储在一个或多个节点的物理数据库上，通过两阶段提交（2PC）协议来提供透明的数据访问和事务管理。分布式数据库系统在系统结构上的真正含义是物理上分布、逻辑上集中的分布式数据库结构。数据在物理上分布后，由系统统一管理，使用户不会感到数据的分布。用户看到的似乎不是一个分布式数据库，而是一个数据模式为全局数据模式的集中式数据库。

分布式数据库系统具有如下特点。

（1）数据独立性：在分布式数据库系统中，数据独立性不仅包括数据的逻辑独立性和物理独立性，还包括数据分布独立性，也称为分布透明性。

（2）集中与自治相结合的控制结构：各局部的 DBMS 可以独立地管理局部数据库，具有自治的功能；同时，系统设有集中控制机制，协调各局部 DBMS 的工作，执行全局应用。

（3）适当增加数据冗余度：在不同的场地存储同一数据的多个副本，这样可以提高系统的可靠性、可用性，也可以提高系统性能。

（4）全局的一致性、可串行性和可恢复性。

比较常见的分布式数据库有 Sysbase 数据库和 Oracle 数据库。分布式数据库系统现阶段主要用在银行、证券和政府部门的系统中。

3. 面向对象数据库系统

面向对象数据库系统（Object Oriented Database System，OODBS）是数据库技术与面向对象程序设计技术相结合的产物。面向对象数据库系统支持面向对象数据模型（以下简称 OO 模型）。面向对象数据库系统是一个持久的、可共享的对象库的存储和管理者；而对象库是由 OO 模型所定义的对象的集合体。

对象-关系数据库系统将关系数据库系统与面向对象数据库系统两者的特征相结合。对象-关系数据库系统除了具有原来关系数据库的各种特点外，还应该具有以下特点。

（1）扩充数据类型，例如可以定义数组、向量、矩阵、集合等数据类型及这些数据类型上的操作。

（2）支持复杂对象，即由多种基本数据类型或用户自定义的数据类型构成的对象。

（3）支持继承的概念。

（4）提供通用的规则系统，极大增强对象-关系数据库的功能，使之具有主动数据库和知识库的特性。

近十年来，面向对象数据库系统一直是数据库学术界和工业界研究的热点之一。1987 年以来，已陆续有多个面向对象数据库（Object Oriented Database，OODB）产品投入市场，其中某些产品已经占有一定的市场份额。总的来说，当前 OODB 市场只占整个数据库产品市场的很小一部分。作为数据库产品，OODB 还是不够成熟。原因是缺乏某些数据库基本特性，例如完全非过程化的查询语言、视图、授权动态模式变化、参数化的性能调整等。这些都是数据库用户已经熟知的，因而希望被提供。此外，关系数据库产品还提供触发器、元数据管理、数据完整性约束等，而目前大多数 OODB 产品不提供这样的支持。目前 OODB 产品的应用还很不普遍，主要应用在一些特殊的行业或特殊的应用领域中。

4. 数据仓库

随着市场竞争的加剧和信息社会需求的发展，从大量数据中提取（检索、查询等）制订市场策略的信息就显得越来越重要了。这种需求既要求联机服务，又涉及大量用于决策的数据，而传统的数据库系统已无法满足这种需求。其具体体现在以下 3 个方面。

（1）历史数据量很大。

（2）辅助决策信息涉及许多部门的数据，而不同系统的数据难以集成。

（3）由于关系数据库访问数据的能力不足，它对海量数据的访问性能明显较低。

随着 C/S 技术的成熟和并行数据库的发展，信息处理技术的发展趋势是从大量的事务型数据库中抽取数据，并将其清理、转换为新的存储格式，即为了决策目标把数据聚合在一种特殊的格式中。随着这项技术的发展和完善，这种支持决策的、特殊的数据存储即被称为数据仓库（Data Warehouse，DW）。

数据仓库是一个面向主题的（Subject Oriented）、集成的（Integrated）、相对稳定的（Non-Volatile）、反映历史变化（Time Variant）的数据集合，它用于支持管理决策。这个定义中的数据分为以下几种。

（1）面向主题的：数据仓库是围绕大的企业主题（如顾客、产品、销售量）而组织的。

（2）集成的：来自不同数据源的、面向应用的数据集成在数据仓库中。

（3）时变的：数据仓库的数据只在某些时间点或时间区间上是精确的、有效的。

（4）非易失的：数据仓库的数据不能被实时修改，只能由系统定期地进行刷新。刷新时将新数据补充进数据仓库，而不是用新数据代替旧的。

数据仓库是一个决策支撑环境，它从不同的数据源得到数据、组织数据、使用数据，有效地支持企业决策。一般来说，数据仓库的结构包括数据源、装载管理器、数据仓库管理器、查询管理器、详细数据、汇总数据、归档/备份数据、元数据和终端用户访问工具几大部分。

5. 多媒体数据库

多媒体数据库是指数据库中的信息不仅涉及各种数字、字符等格式化的表达形式，而且包括多媒体非格式化的表达形式，数据管理涉及各种复杂对象的处理。多媒体是指多种媒体，如数字、字符、文本、图形、图像、音频和视频的有机集成，而不是简单的组合。其中数字、字符等称为格式化数据；文本、图形、图像、音频和视频等称为非格式化数据，非格式化数据具有数据量大、处理复杂等特点。多媒体数据库实现对格式化和非格式化多媒体数据的存储、管理和查询，其主要特征有以下几点。

（1）能够表示多种媒体的数据。非格式化数据表示起来比较复杂，需要根据多媒体系统的特点来决定表示方法。如果感兴趣的是它的内部结构且主要是根据其内部特定成分来检索，则可把它按一定算法映射成包含它所有子部分的一个结构表，然后用格式化的表结构来表示它。如果感兴趣的是它本身的内容整体，且要检索的也是它的整体，则可以用源数据文件来表示它，文件由文件名来标记和检索。

（2）能够协调处理各种媒体数据，正确识别各种媒体数据之间在空间或时间上的关联。例如，关于乐器的多媒体数据包括乐器特性的描述和乐器的照片、利用该乐器演奏某段音乐时的声音等，这些不同媒体数据之间存在着自然的关联，如多媒体对象在表达时必须保证时间上的同步特性。

（3）提供更强的适合非格式化数据查询的搜索功能。

（4）提供特种事务处理与版本管理能力。

6. 模糊数据库

模糊数据库（Fuzzy Database）是指能够处理模糊数据的数据库。一般的数据库都是以精确的数据工具为基础的，不能表示模糊不清的事件。随着模糊数学理论体系的建立，人们可以用数量来描述模糊事件并能进行模糊运算和模糊查询。这样就可以把不完全性、不确定性、模糊性引入数据库系统中，从而形成模糊数据库。目前，模糊数据库研究主要有两个方面：一是如何在数据库中存放模糊数据；二是定义各种运算建立模糊数据上的函数。

7. 知识库系统

人们对数据进行分析并找出其中关系且形成信息，然后对信息进行再加工，获得更有用的信息，即知识。人工智能的发展，要求计算机不仅能够管理数据，还能够管理知识。管理知识可用知识库系统实现。

知识库是一门新的学科，它研究知识表示、结构、存储和获取等技术。知识库是专家系统、知识处理系统的重要组成部分。知识库系统把人工智能的知识获取技术和机器学习的理论引入数据库系统中，通过抽取隐含在数据库实体间的逻辑蕴涵关系和隐含在应用中的数据操纵之间的因果联系，形式化地描述数据库中的实体联系。在知识库系统中可以把语义知识自动提供给推理机，从已有的事实知识推出新的事实知识。

8. 空间数据库

空间数据库（Spatial Database，SDB）的研究始于 20 世纪 70 年代的地图制图与遥感图像处理领域，其目的是有效地利用卫星遥感资源迅速绘制出各种经济专题地图。

SDB 主要用于存储、管理空间数据（例如地理信息数据）和非空间数据（例如关于空间对象说明信息数据）。SDB 在相应的查询语言中提供各类空间数据类型，能够进行空间索引，并具有完成各类空间数据查询和空间关系分析的有效机制。SDB 起源于地理信息系统（Geographic Information System，GIS）数据管理，并以 GIS 为重要应用背景。

9. 时态数据库

时态数据库（Temporal Database，TDB）是指主要用于记录那些随着时间变化而变化值的数据库。这些历史值对应用领域而言是重要的，这类应用有金融、保险、预订系统、决策支持系统等。传统数据库把时间看作一般属性用以描述客观对象发展过程中的特征，没有考虑不同时间状态下数据的相互关联及相应处理过程中的时间约束，难以有效表示和处理时间应用环境下的各类数据信息，这时，时态数据库技术应运而生。

在时态数据库中，一般要表达 3 种基本时间，即用户自定义时间（User-Defined Time）、有效时间（Valid Time）和事务时间（Transaction Time）。用户自定义时间是指用户根据自己的实际需要或理解定义的时间，由用户自己负责解释含义，如员工管理系统中的"员工生日"；有效时间是指现实世界中一个对象或事件发生的时间，或者该对象在现实世界中真实存在的时间，它可能是一个时刻或时段；事务时间是指对一个数据库对象进行操作的时间，它记录着对数据库修改或更新的各种操作历史。

1.2.2　数据库应用的体系结构

在软件体系架构设计中，分层式结构是最常见、最重要的一种结构。基于数据库和网络应用的数据库应用系统实现模式有多种，我们既可以采用传统的客户机/服务器（Client/Server，C/S）结构，也可以采用目前流行的基于 Web 的方式。

C/S 结构，即数据库（如试题库）内容放在远程的服务器上，在客户机上安装相应软件。C/S 结构在技术上很成熟，但该结构的程序往往只局限在小型的局域网内部，不利于扩展。采用该结构，该结构的每台客户机都需要安装相应的客户端程序，系统的安装和维护工作比较繁重。同时，由于应用程序直接安装在客户机，客户机直接和数据库服务器交换数据，系统的安全性也会受到一定影响。

基于 Web 的方式其实是一种特殊的客户机/服务器方式。在这种方式中，客户端是各种各样的浏览器。为了区别传统的 C/S 结构，它通常被称为浏览器/服务器（Browser/Server，B/S）结构。B/S 结构采用三层体系结构，即包括数据库系统、应用服务器、客户浏览器 3 个部分。由于采用了互联网的相关技术，B/S 结构的系统开放性好，易维护、扩展。客户浏览器只与 Web 服务器交换数据，数据安全性比较高。当然，B/S 结构在网络安全方面也有缺点。在 C/S 结构中，应用程序是在客户机上运行的独立程序，这台计算机如果安全，那么应用程序就是安全的。而在 B/S 结构中，众多的客户浏览器访问的是同一台 Web 服务器，Web 服务器会成为攻击的对象。

结合 C/S 结构和 B/S 结构的特点，还基于 B/S 的三层体系结构，在客户端与数据库之间加入了一个中间层。三层体系结构的数据库应用系统将业务规则、数据访问、合法性校验等工作放到中间层进行处理。通常情况下，客户端不直接与数据库进行交互，而是通过与中间层通信建立连接，再经由中间层与数据库进行交互，保证其具有开放性和可扩充性，同时提高数据库的安全性，如图 1-6 所示。

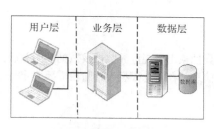

图 1-6　三层体系结构示意图

1.3　数据模型

人们把事物的主要特征抽象地用一种形式化的描述表示出来，数据模型就是抽象数据的一种表示方法。在数据库系统中，存储数据和描述数据之间的关联可通过数据模型来实现。

1.3.1　数据模型的类型和构成

数据模型是对现实世界进行抽象的工具。现实世界是复杂多变的，目前任何一种科学技术手段都不可能将现实世界按原样进行复制和管理，只能抽取某个局部的特征，构造反映这个局部的模型，以帮助人们理解和表达数据处理的静态特征及动态特征。在组织数据模型时，人们首先将现实世界中存在的客观事物用某种信息结构表示出来，然后转换为用计算机能表示的数据形式。数据模型是数据库技术的关键，可用数据模型来描述数据库的结构和语义。

1.　数据模型的类型

数据库管理系统都是基于某种数据模型的。目前使用的数据模型基本上可分为两种：一种是概念模型（也称信息模型），这种模型不涉及信息在计算机中的表示和实现，而按用户的观点进行数据信息建模，强调语义表达能力。这种模型比较清晰、直观，且容易被理解；另一种是逻辑模型，这种模型是面向数据库中数据逻辑结构的，如关系模型、层次模型、网状模型和面向对象的数据模型等，用户可以使用这种模型定义和操纵数据模型中的数据。

2.　数据模型的构成

数据模型包括以下 3 个部分。

（1）数据结构是实体对象存储在数据库中的记录型的集合。例如，建立一个科技开发公司人事管理数据库，每个人的基本情况如姓名、单位、出生年月、工资、工作年限等是数据对象——人的特征，构成数据库的存储框架，即实体对象的型。公司中每个技术人员可以参加多个项目，每个项目可由多个人参加，这类对象之间存在着数据关联，这种数据关联也要存储在数据库中。数据库系统是按数据结构的类型来组织数据的。根据所采用数据结构类型的不同，通常数据库可以分为层次数据库、网状数据库、关系数据库和面向对象数据库等。

（2）数据操纵是指对数据库中各种对象实例的操作。例如，根据用户的要求，检索、插入、删除、修改对象实例的值。

（3）数据的完整性约束是指在给定的数据模型中，数据及数据关联所遵守的一组通用的完整性规则。它能保证数据库中数据的正确性、一致性，例如，数据库主键的值不能取空值（没有定义的值），再如，关系数据库中，每个非空的外键（Foreign Key）值必须与某一主键值相匹配，这类完整性约束是数据模型所必须遵守的通用的完整性规则；另一类完整性约束是用户根据数据模型提供的完整性约束机制自己定义的，例如，在销售管理中发货日期要在订货日期之后。

1.3.2　概念模型

概念模型采用专用的工具抽象出客观世界数据及数据间的关联，决定将来实现的数据库能够提供的信息。在概念模型设计阶段需要确定每个实体及其属性和实体之间的关系。

1. 信息实体的概念

信息是指客观世界中存在的事物在人们头脑中的反映。人们把这种反映用文字、图形等形式记录下来，经过命名、整理和分类形成信息。

在信息领域中，与数据库技术相关的术语有实体、属性、实体集和键等。

实体（Entity）：实体是客观存在并可相互区分的事物。例如，人、部门和雇员等都是实体。实体可以指实际的对象，也可以指抽象的对象。

属性（Attribute）：属性是实体所具有的特性，每一特性都称为实体的属性。例如，学生的学号、班级、姓名、性别、出生年月等都是学生的属性。属性用于描述实体的特征，每一属性都有一个值域。值域的类型可以是整数型、浮点数型或字符串型等，如学生的年龄是整数型，姓名是字符串型。

实体集：具有相同属性（或特性）的实体的集合称为实体集。例如，全体教师是一个实体集，全体学生也是一个实体集。

键（Key）：键是能唯一标识一个实体的属性及属性值，键也可称为关键字。例如，学号是学生实体的键。

2. 信息实体的联系

现实世界中事物间的联系通常有两种：一种是实体内部的联系，即实体中属性间的联系；另一种是实体与实体之间的联系。在数据模型中，不仅要考虑实体属性间的联系，更重要的是要考虑实体与实体之间的联系。下面主要讨论后一种联系。

实体与实体之间的联系是错综复杂的，但就两个实体的联系来说，有以下 3 种情况。

（1）一对一的联系。这种联系是最简单的一种实体间的联系，它表示两个实体集中的个体间存在着一对一的联系。例如，每个班级有一个班长，这种联系记为 1∶1。

（2）一对多的联系。实体间存在的另一种联系是一对多的联系。例如，一个班级有许多学生，这种联系记为 $1∶M$。

（3）多对多的联系。实体间更多的联系是多对多的联系。例如，一名教师教许多学生，一名学生被许多教师教。多对多的联系表示多个实体集，其中一个实体集中的任一实体与另一实体集中的实体间存在一对多的联系，这种联系记为 $M∶N$。

实体与实体之间的联系可用图形方式表示，如图 1-7 所示。

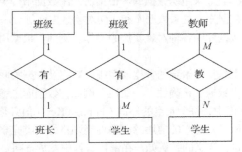

图 1-7　实体间的联系

1.3.3 概念模型的表示方法——实体-联系模型

1. 实体-联系模型的概念

实体-联系模型（Entity-Relationship Model，又称 E-R 模型）是一个面向问题的概念模型，即用简单的图形方式描述现实世界中的数据。这种描述不涉及这些数据在数据库中如何表示、如何存取，这种描述方式非常接近人的思维方式。后来又有人提出了扩充实体-联系模型（Extended Entity-Relationship Model，EE-R 模型），这种模型可表示更多的语义，扩充了子类型的概念。

EE-R 模型目前已成为一种使用较广泛的概念模型，为面向对象的数据库设计提供了有效的工具。

在实体-联系模型中，信息由实体、实体属性和实体联系 3 种概念单元来表示。

（1）实体表示建立概念模型的对象。

（2）实体属性说明实体。实体和实体属性共同定义了实体的类型。若一个或一组属性的值能唯一确定一种实体类型的各个实例，就称该实体属性或属性组为这一实体类型的键。

（3）实体联系是两个或两个以上实体类型之间的名称的关联。实体联系可以是一对一、一对多或多对多的。

2. 实体类型内部的联系

（1）一对一的联系

图 1-8 所示为实体类型"人"的一个实例，通过联系"结婚"可以将一个实体与另一个实体联系。在一夫一妻制的条件下，图 1-8 表示实体类型内部 1:1 的联系。

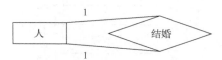

图1-8　实体类型内部 1:1 的联系

（2）一对多的联系

图 1-9 所示为实体类型"职工"的一个实例。在只有一个管理人员的条件下，图 1-8 表示实体类型内部 1:N 的联系。

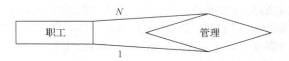

图1-9　实体类型内部 1:N 的联系

（3）多对多的联系

实体类型"零件"包括有结构的零件和无结构的零件，一个有结构的零件可以由多个无结构的零件组成，一个无结构的零件可以出现在多个有结构的零件中。在这种条件下，图 1-10 表示实体类型内部 M:N 的联系。

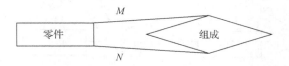

图1-10　实体类型内部 M:N 的联系

3. 三元联系

"公司""国家""产品"这 3 个实体之间有多种销售关系，如图 1-11 所示。一种产品可以出口到许多国家，一个国家可以进口许多产品；一家公司可以销售多种产品，一种产品可以由多家公司销售；一家公司可以出售多种产品到多个国家，一个国家进口的产品可以由多家公司提供。

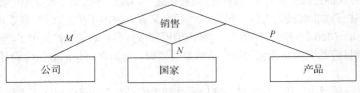

图 1-11　实体间的三元联系

4. 子类型

如果实体类型 E_1 的每个实例也是实体类型 E_2 的实例，则称 E_1 为 E_2 的子类型。如果实体类型 E 的实例同样是实体类型 $E_1, E_2, \cdots, E_n$ 中的实例，则称 E 为 $E_1, E_2, \cdots, E_n$ 的超类型。例如，若实体类型雇员有 3 种：秘书、技术员和工程师，则实体类型雇员的实例必出现在实体类型秘书、技术员和工程师之一的实例中，这些实体类型是实体类型雇员的子类型，而雇员是这些实体类型的超类型。

子类型自身还可以有子类型，这样就产生了类型的分层结构。例如，实体类型工程师又分成 3 种实体类型：汽车工程师、航空工程师和电子工程师。实体类型的分层结构如图 1-12 所示。

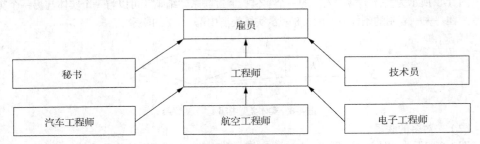

图 1-12　实体类型的分层结构

子类型共享超类型的所有性质及超类型的部分联系，子类型没有必要共享全部联系。我们也可以认为子类型继承了其超类型的属性，但子类型可以有附加指定的属性和联系。例如，实体类型部门有许多雇员，但仅有一个经理，经理是雇员的一个实例，也可以认为是雇员的子类型，雇员是经理的超类型。用联系 IS-A 表示这种特殊的 1∶1 联系，如图 1-13 所示。经理共享雇员的属性，也拥有附加的仅与经理有关的属性。

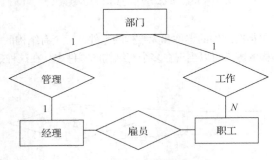

图 1-13　类型与子类型

数据建模人员在构造全局数据模型时，识别概括实体类型的分层结构是很重要的。要想把现实世界中信息结构的真实模型反映出来，采用 EE-R 模型是一个很好的方法。

虽然 EE-R 模型能反映实体与实体之间的语义联系，但不能直接说明详细的数据结构，因此，要想设计并实现数据库，数据建模人员还必须将 EE-R 模型按照某种具体数据库管理系统的数据模型构建要求进行转换。有关具体数据模型和模型转换的问题，将在后面的章节中详细介绍。

5. 建模软件

建模软件介绍

对于概念数据模型的设计，现在有很多专门的软件可以实现，常见的有 Sybase 公司的 PowerDesigner 软件、IBM 公司的 Rose 软件、CA 公司 AllFusion 品牌下的建模套件之一 Erwin，而 ERDesigner NG、ModelRight、OpenSystemArchitect 及 MySQL WorkBench 等也有许多用户。这些软件与数据库平台无关，可以简单地移植到不同的数据库平台，而且软件大部分都是图形式界面的，这样更有利于实体关系的建立，同时支持强大的数据导出功能及代码生成功能，以生成一些基本的数据操作代码，还支持多种语言，例如 PowerDesigner 软件支持.NET、Java、PowerBuider、Delphi 等语言。

1.3.4　常见的逻辑模型

常见的逻辑模型有层次模型、网状模型和关系模型等。

1. 层次模型

层次模型是较早用于数据库技术的一种数据模型，它是按层次结构来组织数据的。层次结构也叫树状结构，树中的每个结点代表一种实体类型。这些结点满足以下条件。

（1）有且仅有一个结点无"双亲"（这个结点称为根结点）。

（2）其他结点有且仅有一个双亲结点。

在层次模型中，根结点处在最上层，其他结点都有上一级结点作为其双亲结点，这些结点称为双亲结点的子女结点，同一双亲结点的子女结点称为兄弟结点。没有子女的结点称为叶结点。双亲结点和子女结点表示实体与实体之间的一对多的关系。

在现实世界中许多事物间存在着自然的层次关系，如组织机构、家庭关系和物品的分类等。图 1-14 为层次模型的一个例子。在模型中，大学是根结点，也是院、处的双亲结点，院、处是兄弟结点，在大学与院、处两个实体之间分别存在一对多的联系。同样，在院与教研室、班级之间也存在着一对多的关系。

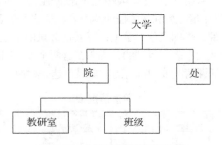

图 1-14　大学行政机构层次模型

2. 网状模型

层次模型中一个结点只能有一个双亲结点，且结点间的联系只能是 $1:M$ 的关系。该模型在描述现实世界中自然的层次结构关系时比较简单、直观，易于理解，但对于更复杂的实体间的联系，该模型就很难描述了。在网状模型中，允许存在以下两种情况。

（1）一个结点可以有多个双亲结点。

（2）多个结点无双亲结点。

这样，在网状模型中，结点间的联系可以是任意的，任意两个结点间都能发生联系，更适于描述客观世界。

图 1-15 所示为网状模型的两个例子。在图 1-15（a）中，学生实体有两个双亲结点，即班级和社团，如规定一名学生只能参加一个社团，则在班级与学生、社团与学生间都是 1：M 的联系；而在图 1-15（b）中，实体工厂和产品既是双亲结点又是子结点，工厂与产品间存在着 M：N 的关系。这种在两个结点间存在 M：N 联系的"网"称为"复杂网"。而在图 1-15（a）中，结点间都是 1：M 的联系，这种"网"称为"简单网"。

在已实现的网状数据库系统中，一般只处理 1：M 的联系；对于 M：N 的联系，要先转换成 1：M 的联系，再处理。转换方法常常是用增加一个联接实体型实现。图 1-15（b）可以转换成图 1-16 所示的模型，图 1-16 中工厂号和产品号分别是实体工厂和产品的标识符。

网状模型最为典型的数据库系统是 DBTG 系统。有关 DBTG 的报告文本是在 1969 年由 CODASYL 的数据库任务组首次推出的。它虽然不是具体机器的软件系统，但对网状数据库系统的研究和发展起着重大的影响，现有网状数据库系统大多数都是基于 DBTG 报告文本形成的。

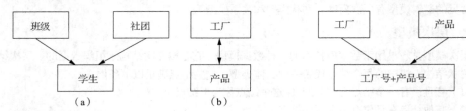

图 1-15　网状模型的例子　　　　　　　　图 1-16　复杂网分解后的模型

3．关系模型

关系模型是在层次模型和网状模型之后发展起来的，用它表示实体间联系的方法与用层次模型和网状模型表示的方法不同。

在现实世界中，人们经常用表格形式（如履历表、工资表、体检表和各种统计报表等）表示数据信息。不过，人们日常所使用的表格有时比较复杂，如履历表中个人简历一栏要包括若干行，这样处理起来不太方便。在关系模型中，基本数据结构被限制为二维表格。

表 1-1 和表 1-2 分别是学生情况表和教师任课情况表。从这两个表中可以得到这样一些信息：张三老师上 1 班的数据结构课，李四是他的学生；王五是 2 班的学生，他选修的操作系统课是孙立老师讲授的。这些信息是从两个表中得到的，说明在这两个表之间存在着一定的联系。这一联系是通过学生情况表和教师任课情况表中都有的"班级"这一栏而建立的。

表 1-1　　　　　　　　　　　　　　　　学生情况表

姓　名	性　别	年　龄	班　级
李四	女	20	1
王五	男	19	2
张来	女	21	1
李工	男	22	2
……	……	……	……

表 1-2 教师任课情况表

姓 名	年 龄	所 在 院	任 课 名	班 级
张三	45	计算机	数据结构	1
孙立	40	计算机	操作系统	2
高山	56	管院	管理学	1
……	……	……	……	……

在关系模型中，数据被组织成类似以上两个表的一些二维表格，每一个二维表称为一个关系（Relation）。二维表中存放了两类数据——实体本身的数据和实体间的联系。这里的联系是通过不同关系中具有相同的属性名来实现的。

关系模型就是将数据及数据间的联系都组织成关系形式的数据模型。所以在关系模型中，只有单一的"关系"结构类型。

（1）关系模型的特征

结构单一化是关系模型的一大特点。学生情况的关系模型为：学生情况(姓名,性别,年龄,班级)。教师任课情况的关系模型为：教师任课情况(姓名,年龄,所在院,任课名,班级)。

对关系模型的讨论可以在严格的数学理论基础上进行，这是关系模型的又一大特点。关系是数学上集合论的一个概念，对关系可以进行各种运算，运算结果形成新关系。在关系数据库系统中，对数据的全部操作都可以归结为关系的运算。

关系模型是一种重要的数据模型，它有夯实的数学基础及在此基础上发展起来的关系数据理论。关系模型的逻辑结构实际上是一个二维表，因此关系数据库的逻辑结构实际上也是一个二维表，这个二维表即我们通常所说的关系。每个关系（或表）由一组元组组成，而每个元组又由若干属性和域构成。只有两个属性的关系称为二元关系，有 3 个属性的关系称为三元关系，依此类推，有 n 个属性的关系称为 n 元关系。

（2）关系数据库与其他数据库相比的优点

关系模型、层次模型和网状模型是常用的 3 种数据模型，它们的区别在于表示信息的方式不同。关系模型只用到数据记录的内容，而层次模型和网状模型要用到数据记录间的联系及它们在存储结构中的布局。关系模型中记录之间的联系通过多个关系模式的公共属性来实现。如果建立了关系数据库，用户只要用关系数据库提供的查询语言发出查询命令，告诉系统查询目标，具体实现的过程由系统自动完成，用户不需要了解记录的联系及顺序。关系数据库提供了较好的数据独立性。在层次数据库和网状数据库中，记录之间的联系用指针实现，数据处理只能是过程化的，程序员的角色类似导航员，所编程序要充分利用现有存储结构的知识，沿着存取路径，逐个存取数据。在这种模型中，程序与现有存储的联系过于密切，极大降低了数据独立性。

目前使用的关系数据库很多，如 Oracle、Microsoft SQL Server、Microsoft Access、IBM DB2、MySQL 等。关系数据库与其他数据库相比的优点如下。

- 使用简便，处理数据效率高。
- 数据独立性高，有较好的一致性和良好的保密性。
- 数据库的存取不必依赖索引，可以优化。
- 可以动态地导出和维护视图。
- 数据结构简单明了，便于用户了解和维护。
- 可以配备多种高级接口。

由于关系模型有夯实的数学基础，许多专家及学者在此基础上发展了关系数据理论。关系数据库的数学模型和设计理论将在后面的章节中详细地描述。

目前，关系模型已是成熟且有前途的数据模型，深受用户欢迎。我们知道，数据库管理系统是用来管理和处理数据的系统，它包含多种应用程序和多种功能。关系数据库管理系统（Relational Database Management System，RDBMS）起源于 20 世纪 60 年代，并在 20 世纪 70 年代得到了充分发展和应用。进入 20 世纪 80 年代以来，通常所用的数据库管理系统几乎都是关系数据库管理系统。

1.4 数据库系统结构

数据库系统结构是多级结构，它既能让用户方便地存储数据，又能高效地组织数据。现有的数据库系统在总的体系结构上都是三级模式结构。

1.4.1 数据库系统的三级模式结构

数据库系统的结构一般划分为 3 个层次（也叫作三级模式结构），分别为模式、子模式和存储模式。数据库系统的三级模式结构如图 1-17 所示。

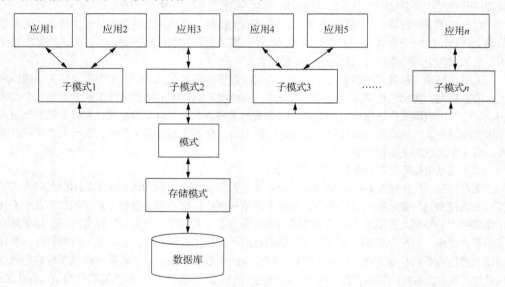

图 1-17　数据库系统的三级模式结构

1．模式

模式也称为概念模式或逻辑模式，它是数据库的框架，是对数据库中全体数据的逻辑结构和特性的描述。在模式中，有对所有记录类型及其联系的描述，还有对数据的安全性、完整性等方面的定义。

数据库系统提供数据描述语言（Data Description Language，DDL）来描述以上内容。对一个具体的数据库结构的所有描述，构成数据库的一个总的框架，所有数据都是按这一模式进行装配的。

2．子模式

子模式（也称为外模式）是数据库用户的数据视图。它可体现用户的数据观点，是对用户数据的逻辑描述，其内容与模式描述大致相同。

子模式通常是模式的一个子集，也可以是整个模式。所有的应用程序都是根据子模式中对数据的描述（而不是根据模式中对数据的描述）编写的。子模式也可以共享，程序员在一个子模式上可以编写多个应用程序，但一个应用程序只能使用一个子模式。

根据应用的不同，一个模式可以对应多个子模式，子模式可以相互覆盖。子模式对于数据的描述包括结构、类型和长度等（它们可以与模式不同）。子模式由子模式数据描述语言（Subschema Data Description Language，SDDL）进行具体描述。

3. 存储模式

存储模式（也称为内模式）是对数据库在物理存储器上具体实现的描述，它规定数据在介质上的物理组织形式和记录寻址方式、定义物理存储块的大小和溢出处理方法等，且它与模式是对应的。存储模式由数据存储描述语言（Data Storage Description Language，DSDL）进行描述。

数据库系统的三级模式结构将数据库的全局逻辑结构同用户的局部逻辑结构和物理存储结构区分开，给数据库的组织和使用带来了方便。不同用户可以有自己的数据视图；将所有用户的数据视图集中起来统一组织，消除冗余数据，可得到全局数据视图；全局数据视图经数据存储描述语言定义和描述，得以在设备介质上存储。这样中间进行了两次映射：一次是子模式与模式之间的映射；另一次是模式与存储模式之间的映射。

子模式与模式之间的映射定义了它们之间的对应关系，通常包含在子模式中。当全局逻辑结构由于某种原因改变时，只需修改子模式与模式间的对应关系，而不必修改局部逻辑结构，相应的应用程序也可不必修改，从而实现了数据的逻辑独立性。

模式与存储模式的映射定义了数据逻辑结构与物理存储结构间的对应关系。当数据库的物理存储结构改变时，需要修改模式与存储模式之间的对应关系，而保持模式不变。模式与存储模式的映射使全局逻辑数据独立于物理数据，提供了数据的物理独立性。

1.4.2　数据库系统的组成

数据库系统（Database Systems，DBS）是一个实际可运行的系统。它能按照数据库的方式存储和维护数据，并且能够向应用程序提供数据。数据库系统通常由数据库、硬件、软件和数据库管理员（Database Administrator，DBA）4 个部分组成。

1. 数据库

数据库的定义在前面的章节中已经讲述过。数据库的体系结构可划分为两个部分：一部分是存储应用所需的数据，称为物理数据库部分；另一部分是描述部分，描述数据库的各级结构，这部分由数据字典（Data Dictionary，DD）管理。例如，在 Oracle 数据库系统中，我们可以查询其数据字典，了解 Oracle 各级结构的描述。

2. 硬件

数据库的运行需要硬件支持系统，中央处理机、主存储器、外存储器等设备是不可或缺的硬件。数据库系统需要足够大的内存来存放支持数据库运行的操作系统、数据管理系统的核心模块、数据库的数据缓冲区和应用程序及用户的工作区。

例如，Oracle 21c 版本安装时建议使用 2GB 内存，用于 Oracle Grid 基础设施安装的至少需要8GB 内存，MySQL 8.0 建议最低使用 1GB 内存。由于数据库中存储了海量的数据，故需要足够大的磁盘等直接存取设备来存取数据或进行数据库的备份。此外，大型数据库需要有较高的 CPU 处理能力，大容量内存为数据缓存服务，并需要很好的数据传入/传出（Input/Output，I/O）性能。

3．软件

数据库系统的软件主要包括支持 DBMS 运行的操作系统、DBMS 本身及开发工具。

不同用户开发的应用可能不同，需用不同的高级语言访问数据库，相应地要把这些高级语言的编译系统装入系统中，以供用户使用。例如，MySQL 数据库系统与高级语言 C#、Java、Python 等间都有接口，这些支持多种编程语言的 API 便于操作数据库。

开发软件是为应用开发人员和最终用户所提供的高效开发、应用软件。作为开源数据库中应用最为普遍的 MySQL，也提供了丰富的开发工具，如跨平台的可视化数据库设计工具 MySQL Workbench；通过网络管理 MySQL 数据库的免费软件 phpMyAdmin，其用户界面支持大量 MySQL 数据库操作，同时也可直接执行 SQL 语句；基于完整集成开发环境（IDE）的数据库开发工具 Aqua Data Studio，适合数据库管理员、软件开发人员和业务分析师使用；基于终端界面（非图形化）的工具 mytop，可以用来监视 MySQL 数据库的线程和整体性能；macOS X 数据库管理系统 sequel pro；满足数据库管理员、软件开发人员和小/中型企业需要的快速、可靠且通用的数据库管理工具 Navicat Lite MySQL Admin Tool，具有非常直观的图形化界面，支持绝大多数的 MySQL 功能。大多数的数据库系统都提供了开发软件，为数据库系统的开发和应用提供了良好的环境，这些开发软件都以 DBMS 为核心。

4．数据库管理员

数据库管理员、系统分析员、应用程序员和用户是管理、开发和使用数据库的主要人员。这些人员的职责和作用是不同的，因而涉及不同的数据抽象级别，有不同的数据视图。数据库管理员负责管理、维护数据库系统（更多介绍见 1.5.3 小节）。

1.5　数据库管理系统的功能及工作过程

DBMS 的职能是有效地实现数据库三级模式结构之间的转换，它建立在操作系统的基础上，把相应的数据操纵从外模式、模式等转换到存储文件上，进行统一的管理和控制，并维护数据库的安全性和完整性。DBMS 是数据库系统的核心组成部分。

1.5.1　数据库管理系统的主要功能

1．数据库的定义功能

DBMS 提供数据描述语言，允许定义数据库的外模式、模式、内模式、数据的完整性约束和用户的权限等，例如，Oracle 的数据库管理系统提供 DDL，允许定义 Oracle 数据库的表、视图、索引等各种对象。DBMS 把用 DDL 写的各种源模式翻译成内部表示，放在数据字典中，作为管理和存取数据的依据，例如，DBMS 可把应用的查询请求从外模式，通过模式转换到物理记录，查询出结果后返回给应用。

2．数据操纵功能

DBMS 提供的数据操纵语言（Data Manipulation Language，DML）可实现对数据的插入、删除和修改等操作。DML 有两种用法：一种用法是把 DML 语句嵌入高级语言（如 C、C++、COBOL、Java、PHP、Python、C#）中；另一种用法是交互式地使用 DML 语句。对于第一种用法，早期高级语言提供预编译器，预处理嵌入 DML 语句的源程序，识别 DML 语句，将其转换为相应的高级语言能调用的语句，以便原来的编译程序能接受和处理它们；近代高级语言通常通过调数据库接口实现数据操作。

3. 数据库的控制功能

数据库的控制功能包括并发控制、数据的安全性控制、数据的完备性控制和权限控制，保证数据库系统正确、有效地运行。

4. 数据库的维护功能

已建立好的数据库在运行过程中需要进行维护。维护功能包括数据库出现故障后的恢复、数据库的重组、性能的监视等，这些功能大部分由实用程序来完成。

5. 数据字典

数据字典中存放着数据库体系结构的描述。对于应用的操作，DBMS 都要通过查阅数据字典进行。例如，Oracle 数据库系统，其数据字典中存放着用户建立的表和索引、系统建立的表和索引及用于恢复数据库的信息等，当增加表、删除表或修改表的内容时，DBMS 自动更新数据字典；当应用检索数据时，Oracle 的 DBMS 动态地将数据字典与用户程序或终端操作连起来，保持系统正确地运行。再如，MySQL 8.0 服务器包含一个事务性数据字典，用于存储有关数据库各种对象的信息。在早期版本中，字典数据存储在元数据文件、非事务性表、特定存储引擎的数据字典中。

1.5.2 数据库系统的工作过程

数据库系统是按模式和存储模式描述的框架，将原始数据存储到设备介质上形成的。用户可以通过应用程序或查询语句实现对数据的操作。

下面我们以应用程序读取一个记录为例讨论 DBMS 的工作过程（见图 1-18），以了解 DBMS 与应用程序、操作系统的接口及三级模式结构的使用。

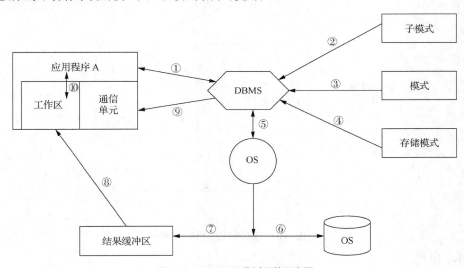

图 1-18　DBMS 工作过程的示意图

① 应用程序 A 通过 DML 命令向 DBMS 发读请求，并提供读取记录参数，如记录名、关键字值等。

② DBMS 根据应用程序 A 对应的子模式中的信息检查用户权限，并决定是否接受读请求。如果用户无权限，则向应用程序 A 返回拒绝消息。

③ 如果是合法用户，则调用模式，然后根据模式与子模式间数据的对应关系，确定需要读取的逻辑数据记录。

④ DBMS 根据存储模式，确定需要读取的物理记录。

⑤ DBMS 向操作系统（Operating System，OS）发读取记录的命令。

⑥ 操作系统执行该命令，控制存储设备读出记录数据。

⑦ 在操作系统控制下，将读出的记录送入系统缓冲区。

⑧ DBMS 比较模式和子模式，从系统缓冲区中得到所需的逻辑记录，并经过必要的数据转换后，将数据送入用户工作区。

⑨ DBMS 向应用程序发送读命令执行情况的状态信息。

⑩ 应用程序对工作区中读出的数据进行相应处理。

对数据的其他操作，其过程与读出一个记录类似。

1.5.3　数据库系统的不同视图

前面已讲到数据库系统的管理、开发和使用人员主要有数据库管理员、系统分析员、应用程序员和用户。这些人员的职责和作用是不同的，因而涉及不同的数据抽象级别，有不同的数据视图，如图 1-19 所示。

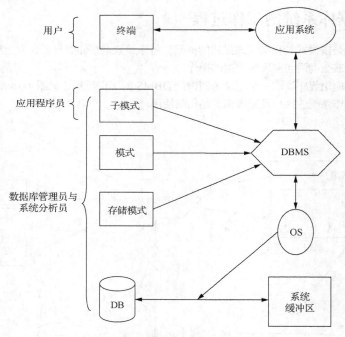

图 1-19　数据库系统的不同视图

1. 用户

用户分为应用程序员和最终用户两类，两者通过数据库系统提供的接口和开发软件使用数据库。目前常用的接口方式有菜单驱动、表格操作、利用数据库与高级语言的接口编程、生成报表等，这些接口给用户带来了很大方便。

2. 应用程序员

应用程序员负责设计应用系统的程序模块，通过数据库管理员为他（她）建立的外模式来操纵数据库中的数据。

3. 系统分析员

系统分析员负责应用系统的需求分析和规范说明。系统分析员要与用户和数据库管理员配合好，确定系统的软硬件配置，共同做好数据库各级模式的概要设计。

4. 数据库管理员

数据库管理员可以是一个人，也可以是由几个人组成的小组。他们全面负责管理、维护和控制数据库系统，一般来说由业务水平较高和资历较深的人员担任。下面介绍数据库管理员的具体职责。

（1）决定数据库的信息内容。也就是说，在数据库中存放什么信息是由 DBA 决定的。此外，DBA 还负责确定应用的实体（包括属性及实体间的联系）、完成数据库模式的设计，并同应用程序员一起完成用户子模式的设计工作。

（2）决定数据库的存储结构和存取策略，确定数据的物理组织、存放方式及数据存取方法。

（3）定义存取权限和有效性检验。用户对数据库的存取权限、数据的保密级别和数据的约束条件都是由 DBA 确定的。

（4）建立数据库。DBA 负责原始数据的装入，建立用户数据库。

（5）监督数据库的运行。DBA 负责监视数据库的运行，当出现软硬件故障时，能及时排除，使数据库恢复到正常状态，并负责数据库的定期转储和日志文件的维护等工作。

（6）重组和改进数据库。DBA 通过各种日志和统计数据分析系统性能，当系统性能下降（如存取效率和空间利用率降低）时，对数据库进行重新组织，同时根据用户的使用情况，不断改进数据库的设计以提高系统性能、满足用户需求。

1.6　MySQL 数据库

读者可通过学习 MySQL 的历史和组成了解 MySQL 数据库。

MySQL 数据库的
安装与使用

1.6.1　MySQL 数据库简介

MySQL 是市面上十分受欢迎的数据库之一，也是流行的开源数据库软件，其每年的下载量高达数百万次。DB-Engines 将 MySQL 列为使用最多的、流行的开源数据库。在过去的几年中，MySQL 在 DB-Engines 的排名超过了其他约 350 个被监控的数据库系统，特别是在 2019 年获得年度 DBMS 称号。其体积小、速度快、总体拥有成本低，尤其是开放源码这一特点，使得很多公司都采用 MySQL 数据库以降低成本。在因特网上的小、中型网站中，MySQL 也得到了广泛的应用。

该数据库系统原由瑞典的 MySQL AB 公司开发、发布并提供支持，是一款安全、跨平台、高效的并与 PHP、Java 等主流编程语言紧密结合的数据库系统。它由 MySQL 的初始开发人员戴维·阿克斯马克（David Axmark）和米凯尔·蒙蒂·维德纽斯（Michael Monty Widenius）于 1995 年建立。1996 年，MySQL 1.0 发布，仅在小范围内使用。1996 年 10 月，MySQL 3.11.1 发布了，没有 2.x 版本。接下来的两年里，MySQL 被依次移植到各个平台。MySQL 发布时采用的许可策略有些与众不同，允许免费商用，但是不能将 MySQL 与自己的产品绑定在一起发布。2000 年 4 月，MySQL 对旧的存储引擎进行了整理，命名为 MyISAM。2001 年 MySQL 3.23 已经支持大多数基本的 SQL 操作，集成了 MyISAM 和 InnoDB 存储引擎。2004 年 10 月，发布了经典的 4.1 版本。2005 年 10 月，发布了"里程碑"的一个版本 MySQL 5.0，该版本中加入了对游标、存储过程、触发器、视图和事务等的支持。在 MySQL 5.0 之后的版本里，MySQL 明确地表现出迈向高性能数据库的发展步伐。2008 年 1 月 16 日，MySQL 被 Sun 公司收购。2009 年 4 月 20 日，Oracle 收购 Sun 公司，MySQL 转入 Oracle 旗下。MySQL 8.0 版本支持企业级的云数据库服务，并且 MySQL 提供以下各种版本以供下载。

1. MySQL 企业版

MySQL 企业版提供了全面的高级功能、管理工具和技术支持，实现了高水平的 MySQL 可扩展性、安全性、可靠性和无故障运行时间等性能。它可在开发、部署和管理业务关系型 MySQL 应用的过程中降低风险、削减成本和降低复杂性。

2. MySQL 标准版

MySQL 标准版可以支持高性能、可扩展的联机事务处理（Online Transaction Processing，OLTP）应用。它提供了令 MySQL 闻名于世的易用性及行业级的性能和可靠性。MySQL 标准版包括 InnoDB，这一点使其成为一种全面集成、事务安全、符合 ACID 特性的数据库。

3. MySQL 经典版

对于使用 MyISAM 存储引擎开发读取密集型应用的独立软件开发商（ISV）、原始设备制造商（OEM）和增值经销商（VAR）而言，MySQL 经典版是理想的嵌入式数据库，它被证明是一个高性能、零管理的数据库。当需要其他功能时，用户可以将其轻松升级到 MySQL 标准版、MySQL 企业版或 MySQL Cluster 运营商级版本。

4. MySQL Cluster CGE 高级集群版

随着互联网不断对日常生活进行渗透，社交网络、各种智能移动设备的高速宽带接入及机器对机器（M2M）数据交互等带来了用户数和数据量的爆炸式增长。凭借无可比拟的扩展能力、正常运行时间和灵活性，MySQL Cluster 使用户能够应对下一代 Web、云及通信服务的数据库挑战。

MySQL Cluster 8.0 是高吞吐量的事务型数据库 MySQL NDB Cluster 的新一代产品。NDB 与 MySQL Server 8.0 整合，具有以下特点。

- 动态内存管理、自动分配资源。
- 支持最高 4 个副本数据。
- 集群容量增至 100 TB 以上。
- 再次提高性能标准，用于集群的并行和分布式 SQL 执行。
- 同步权限，简化用户权限管理，各个 SQL 节点的权限信息统一管理。

5. MySQL Workbench

MySQL Workbench 是一款专为 MySQL 设计的数据库建模（E-R）工具。MySQL Workbench 是专为数据库架构师、开发人员和 DBA 打造的统一可视化工具，它提供了数据建模工具、SQL 开发工具、数据库迁移工具和全面的管理工具（包括服务器配置、用户管理等）。

6. MySQL 嵌入式数据库

因为 MySQL 具有成本低、跨平台、灵活、高性能、高可靠性、高可扩展性、简便易用、零管理等优点，所以有 2000 多个 ISV、OEM 和 VAR 将 MySQL 作为其产品的嵌入式数据库，以提高其应用、硬件和设备的竞争力，更快地将产品推向市场和降低销售成本。

1.6.2　MySQL 的系统架构

MySQL 可插拔存储引擎的体系结构如图 1-20 所示。

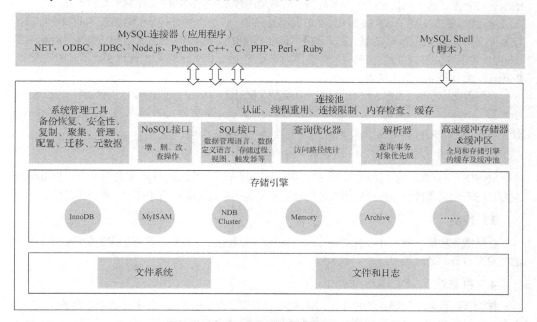

图 1-20　MySQL 可插拔存储引擎的体系结构

MySQL 自顶向下分为以下 4 层。

第一层是 MySQL 向外提供的交互组件，如 Java、.NET、Python 等语言可以通过该组件来操作 SQL 语句，实现与 SQL 的交互。这一层并不是 MySQL 所特有的技术。

第二层是服务层，是 MySQL 的核心。服务层中连接池主要是负责存储和管理客户端与数据库的连接。MySQL 引入了连接池以后，有助于提升性能。MySQL 收到一个查询请求后，会先到查询缓存以查看之前是否已执行过这条语句，如果执行过，将结果直接从缓存返回给客户端；如果缓存未命中，解析器对 SQL 语句做"词法分析""语法分析"，判断输入的 SQL 语句是否满足 MySQL 语法，没有报错就进入查询优化器中对 SQL 进行优化。优化完成后，就确定了 SQL 的执行方案，进入执行器中判断权限，如果有权限，执行器就会根据对应表的引擎定义去使用这个引擎提供的接口。

第三层是存储引擎层（Storage Engine Layer），负责 MySQL 中数据的存储与提取，由多种存储引擎共同组成。MySQL 使用可插拔存储引擎体系结构将应用程序员和 DBA 与存储级别的所有底层实现细节隔离开来，并提供了一个一致且简单的应用程序模型和 API；尽管不同的存储引擎有不同的功能，但应用程序不受这些差异的影响。MySQL 最常用的存储引擎有 InnoDB、MyISAM、NDB Cluster、Memory、Archive、Federated、Merge、Partner、Community 和 Custom 等。

第四层是系统文件层，将数据库的数据存储在文件系统中，并完成与存储引擎的交互。

1.6.3　MySQL 和其他数据库的比较

MySQL 是一个小型关系数据库管理系统，支持 FreeBSD、Linux、macOS、Windows 等多种操作系统。它与其他大型数据库（如 Oracle、IBM、DB2、SQL Server 等）进行对比的优势如下。

1．功能性

MySQL 的早期版本功能非常简单，只能做一些很基础的结构化数据存取操作，但是经过多年的改进和完善之后，现在它已经基本具备了所有通用数据库管理系统需要的相关功能。

MySQL 基本实现了 ANSI SQL 92 的大部分标准，仅有少部分并不经常被使用的没有实现。在事务支持方面，虽然 MySQL 并没有提供自己的存储引擎，但是已经通过第三方插件存储引擎 InnoDB 实现 SQL 92 标准定义的 4 个事务隔离级别的全部，而 Oracle 数据库仅实现了其中的两个，PostgreSQL 支持 4 个隔离级别。

在编程支持方面，虽然 MySQL 已经开始支持存储过程（stored procedure）、创建函数（function）、触发器（trigger）等，但是所支持的功能还比较有限。Oracle 有强大的 PL/SQL 支持，SQL Server 有 T-SQL 支持，PostgreSQL 也有功能很完善的 PL/PGSQL 支持。

2．易用性

MySQL 一直都奉行"简单易用"的原则。从安装方面来说，MySQL 安装包大小仅为 200MB 左右。它不论是通过已经编译好的二进制分发包安装还是通过源码编译安装，都非常简单。

3．性能

在性能和功能方面，MySQL 第一考虑的要素主要是性能。在保证足够稳定性的前提下，尽可能地提高自身的处理能力。

4．可靠性

作为开源数据库管理系统的代表，MySQL 在稳定、可靠性方面，并不比商业厂商的产品逊色太多。而且受欢迎度排在全球前 10 位的大型网站中，大部分网站都有部分业务是运行在 MySQL 数据库环境上的。

总体来说，MySQL 数据库在发展过程中一直在追求 3 项原则：简单、高效、可靠。

1.7　小结

本章介绍了数据库管理技术的发展、3 种数据模型、数据库系统结构及数据库管理系统的组成。此章所涉及的一些基本概念是数据库原理的基础部分，读者应透彻地理解它们。

习　题

一、填空题

1．数据处理的首要问题是数据管理。数据管理是指_____、_____、_____、_____及_____数据。

2．在人工管理数据阶段，应用程序完全依赖数据，需要应用程序规定数据的_____，分配数据的_____，决定数据的_____，因而导致数据变化时，相应需要修改应用程序。

3．文件系统的三大缺陷表现为_____、_____及_____。

4．应用程序开发中存在的"数据依赖"问题是指_____与_____的存储、存取方式密切相关。

5．_____年美国 IBM 公司研制了世界上第一个信息管理系统，它的英文名是_____，缩写为 IMS。它的数据模型属于_____模型。

6．面向计算机的数据模型多以_____为单位构造数据模型。

7. 数据库系统的控制功能表现为 4 点，分别是_____、_____、_____和_____。

8. 数据库中数据的最小存取单位是_____，文件系统的最小存取单位是_____。

9. 目前使用的数据模型基本上可分为两种类型：一种是_____，另一种是_____。

10. 数据模型一般来说是由 3 个部分组成的，它们分别是_____、_____和_____。

11. 数据库系统中是按数据结构的类型来组织数据的。根据采用数据结构类型的不同，通常数据库分为_____、_____、_____和_____ 4 种。

12. 联系通常有两种：一种是_____，即实体中属性间的联系；另一种是_____。

13. 实体间的联系是错综复杂的，但就两个实体的联系来说，主要有 3 种：_____、_____和_____。

14. 数据库系统的结构，一般划分为 3 个层次（也叫作_____），分别为_____、_____和_____。

15. 数据库系统是一个实际可运行的系统，它通常由_____、_____、_____和_____ 4 个部分组成。

16. 数据库系统的管理、开发和使用人员主要有_____、_____和_____。

17. 数据库与文件系统的根本区别是_____。

18. 现实世界中，事物的个体在信息世界中称为_____，在机器世界中称为_____。

19. 现实世界中，事物的每一个特性在信息世界中称为_____，在机器世界中称为_____。

20. 最常用的概念模型是_____。

二、选择题

1. 按照数据模型分类，数据库系统可以分为（　　　）3 种。

    A. 大型、中型和小型　　　　　　　　B. 西文、中文和兼容

    C. 层次、网状和关系　　　　　　　　D. 数据、图形和多媒体

2. 下列所述不属于数据库的基本特点的是（　　　）。

    A. 数据的共享性　　　　　　　　　　B. 数据的独立性

    C. 数据量特别大　　　　　　　　　　D. 数据的完整性

3. 下列关于数据库系统的正确叙述是（　　　）。

    A. 数据库系统减少了数据冗余

    B. 数据库系统避免了一切数据冗余

    C. 数据库系统中数据的一致性是指数据类型的一致

    D. 数据库系统比文件系统管理更多的数据

4. 数据库（DB）、数据库系统（DBS）及数据库管理系统（DBMS）三者之间的关系是（　　　）。

    A. DBS 包含 DB 和 DBMS　　　　　　B. DBMS 包含 DB 和 DBS

    C. DB 包含 DBS 和 DBMS　　　　　　D. DBS 就是 DB，也就是 DBMS

5. 数据库系统的核心是（　　　）。

    A. 数据库　　　　　　　　　　　　　B. 操作系统

    C. 数据库管理系统　　　　　　　　　D. 文件

6. 数据库系统与文件系统的主要区别是（　　　）。

    A. 数据库系统复杂，文件系统简单

    B. 文件系统不能解决数据冗余和数据独立性问题，数据库系统可以解决

    C. 文件系统只能管理程序文件，数据库系统能够管理各种类型文件

    D. 文件系统管理的数据量少，数据库系统可以管理庞大的数据量

7. 数据库系统是由 A（　　　）、B（　　　）、C（　　　）和软件支持系统组成，其中 A（　　　）是物质基础，软件支持系统中 D（　　　）是不可缺少的，B（　　　）体现数据之间的联系，C（　　　）简称 DBA。常见的数据模型有多种，目前使用较多的数据模型为 E（　　　）模型。

  A～D：①计算机硬件　②C 语言　③CPU　④数据库管理系统

     ⑤数据库　⑥主菜单　⑦数据库管理员　⑧网络管理系统

  E：①层次　②网状　③关系　④拓扑

8. 关于 n 元关系的性质，叙述正确的是（　　　）。

  A. 关系相当于一个随机文件

  B. 每个元组可最多有 n 个属性

  C. 属性名称可不唯一

  D. 不可能存在内容完全一样的元组

9. 关于关系模型，叙述正确的是（　　　）。

  A. 只可以表示实体之间的简单关系

  B. 实体间的联系用人为连线表示

  C. 有严格的数学基础

  D. 允许处理复杂表格，如一栏包括若干行

10. 关系数据库与其他数据库比（　　　）。

  A. 存储的内容不同　　　　　　　　　　B. 查询的方式不同

  B. 处理是过程化的　　　　　　　　　　D. 程序与存储联系紧密

11. 关于分布式数据库，叙述正确的是（　　　）。

  A. 对于数据是物理分布的，而处理和应用是不分布的

  B. 尽量减少冗余度是系统目标之一

  C. 除了数据的逻辑独立性与物理独立性外，还有数据分布独立性

  D. 在物理上是分布的，在逻辑上也是分布的

12. 关于 DBMS，叙述正确的是（　　　）。

  A. DBMS 是介于用户和操作系统之间的一组软件

  B. 不具有开放性

  C. DBMS 软件由数据定义语言与数据操作语言构成

  D. 数据字典多数要手动进行维护

13. 数据库技术是从 20 世纪（　　　）年代中期开始发展的。

  A. 60　　　　　　　　B. 70　　　　　　　　C. 80　　　　　　　　D. 90

14. 计算机处理的数据通常可以分为 3 类，其中反映事物数量的是（　　　）。

  A. 字符型数据　　　B. 数值型数据　　　C. 图形图像数据　　　D. 影音数据

15. 具有联系的相关数据按一定的方式组织排列，并构成一定的结构，这种结构为（　　　）。

  A. 数据模型　　　　　B. 数据库　　　　　C. 关系模型　　　　　D. 数据库管理系统

16. 使用 MySQL 按用户的应用需求设计的结构合理、使用方便、高效的数据库和配套的应用程序系统，属于一种（　　　）。

  A. 数据库　　　　　　　　　　　　　　B. 数据库管理系统

  C. 数据库应用系统　　　　　　　　　　C. 数据模型

17. 二维表由行和列组成，每一行表示关系的一个（　　　）。

  A. 属性　　　　　　　B. 字段　　　　　　　C. 集合　　　　　　　D. 记录

18. 数据库是（　　　）。
    A. 以一定的组织结构保存在辅助存储器中的数据的集合
    B. 一些数据的集合
    C. 辅助存储器上的一个文件
    D. 磁盘上的一个数据文件
19. 关系数据库是以（　　　）为基本结构而形成的数据集合。
    A. 数据表　　　　B. 关系模型　　　　C. 数据模型　　　　D. 关系代数
20. 关系数据库中的数据表（　　　）。
    A. 完全独立，相互没有关系　　　　　　B. 相互联系，不能单独存在
    C. 既相对独立，又相互联系　　　　　　D. 以数据表名来表现其相互间的联系
21. 以下说法中，不正确的是（　　　）。
    A. 数据库中存放的数据不仅仅是数值型数据
    B. 数据库管理系统的功能不仅仅是建立数据库
    C. 目前在数据库产品中关系模型的数据库系统占了主导地位
    D. 关系模型中数据的物理布局和存取路径向用户公开
22. 现实世界中客观存在并能相互区别的是（　　　）。
    A. 实体　　　　　B. 实体集　　　　C. 字段　　　　D. 记录
23. 现实世界中事物的特性在信息世界中被称为（　　　）。
    A. 实体　　　　　B. 实体标识符　　　　C. 属性　　　　D. 关键码
24. 数据库系统能达到数据独立性是因为采用了（　　　）。
    A. 层次模型　　　B. 网状模型　　　　C. 关系模型　　　　D. 三级模式结构
25. 在 DBS 中，DBMS 和 OS 的关系是（　　　）。
    A. 相互调用　　　　　　　　　　　　　B. DBMS 调用 OS
    C. OS 调用 DBMS　　　　　　　　　　D. 互不调用

三、简答题

1. 简述数据管理技术发展的几个阶段。
2. 什么是数据库？
3. 什么是数据结构、数据字典？
4. 数据库有哪些主要特征？
5. 试阐述文件系统和数据库系统的区别与联系。
6. 叙述数据库中数据的独立性。
7. 关系数据库与其他数据库相比有哪些优点？
8. 数据模型包括哪 3 个部分？它们分别有什么作用？
9. 什么是网状模型，网状模型有什么特点？请举出一个网状模型的例子。
10. 什么是层次模型，层次模型有什么特点？请举出一个层次模型的例子。
11. 什么是关系模型，关系模型有什么特点？请举出一个关系模型的例子。
12. 数据库管理员的主要职责是什么？
13. 定义并解释以下术语。
（1）实体、实体型、实体集、属性、属性域、键。
（2）模式、内模式、外模式。
（3）DDL、DML、DBMS。

14. 什么是数据与程序的物理独立性？什么是数据与程序的逻辑独立性？

15. 模式与内模式的映射有什么作用？

16. 模式与子模式的映射有什么作用？

四、综合题

1. 请按照下述两种情况分别建立银行、储户、存款单之间的数据模型，并指出这两个模型有什么根本区别。

（1）一个储户只在固定的一个银行存款。

（2）一个储户可以在多个银行存款。

2. 分别指出事物间具有一对一、一对多和多对多联系的 3 个例子。

3. 表间关系可以分为哪几类？定义关系的准则是什么？

4. 学校中有若干个系，每个系有若干个班级和教研室，每个教研室有若干名教师，教师中有教授和副教授且每人各带若干名学生。每个班有若干名学生，每名学生选若干课程，每门课程可有若干名学生选修。用 E-R 图画出该校的概念模型。

5. 某工厂生产若干产品，每种产品由不同的零件组成，有的零件可用在不同的产品上，这些零件由不同的原材料制成，不同零件所用的材料可以相同。这些零件按所属的不同产品分别放在仓库中，原材料按照类别放在若干仓库中。用 E-R 图画出此工厂产品、零件、材料、仓库的概念模型。

6. 收集尽可能多的关于你和你的学院或大学的关系表格或报表，例如录取信、课程表、成绩单、课程变化表和评分等级。用 E-R 模型建立你和你学校关系中的基础实体的数据模型。

2 第 2 章 关系数据库数学模型

【本章导读】 现有数据库管理系统都建立在关系数据模型的基础上，因此了解关系数据库理论对数据库设计及应用都具有一定的指导作用。本章主要介绍关系数据模型的基本概念、EE-R 模型到关系数据模型的转换、对关系数据模型的操作运算（包括关系代数和关系演算）。

2.1 关系数据模型的基本概念

关系是用一个二维表表示的。实质上，应当把关系看成是一个集合，这样即可将对表格的汇总和查询工作转换成集合运算的问题。

2.1.1 关系的数学定义

1. 笛卡儿积

设 $D_1,D_2,\cdots,D_n$ 为 n 个集合，称 $D_1\times D_2\times\cdots\times D_n=\{(d_1,d_2,\cdots,d_n)\in D_i(i=1,2,\cdots,n)\}$ 为集合 $D_1,D_2,\cdots,D_n$ 的笛卡儿积（Cartesian Product）。其中，D_i（$i=1,2,\cdots,n$）可能有相同的，称它们为域，域是值的集合。诸域的笛卡儿积也是一个集合；每一个元素 $(d_1,d_2,\cdots,d_n)$ 称为一个元组，n 表示参与笛卡儿积的域的个数，叫作度；同时它也表示每个元组中分量的个数。于是按 n 的值来称呼元组，如 $n=1$ 时，叫作 1 元组；$n=2$ 时，叫作 2 元组；$n=p$ 时，叫作 p 元组。元组中的每一个值 d_i 称为一个分量。

若 D_i（$i=1,2,\cdots,n$）是一组有限集，且其基数分别为 m_i（$i=1,2,\cdots,n$），则笛卡儿积也是有限集，其基数 m 为：

$$m=\prod_{i=1}^{n}m_i$$

笛卡儿积可表示为一个二维表。如果给出以下 3 个域：

$D_1=\{$赵一,王五$\}$

$D_2=\{$张三,李四$\}$

$D_3=\{$软件工程学,数据库原理$\}$

则 D_1、D_2、D_3 的笛卡儿积为 $D_1\times D_2\times D_3=\{$(赵一,张三,软件工程学),(赵一,张三,数据库原理),(赵一,李四,软件工程学), (赵一,李四,数据库原理),(王五,张三,软件工程学),(王五,张三,数据库原理),(王五,李四,软件工程学),(王五,李四,数据库原理)$\}$。

结果集中有 8 个元组，可排成表 2-1 所示的结果。

表 2-1 教师、学生、课程的元组

D_1	D_2	D_3
赵一	张三	软件工程学
赵一	张三	数据库原理
赵一	李四	软件工程学
赵一	李四	数据库原理
王五	张三	软件工程学
王五	张三	数据库原理
王五	李四	软件工程学
王五	李四	数据库原理

2. 关系

笛卡儿积 $D_1 \times D_2 \times \cdots \times D_n$ 的子集叫作在域 $D_1, D_2, \cdots, D_n$ 上的关系（Relation）。

$$R(D_1, D_2, \cdots, D_n)$$

其中 R 表示关系的名称，n 表示关系的度或目。

由于关系是笛卡儿积的子集，因此关系也是一个二维表。表的每一行对应一个元组，表的每一列对应一个域。由于不同列可以源于相同的域，为了区分，将列称为属性，并给每列单独起一个名称。n 目关系必有 n 个属性。将关系所具有的度数 n 称为 n 元关系，显然 n 元关系有 n 个属性。

笛卡儿积的子集可用来构造关系。

设：

R_1={(赵一,张三,软件工程学),(王五,李四,数据库原理)}

R_2={(赵一,张三,软件工程学),(赵一,李四,软件工程学),(王五,张三,数据库原理),(王五,李四,数据库原理)}

对应形成两个名为 R_1 和 R_2 的关系，分别如表 2-2 和表 2-3 所示。

表 2-2 关系 R_1

教　师	学　生	课　程
赵一	张三	软件工程学
王五	李四	数据库原理

表 2-3 关系 R_2

教　师	学　生	课　程
赵一	张三	软件工程学
赵一	李四	软件工程学
王五	张三	数据库原理
王五	李四	数据库原理

关系是元组的集合，是笛卡儿积的子集。一般来说，一个关系只取笛卡儿积的子集才有意义。

笛卡儿积 $D_1 \times D_2 \times D_3$ 有 8 个元组，如果只允许一名教师教一门课程，显然其中的 4 个元组是没有意义的，只有关系 R_1 与 R_2 才有意义。在数据库中，对关系的要求还要更加规范。

2.1.2 关系数据模型

关系数据模型是建立在数学概念上的。与层次模型、网状模型相比较，关系数据模型是一种十分重要的数据模型。该数据模型包括 3 个部分：数据结构、关系操作、关系数据模型的完整性。

1. 数据结构

在关系数据模型中，由于实体与实体之间的联系均可用关系来表示，因此数据结构单一。关系的描述称为关系模式，它包括关系名、组成该关系的属性名及属性与域之间的映射。

关系模式定义了把数据装入数据库的逻辑格式。在某个时刻，对应某个关系模式的内容元组的集合称为关系。关系模式是稳定的，而关系是随时间变化的。

2. 关系操作

关系操作的方式是集合操作，即操作的对象与结果都是集合。关系操作是高度非过程化的，用户只需要给出具体的查询要求，不必请求 DBA 为它建立存取路径。存取路径的选择由 DBMS 完成，并且按优化的方式选取存取路径。

关系运算分为关系代数和关系演算。

关系代数：把关系当作集合，对它进行各种集合运算和专门的关系演算，常用的有并、交、差、除法、选择、投影和连接运算。使用选择、投影和连接运算可以把二维表进行任意的分割和组装，随机地构造出各种用户所需要的表格（即关系）。同时，关系数据模型采用了规范化的数据结构，所以关系数据模型的数据操纵语言表达能力和功能都很强，使用起来也很方便。

关系演算：关系演算用谓词来表示查询的要求和条件，它可以分为元组关系演算和域关系演算两类。若谓词变元的基本对象是元组变量，称为元组关系演算；若谓词变元的基本对象是域变量，称为域关系演算。

可以证明，前面所述的关系代数运算、元组关系演算和域关系演算这 3 种关系运算形式在表达关系运算的功能上是等价的。

3. 关系数据模型的完整性

关系数据模型的完整性有以下 3 类。

（1）实体完整性。实体完整性要求基本关系的主键属性值不能取空值，空值是没有定义的值。在关系数据库中有各种关系，即有各种表，如基本表、查询表和视图表等。基本表是实际存在的表，是实际存储数据的逻辑表示；查询表是查询的结果所构成的表；视图表是虚表，它由实表和视图导出的表组成。实体完整性是对基本表施行的规则，要求主键属性的值不能为空。如果取空值，则不能标识关系中的元组；一个元组对应现实世界中的一个实体，主键的属性值为空值，说明存在某个不可标识的实体。事实上，现实世界中的实体都是可以区分的，即具有唯一的标识，主键属性的值不能为空值，故取名为实体的完整性。

（2）参照完整性。实体完整性与保持关系中主键属性值的正确有关，而参照完整性与关系之间能否正确地进行联系有关。两个表能否正确地进行联系，外键起了重要作用。设 X 是关系 R 的一个属性集，X 并非 R 的键，但在另一个关系中，X 是键，则称 X 是 R 的一个外键。在两个关系建立联系时，外键提供了一个"桥梁"。由用户保持参照完整性是一件复杂而又乏味的工作。在任何一个大型关系数据库环境中，这种工作应该由系统自动进行，即对任何关系的修改，数据库系统将自动地应用已经确定的参照完整性规则去检验。

（3）用户定义的完整性。实体完整性和参照完整性是关系数据模型必须满足的完整性规则，应由关系数据库系统自动支持。用户定义的完整性针对数据库中具体数据的约束条件，它是由应用环境决定的。它反映某一具体的应用所涉及的数据必须要满足的语义要求。关系数据模型应提供定义和检验这类完整性的机制，以便用统一的方法进行处理，不应由应用程序来完成这一功能。

为了维护数据库中数据的一致性，关系数据库的插入、删除和修改操作必须遵守上述的 3 类完整性规则。

对应于一个关系数据模型的所有关系的集合称为关系数据库。对关系数据库要分清型和值的概念。关系数据库的型（即数据库的逻辑描述）包括若干域的定义及在这些域上定义的若干关系模式。如果一个关系模式 $R(A,B,C)$ 用各属性的域值代替各属性名，就得到一个元组 (a,b,c)；若干个元组就构成了一个关系。关系数据库的值就是关系模式在某一时刻对应的关系的集合。数据库的型称为数据库的内容，数据库的值称为数据库的外延。

在关系数据模型中，无论是实体还是实体之间的联系均由具有如下特征的关系（二维表）来表示。

（1）列是同质的，即每一列中的分量是同一类型的数据，来自同一个域。

（2）不同的列可来自相同的域，每一列中有不同的属性名。

（3）列的次序可以任意交换。

（4）关系中的任意两个元组不能相同。

（5）行的次序如同列的次序，可以任意交换。

（6）每一个分量必须是不可分的数据项。

2.2　EE-R 模型到关系数据模型的转换

EE-R 模型致力于概念建模，它能很好地模拟真实世界的情况。关系数据库用二维表组织数据；关系数据模型是二维表的表框架，它定义了将数据装入数据库的逻辑数据结构。本节介绍一些把 EE-R 模型转换为关系数据模型的常用规则，以便设计出良好的关系数据模型。

2.2.1　实体类型的转换

每种实体类型可由一个关系模式来表示，例如，实体类型"学生"可由如下的关系模式表示。在关系模式中，实体类型的属性称为关系的属性，实体类型的主键作为关系的主键。

学生(学号,姓名,班级,系,…)

2.2.2　二元关系的转换

二元关系的转换取决于联系的功能度及参与该实体类型的成员类（成员类是指实体类型中的实体）。成员类与实体类型之间联系的关系，影响二元关系的转换方式。

如果一种联系表示实体类型的各种实例必须具有这种联系，则说明该实体类型的成员类在这种联系下是强制性的，否则该成员类是非强制性的。例如，实体"经理"与实体"职工"之间的联系是 $1:N$，这种联系用"管理"表示，即一个经理管理许多职工，如图 2-1 所示。如果规定每名称职工必须有一个管理者，则"职工"中的成员类（实体类型职工中的实体）在联系"管理"

中是强制性的；如果允许存在不用管理者管理的职工，则职工中的成员类在联系"管理"中是非强制性的。

图 2-1　1：N 的二元关系

如果一个实体是某联系的强制性成员，则在二元关系转换为关系模式的实现方案中要增加一条完整性限制。

1. 强制性成员类

如果实体类型 E_2 在实体类型 E_1 的 $N：1$ 联系中是强制性的成员，则 E_2 的关系模式中要包含 E_1 的主属性。

例如，规定每一项工程必须由一个部门管理，则实体类型 Project 是联系 "Runs" 的强制性成员，因而在 Project 的关系模式中包含部门 Department 的主属性。即

$Project(\underline{P^\#},Dname,Title,Start\text{-}Date,End\text{-}Date,\cdots)$

其中，$P^\#$ 为项目编号，带下画线表示为键；Title 为项目名称；Start-Date 和 End-Date 分别为项目的开始日期和结束日期。Dname 为部门的名称，它既是关系 Department 的主属性又是关系 Project 的外键，表示每个项目与一个部门相关。

2. 非强制性成员类

如果实体类型 E_2 在与实体类型 E_1 的 $N：1$ 联系中是一个非强制性的成员，则通常由一个分离的关系模式来表示这种联系及其属性，分离的关系模式包含 E_1 和 E_2 的主属性。

例如，在某图书馆数据库的 EE-R 模型中，有实体类型借书者（Borrower）和书（Book）之间的联系如图 2-2 所示。

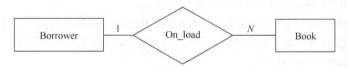

图 2-2　具有非强制性成员的 1：N 关系

在任何确定的时间内，一本书可能被借出，也可能没有被借出。借书者和书可以转换为如下的关系模式。

$Borrower(\underline{B^\#},Name,Address,\cdots)$

$Book(\underline{ISBN},B^\#,Title,\cdots)$

关系 Book 中仅包含外键 $B^\#$，以便知道谁目前借了这本书。但是图书馆的书很多，可能有许多书没有被借出，则 $B^\#$ 的值为空值。如果采用的数据库管理系统不能处理空值，则在数据库的管理中会出现问题。

对这个例子，引入一个分离的关系 On-load（借出的书），会避免空值的出现。

$Borrower(\underline{B^\#},Name,Address,\cdots)$

$Book(\underline{Catalog^\#},Title,\cdots)$

$On\text{-}load(\underline{Catalog^\#},B^\#,LendingDate,returnDate)$

其中，$Catalog^\#$ 为书的目录号；LendingDate 为借出时间；returnDate 为归还时间。

仅有借出的书才会出现在关系 *On-load* 中，以避免空值的出现，并把属性 *LendingDate* 和 *returnDate* 加到关系 *On-load* 中。

3. 多对多的二元关系

$N:M$ 的二元关系通常引入一个分离关系来表示两个实体类型之间的联系，该关系由两个实体类型的主属性及其联系的属性组成。

例如，学生与课程之间的联系为 $N:M$，即一名学生可以学习多门课程，一门课程可以由多名学生学习。其概念模型如图 2-3 所示，可由如下的关系模式来描述。

S(*学号*,*姓名*,*班级*,*系*,*年龄*,…)

C(*课程号*,*课程名*,*学分*,*教师*,…)

SC(*学号*,*课程号*,*成绩*)

其中，*S* 表示学生实体类型，*C* 表示课程实体类型，*SC* 表示 *S* 与 *C* 之间的 $N:M$ 联系及联系的属性。

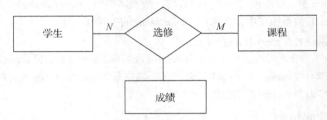

图 2-3　学生与课程之间的 $N:M$ 关系

2.2.3　实体类型内部之间联系的转换

实体类型内部之间联系的转换在很大程度上与前面二元关系的转换相似。

1. 实体类型内部之间 1:1 的联系

实体类型内部之间为 1:1 的联系，如实体类型 *Person* 之间的婚姻联系，因为许多人不具备这个条件，很明显这种联系是非强制性的，所以用一个分离的关系表示该联系。

Person(*ID*#,*Name*,*Address*,…)

Marry(*Husband-ID*#,*Wife-ID*#,*Date*,…)

其中，带下画线的属性为键。

2. 实体类型内部之间 1:N 的联系

实体类型职工与管理人员之间的联系为 1:N，管理人员也是职工。如果每名职工都由一个管理人员管理，则具备一种强制性的联系。把管理人员的编号加到职工 *Employee* 关系中，关系模式如下。

Employee(*ID*#,*Supervisor-ID*#,*Ename*,…)

如果管理人员只管理某些职工，则有一个分离的关系，关系模式如下。

Employee(*ID*#,*Ename*,…)

Supervise(*ID*#,*Supervisor-ID*#,…)

3. 实体类型内部之间 $N:M$ 的联系

实体类型内部之间 $N:M$ 的联系可转换成如下的关系模式。

Part(P#,Pname,Description,…)

Comprise(Major-P#,Minor-P#,Quantity)

2.2.4 三元关系的转换

三元关系可转换为如下的关系模式。

Company(Comp-name,…)

Product(Prod-name,…)

Country(Country-name,…)

Sells(Comp-name,Prod-name,Country-name,Quantity)

其中，关系 *Sells* 为分离的关系，表达了 3 个实体类型 *Company*、*Product*、*Country* 之间 $N:M:P$ 的联系；属性 *Quantity* 为销售量，3 个关系 *Company*、*Product*、*Country* 的主属性构成关系 *Sells* 的主属性，即带下画线的属性。

2.2.5 子类型的转换

已知实体类型的分层结构：根实体类型 *Employee* 带有子类型 *Secretary*、*Engineer* 和 *Technician*，子类型 *Engineer* 又具有其本身的子类型 *Auto-engineer*、*Aero-engineer* 和 *Electronic-engineer*。对于每个秘书、工程师和技术人员，关系 *Employee* 中将包含一个元组；对于每名汽车工程师、航空工程师和电子工程师，关系 *Engineer* 也将包含一个元组。

把分层结构的实体类型转换为关系模式，其结果是根实体类型与各个子类型之间产生一个分离的关系，每个分离关系的键是根实体类型关系的键，该关系还包含子类型中的属性。

实体类型的分层结构可用下列的关系模式描述。

Employee(EMP#,所有职工具有的共同属性)

Engineer(EMP#,工程师专有的属性)

Secretary(EMP#,秘书人员专有的属性)

Technician(EMP#,技术人员专有的属性)

Aero-engineer(EMP#,航空工程师专有的属性)

Auto-engineer(EMP#,汽车工程师专有的属性)

其中，*EMP#* 为职工的编号，通过这个主属性可把超类型产生的关系与其子类型产生的关系进行自然连接，查询出一个职工的全部信息。例如，一名汽车工程师既是工程师又是职工，通过属性 *EMP#* 把关系 *Auto-engineer*、*Engineer* 和 *Employee* 进行自然连接，查询出自动化工程师的全部信息，说明子类型可以继承超类型的性质。子类型与超类型的概念是相对的，类型 *Engineer* 是类型 *Employee* 的子类型，又是类型 *Aero-engineer*、*Auto-engineer* 和 *Electronic-engineer* 的超类型。

2.3 关系代数

基于关系的关系代数运算可分为两类：一类是传统的集合运算；另一类是专门的关系运算。从数学角度看，关系是一个集合，因而传统的集合运算如并、交、差、笛卡儿积等可用到关系的运算中；关系代数的另一些运算如选择（对关系进行水平分解）、投影（对关系进行垂直分解）、连接（关系的结合）等是为关系数据库环境而专门设计的，称为关系的专门运算。

2.3.1 基于传统集合理论的关系运算

设有关系 R、S 和 T，如图 2-4 所示，其中 A、B、C、D 为属性名。

	关系R				关系S				关系T	
A	B	C		A	B	C		B	C	D
a	1	a		a	1	a		1	a	1
b	1	b		a	3	f		3	b	1
a	1	d						3	c	2
b	2	f						1	d	4
								1	a	3

图 2-4　关系 R、S 和 T

1. 并

关系 R 和 S 的并（Union）是由属于 R、S 或同时属于 R 和 S 的元组组成的集合，记为 $R \cup S$，得到的结果关系如图 2-5 所示。关系 R 和 S 应有相同的目，即有相同的属性个数，并且类型相同。

2. 差

关系 R 和 S 的差（Difference）是由属于 R 而不属于 S 的所有元组组成的集合，记为 R-S，其结果关系如图 2-6 所示。关系 R 和 S 应有相同的目，并且类型相同。

	$R \cup S$	
A	B	C
a	1	a
b	1	b
a	1	d
b	2	f
a	3	f

图 2-5　并的结果关系

	R-S	
A	B	C
b	1	b
a	1	d
b	2	f

图 2-6　差的结果关系

3. 交

关系 R 和 S 的交（Intersection）是由同时属于 R 和 S 的元组组成的集合，记为 $R \cap S$，得到的结果关系如图 2-7 所示。

	$R \cap S$	
A	B	C
a	1	a

图 2-7　交的结果关系

4. 笛卡儿积

设 R 为 n 目关系，S 为 m 目关系，则 R 和 S 的笛卡儿积为 n+m 目关系，记为 $R \times S$。其中，前 n 个属性为 R 的属性集，后 m 个属性为 S 的属性集，结果关系中的元组为每一个 R 中元组与所有的 S 中元组的组合。在图 2-4 中，关系 R 和 S 的笛卡儿积 $R \times S$ 的结果如图 2-8 所示。

R×S					
R.A	R.B	R.C	S.R	S.B	S.C
a	1	a	a	1	a
b	1	b	a	1	a
a	1	d	a	1	a
b	2	f	a	1	a
a	1	a	a	3	f
b	1	b	a	3	f
a	1	d	a	3	f
b	2	f	a	3	f

图2-8　关系 R 和 S 的笛卡儿积结果

2.3.2　专门的关系运算

1. 选择运算

选择（Selection，SL）运算是根据给定的条件对关系进行水平分解，选择符合条件的元组。选择条件用 F 表示，也可称 F 为原子公式。在关系 R 中挑选满足条件 F 的所有元组组成一个新的关系，这个关系是关系 R 的一个子集，记为：

$$\sigma_F(R) 或 SL_F(R)$$

其中，σ表示选择运算符，R 是关系名，F 是选择条件。若取图 2-4 中的关系 R，F 为 A='a'，做选择运算，$\sigma_{A='a'}(R)$ 的结果如图 2-9 所示。

说明如下。

F 是一个公式，取的值或者为"真"，或者为"假"。

F 由逻辑运算符∧（与，AND）、∨（或，OR）和¬（非，NOT）连接各种算术表达式组成。

$\sigma_{A='a'}(R)$		
A	B	C
a	1	a
a	1	d

图 2-9　选择运算结果

算术表达式的基本形式为 $x\theta y$，其中 $\theta=\{>、\geqslant、<、\leqslant、=、\neq\}$；$x$、$y$ 可以是属性名、常量或简单函数，属性名也可以用其序号代替。

例如，在图 2-4 所示的关系 T 中，选择 B 属性的值大于 1 且 D 属性值小于 4 的元组，对应表达式 $\sigma_{B>'1' AND D<'4'}(T)$ 的结果关系如图 2-10 所示。

该选择运算也可表示成如下的形式：$\sigma_{1>'1' AND 3<'4'}(T)$，其表示选择关系 T 中，第一个分量大于 1 且第三个分量小于 4 的元组组成的关系。注意：常量要用引号引起来，属性序号或属性名称不用引号引起来。

关系 R 对选择公式 F 的选择运算用 $\sigma_F(R)$ 表示，定义如下。

$\sigma_F(R)=\{t|t\in R\wedge F(t)='true'\}$，$t$ 是 R 中满足选择条件的元组，$\sigma_F(R)$ 结果关系是由元组 t 构成的关系。

2. 投影运算

在投影（Projection，PJ）运算中，设 R 是一个 n 目关系，$t_{i_1},t_{i_2},\cdots,t_{i_m}$ 分别是 R 的第 $i_1,i_2,\cdots,i_m$（$m\leqslant n$）个属性，则关系 R 在 $t_{i_1},t_{i_2},\cdots,t_{i_m}$ 上的投影定义为：

$$\Pi_{i_1,i_2,\cdots,i_m}(R)=\left\{t\middle|t=\left(t_{i_1},t_{i_2},\cdots,t_{i_m}\right)\wedge\left(t_{i_1},t_{i_2},\cdots,t_{i_n}\right)\in R\right\}$$

其含义是从 R 中按照 $i_1,i_2,\cdots,i_n$ 的顺序取下 m 列，构成以 $i_1,i_2,\cdots,i_n$ 为顺序的 m 目关系。其中，Π 为投影运算符，在有的资料中用 PJ$_{Attr}(R)$ 表示关系 R 在 $t_{i_1},t_{i_2},\cdots,t_{i_m}$ 上的投影；属性名也可用其序号表示，例如，对图 2-4 所示的关系 R 做投影运算可以用 $\Pi_{A,B}(R)$、$\Pi_{1,2}(R)$ 或 PJ$_{A,B}(R)$ 表示，其结果关系如图 2-11 所示。

$\sigma_{B>'1' \text{ AND } D<'4'}(T)$

B	C	D
3	b	1
2	a	3
3	c	2

图 2-10　选择运算的结果关系

$PJ_{A,B}(R)$

A	B
a	1
b	1
a	1
b	2

图 2-11　投影运算的结果关系

投影运算是对关系进行垂直分解，消去关系中的某些列，并重新排列次序，删除重复的元组，构成新的关系。

3．连接运算

连接（Join，JN）运算是从关系 R 与 S 的笛卡儿积中，选取 R 的第 i 个属性值和 S 的第 j 个属性值之间满足一定条件表达式的元组，这些元组构成的关系是 $R \times S$ 的一个子集。

设关系 R 和 S 是 K_1 目和 K_2 目关系，θ 是算术比较运算符，R 与 S 连接的结果是一个 K_1+K_2 目的关系。我们可用选择和笛卡儿积来表示连接运算。

$$R \underset{A\theta B}{\bowtie} S = \sigma_{R.A\theta S.B}(R \times S)$$

其中，A、B 分别为 R、S 上可比的属性，A、B 应定义在同一个域上；θ 是算术比较运算符，它可以是 >、≥、<、≤、=、≠ 等符号，相应地也可以被称为大于连接、大于或等于连接、小于连接等，即把连接称为 θ 连接。最常用的连接是等值连接，其余统称为不等值连接。

连接也可以表示为 $(R)JN_F(S)$ 或 $SL_F(R \times S)$，F 为一个条件表达式。

例如，把图 2-4 所示的关系 R 与 T 做 θ 连接，有 $R \underset{R.C=T.C}{\bowtie} T$ 或 $(R)JN_{R.C=T.C}(T)$，得到的结果关系如图 2-12 所示。又如，下列连接表达式的结果关系如图 2-13 所示。

$$R \underset{R.B=T.D}{\bowtie} T \text{ 或 } (R)JN_{R.B>T.D}(T)$$

$(R)JN_{R.C=T.C}(T)$

R.A	R.B	R.C	T.B	T.C	T.D
a	1	a	1	a	1
a	1	a	1	a	3
b	1	b	3	b	1
a	1	d	1	d	4

图 2-12　连接 1 的结果关系

$(R)JN_{R.B>T.D}(T)$

R.A	R.B	R.C	T.B	T.C	T.D
b	2	f	1	a	1
b	2	f	3	b	1

图 2-13　连接 2 的结果关系

4．自然连接

自然连接（National Join，NJN）是连接运算的一种特殊情况。只有当两个关系含有公共属性名时才能进行自然连接。其意义是从两个关系的笛卡儿积中选择出公共属性值相等的那些元组构成的关系。

设关系 R 和 T 具有相同的属性集合 U，则有：

$$U=\{A_1,A_2,\cdots,A_K\}$$

从关系 R 和 T 的笛卡儿积中，取满足：

$$\prod_{R.U} = \prod_{T.U}$$

的所有元组，且去掉 $T.A_1, T.A_2, \cdots, T.A_K$，所得到的关系为关系 R 和 T 的自然连接。定义如下：

$$R \bowtie T = \prod_{i_1, i_2, \cdots, i_K} (\sigma_{R.A_1=T.A_1 \wedge R.A_2=T.A_2 \wedge \cdots \wedge R.A_K=T.A_K} (R \times T))$$

其中 $\bowtie$ 是自然连接符号。自然连接简记为 $(R)\text{NJN}(T)$。

例如，取图 2-4 所示的关系 R 和 T，做自然连接运算：

$$R \bowtie T = \prod_{R.A,R.B,R.C,D} (\sigma_{R.B=T.B \wedge R.C=T.C} (R \times T))$$

其结果关系如图 2-14 所示。

$(R)\text{NJN}(T)$

A	B	C	D
a	1	a	1
a	1	a	3
a	1	d	4

图 2-14　自然连接的结果关系

自然连接是关系代数中常用的一种运算，在关系数据库理论中起着重要的作用。利用选择、投影和自然连接等操作可以任意地分解和构造新关系。

5. 左连接

左连接（Left Join，LJN）是一种非常有用且特殊的扩展连接方式，"R 左连接 T"的结果关系是包括所有来自 R 的元组和那些连接字段相等处的 T 的元组。设关系 R 和 T 具有相同的属性集合 U，$U=\{A_1, A_2, \cdots, A_K\}$，则左连接的通用表达式为：

$$(R)\text{LJN}(T)$$
$$R.A_1=T.A_1 \wedge R.A_2=T.A_2 \wedge \cdots \wedge R.A_K=T.A_K$$

对于 R 中的某个元组，若 T 中没有对应与其相匹配的元组，在左连接结果关系的元组中对应 R 的分量部分保留 R 元组数据，对应 T 的分量部分的值为"空值"；其他与连接情况相同。

例如，图 2-4 所示的关系 R 和 T，有相同的属性 B 和 C，则：

$$(R)\text{LJN}(T)$$
$$R.B=T.B \wedge R.C=T.C$$

其结果关系如图 2-15 所示。

$(R)\text{LJN}(T)$
$R.B=T.B \wedge R.C=T.C$

A	$R.B$	$R.C$	$T.B$	$T.C$	D
a	1	a	1	a	1
a	1	a	1	a	3
b	1	b			
a	1	d	1	d	4
b	2	f			

图 2-15　左连接的结果关系

图 2-15 中第三、第五行元组就是表示原 R 的第二、第四行元组在 T 中没有对应匹配项。

6. 右连接

右连接（Right Join，RJN）也是一种非常有用且特殊的扩展连接方式，"R 右连接 T" 的结果关系是包括所有来自 T 的元组和那些连接字段相等处的 R 的元组。设关系 R 和 T 具有相同的属性集合 U，$U=\{A_1,A_2,\cdots,A_K\}$，则右连接的通用表达式为：

$$(R)\text{RJN}(T)$$
$$R.A_1=T.A_1 \wedge R.A_2=T.A_2 \wedge \cdots \wedge R.A_K=T.A_K$$

与左连接类似，对于 T 中的某个元组，若 R 中没有对应与其相匹配的元组，在右连接结果关系的元组中对应 R 的分量部分为 "空值"，对应 T 的分量部分保留 T 元组数据；其他情况与连接相同。

例如，图 2-4 所示的关系 R 和 T，有相同的属性 B 和 C，则：

$$(R)\text{RJN}(T)$$
$$R.B=T.B \wedge R.C=T.C$$

其结果关系如图 2-16 所示。

$$(R)\text{LJN}(T)$$
$$R.B=T.B \wedge R.C=T.C$$

A	$R.B$	$R.C$	$T.B$	$T.C$	D
a	1	a	1	a	1
			3	b	1
			3	c	2
a	1	d	1	d	4
a	1	a	1	a	3

图 2-16   右连接的结果关系

7. 除法运算

除法（Division）运算也是两个关系的运算。设有关系 R 和 S，R 是 $(m+n)$ 元关系，S 是 n 元关系，且 S 的属性是 R 属性的一部分。关系 R 与 S 的除法运算表示为：

$$W=R \div S$$

进行除法运算后产生一个 m 元的新关系，关系 R 的第 $(m+i)$ 个属性与关系 S 的第 i（$i=1,2,3,\cdots,n$）个属性定义在同一个域上。

结果关系 W 由这样的一些元组组成：每一个元组包含属于 R 而不属于 S 的属性；S 中的元组在 P 中有对应的元组存在，并且余留的属性相同。

例如，若关系 P、Q 如图 2-17 所示，则 $P \div Q$ 得到的关系 W（商）只含有一个元组 (a_1)。

P		
A	B	C
a_1	b_1	c_2
a_3	b_4	c_6
a_1	b_2	c_3
a_2	b_2	c_1
a_1	b_2	c_3

Q	
B	C
b_1	c_2
b_2	c_1
b_2	c_3

W
A
a_1

图 2-17   除法运算 $W=P \div Q$

图 2-18 所示为关系 R、S_1、S_2、S_3 及 $W_1=R \div S_1$、$W_2=R \div S_2$ 和 $W_3=R \div S_3$ 的示意。

R			S_1		S_2		S_3
$S^{\#}$	$C^{\#}$		$C^{\#}$		$C^{\#}$		$C^{\#}$
S_1	C_1		C_1		C_1		C_1
S_1	C_2				C_2		C_2
S_1	C_3		$W_1=R \div S_1$				C_3
S_2	C_1		$S^{\#}$		$W_2=R \div S_2$		
S_2	C_2		S_1		$S^{\#}$		$W_3=R \div S_3$
S_3	C_1		S_2		S_1		$S^{\#}$
			S_3		S_2		S_1

图 2-18　其他除法运算

本节共介绍了 11 种关系运算，其中并、差、笛卡儿积、投影运算和选择运算是 5 种基本的运算，其余的运算均可用这 5 种基本运算来表达。

2.3.3　应用实例

已知有下列 4 个关系表。

学生表(*学号*,*姓名*,*性别*,*入学年份*,*所在学院*,*所在系*,*户籍省份*)

教师表(*教工号*,*姓名*,*性别*,*职称*,*学院*,*系*)

课程表(*课程号*,*课程名称*,*学分*,*教工号*)

成绩表(*学号*,*课程号*,*成绩*)

（1）检索来自湖南省或湖北省且在 2020 年入学的女学生信息。

$$\sigma_{\text{性别}=\text{女} \wedge \text{入学年份}=2020 \wedge (\text{户籍省份}=\text{湖南省} \vee \text{户籍省份}=\text{湖北省})}(\text{学生表})$$

（2）检索马丽所教授课程的课程号及课程名称。

$$\prod_{\text{课程号, 课程名称}}(\sigma_{\text{姓名}=\text{马丽} \wedge \text{职称}=\text{教授}}(\text{课程表} \bowtie \text{教师表}))$$

（3）检索选修了"数据库"课程的分数大于 85 分学生的学号和姓名。

$$\prod_{\text{学号, 姓名}}(\sigma_{\text{课程名称}=\text{数据库} \wedge \text{成绩}>85}(\text{课程表} \bowtie \text{成绩表}) \bowtie \text{学生表})$$

（4）检索计算机系李强同学选修的所有课程名称及成绩。

$$\prod_{\text{课程名称, 成绩}}(\sigma_{\text{姓名}=\text{李强} \wedge \text{所在系}=\text{计算机系}}(\text{学生表} \bowtie \text{成绩表}) \bowtie \text{课程表})$$

（5）检索至少选修了 2 门课的学生学号。

$$\prod_{\text{学号}}(\sigma_{[1]=[4] \wedge [2] \neq [5]}(\text{成绩表} \times \text{成绩表}))$$

（6）检索与学号为 S20201011 的同学选修了同样课程的其他学生的学号。

$$\prod_{\text{学号, 课程号}}(\sigma_{\text{学号} \neq \text{S20201011}}(\text{成绩表})) \div \prod_{\text{课程号}}(\sigma_{\text{学号}=\text{S20201011}}(\text{成绩表}))$$

2.4　关系演算

把数理逻辑中的谓词演算应用到关系运算中，就得到了关系演算。关系演算按其谓词变元的不同，分为元组关系演算和域关系演算。元组关系演算以元组为变量，域关系演算以域为变量，它们分别被简称为元组演算和域演算。

2.4.1 元组关系演算

在元组演算中，用演算表达式$\{t|\varphi(t)\}$表示关系，其中t为元组变量，$\varphi(t)$是由原子公式和运算符组成的公式。

1. 原子公式的3种形式

（1）$R(t)$。式中R为关系名，t为元组变量。$R(t)$表示t是关系R的元组，因此关系R可用元组演算表达式$\{t|R(t)\}$来表示。

（2）$t[i]\theta c$ 或者 $c\theta t[i]$。式中$t[i]$表示元组变量t的第i个分量，c为常量，θ为算术比较运算符。$t[i]\theta c$ 或 $c\theta t[i]$表示元组t的第i分量与常量c之间满足θ运算。例如，$t[2]>5$，表示t的第2个分量大于5；$t[6]=$"WANG"，表示t的第6个分量等于WANG；$7>t[1]$表示7大于t的第1个分量。

（3）$t[i]\theta u[j]$。式中t和u为两个元组变量，θ为算术比较运算符。$t[i]\theta u[j]$表示元组t的第i个分量与元组u的第j个分量之间满足θ运算。例如，$t[3]\neq u[3]$表示t的第3个分量与u的第3个分量不相等；$t[2]>u[6]$表示t的第2个分量大于u的第6个分量。

定义关系演算的运算时可同时定义"自由"元组变量和"约束"元组变量的概念。在一个公式中，一个元组变量的前面如果没有存在量词"$\exists$"或全称量词"$\forall$"，称这个元组变量为自由的元组变量，否则称为约束的元组变量。

自由的元组变量类似于程序设计语言中的全局变量（在当前过程之外定义的变量），而约束的元组变量类似于程序设计语言中的局部变量（在过程中定义的变量）。

2. 公式及公式中自由元组变量和约束元组变量的递归定义

（1）每个原子公式是单独的公式。

（2）设φ_1和φ_2是公式，则$\neg\varphi_1$、$\varphi_1\wedge\varphi_2$和$\varphi_1\vee\varphi_2$也是公式。当φ_1为真时，$\neg\varphi_1$为假，否则为真；当φ_1和φ_2同时为真时，$\varphi_1\wedge\varphi_2$为真，否则为假；当φ_1为真或φ_2为真，抑或φ_1和φ_2同时为真时，$\varphi_1\vee\varphi_2$为真，否则为假。

（3）设φ是公式，t是φ的一个元组变量，则$(\exists t)(\varphi)$、$(\forall t)(\varphi)$也是公式。当至少有一个t使φ为真时，$(\exists t)(\varphi)$为真，否则为假；当所有的t都使得φ为真时，则$(\forall t)(\varphi)$才为真，否则为假。

（4）公式中运算符的优先级顺序：算术比较运算符的优先级最高，存在量词和全称量词次之，逻辑运算符最低，且按$\neg$、$\wedge$和$\vee$的顺序排列。如果有括号，则括号中内容的运算优先级最高。利用括号可改变优先级顺序。

（5）有限次地使用上述规则得到的公式是元组关系演算表达式，元组关系演算表达式$\{t|\varphi(t)\}$表示了所有使得φ为真的元组集合。

3. 关系代数表达式的元组演算表示

因为所有的关系代数运算都能用关系代数的5种基本运算表达，所以这里仅把关系代数的5种基本运算用元组关系演算表示。

（1）并

$$R\cup S=\{t|R(t)\vee S(t)\}$$

R与S的并是元组t的集合，t在R中或t在S中。

（2）差

$$R-S=\{t|R(t)\wedge\neg S(t)\}$$

关系R与S的差是元组t的集合，t在R中而不在S中。

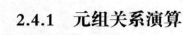

（3）笛卡儿积

设 R 和 S 分别是 r 目和 s 目关系，则有

$R \times S = \{t^{(r+s)} | (\exists u^{(r)})(\exists v^{(s)})(R(u) \wedge S(v) \wedge t[1]=u[1] \wedge \cdots \wedge t[r]=u[r] \wedge t[r+1]=v[1] \wedge \cdots \wedge t[r+s]=v[s])\}$

关系 $R \times S$ 是这样一些元组的集合：存在一个 u 和 v，u 在 R 中，v 在 S 中，并且 t 的前 r 个分量构成 u，后 S 个分量构成 v。

$t^{(i)}$ 意味着 t 的目数为 i，即有 i 个属性。$t^{(r+s)}$ 表示 t 的目数为 $r+s$。

（4）投影运算

$$\Pi_{i_1,i_2,\cdots,i_k}(R) = \{t^{(k)} | (\exists u)(R(u)) \wedge t[1]=u[i_1] \wedge \cdots \wedge t[k]=u[i_k]\}$$

式中，关系 R 在属性 $i_1,i_2,\cdots,i_k$ 上的投影是 k 目元组 $t^{(k)}$ 的集合，$t^{(k)}$ 的第 j 个属性与 R 中元组 u 的第 i_j 个属性相同。

（5）选择运算

$$\sigma_F(R) = \{t | R(t) \wedge F'\}$$

式中，关系 R 的选择是 R 中元组 t 的一个子集，它的每个元组均同时满足等价公式 F' 的要求。F' 是 F 的等价公式。

4. 元组关系演算实例

设有关系 R、S 和 W，如图 2-19 所示。

R		
A	B	C
a	e	8
c	f	6
d	b	4
d	f	3

S		
A	B	C
a	c	8
b	c	5
b	b	4
b	f	6

W	
B	C
4	x
5	d

图 2-19　关系 R、S 和 W

给出如下 5 个元组演算，结果如图 2-20 所示。

R₁		
A	B	C
a	e	8
c	f	6
d	f	3

R₂		
A	B	C
c	f	6
d	f	3

R₃		
A	B	C
d	b	4

R₄		
A	B	C
a	e	8
c	f	6
d	b	4

R₅		
A	B	C
d	b	4
d	f	3

图 2-20　元组演算示例

$$R_1=\{t|R(t) \urcorner S(t)\}$$
$$R_2=\{t|R(t) \wedge t[2]=f\}$$
$$R_3=\{t|R(t) \wedge S(t)\}$$
$$R_4=\{t|R(t) \wedge t[3] \geqslant 4\}$$
$$R_5=\{t \,|(\exists u)(R(t) \wedge W(u) \wedge t[3] \leqslant u[1])\}$$

2.4.2 域关系演算

域关系演算与元组关系演算类似，所不同的是：公式中的变量不是元组变量，而是表示元组变量中各个分量的域变量。域关系演算表达式的一般形式为：

$$\{t_1,t_2,\cdots,t_k|\varphi(t_1,t_2,\cdots,t_k)\}$$

其中，$t_1,t_2,\cdots,t_k$ 是元组变量 t 的各个分量，都称为域变量；φ 是一个公式，由原子公式和各种运算符构成。

1. 原子公式的 3 种形式

（1）$R(t_1,t_2,\cdots,t_i,\cdots,t_k)$。式中 R 为 k 目关系，t_i 为域变量或常量。$R(t_1,t_2,\cdots,t_i,\cdots,t_k)$ 表示有分量组成的元组在 R 中。

（2）$t_i\theta c$ 或 $c\theta t_i$。式中 t_i 为元组 t 的第 i 个域变量，c 为常量，θ 为算术比较运算符。$t_i\theta c$ 表示 t_i 与 c 之间满足 θ 运算。

（3）$t_i\theta u_j$。式中 t_i 为 t 的第 i 个域变量，u_j 为元组 u 的第 j 个域变量，θ 为算术比较运算符。$t_i\theta u_j$ 表示 t_i 和 t_j 之间满足 θ 运算。

域关系演算表达式 $\{t_1,t_2,\cdots,t_k|\varphi(t_1,t_2,\cdots,t_k)\}$ 是表示所有那些使 φ 为真的 $t_1,t_2,\cdots,t_k$ 组成的元组集合，关键是要找出 φ 为真的条件。

域演算中的运算符和元组演算中的运算符完全相同，因此 φ 也是域演算的原子公式及各种运算符连接的复合公式。自由变量和约束变量的含义及约束变量范围的定义与元组演算中的情况完全一样，如果公式中某一个变量前有全称量词或存在量词，则这个变量称为约束变量，否则称为自由变量。

2. 原子公式的递归定义

原子公式的递归定义如下。

（1）每个原子公式是公式。

（2）设 φ_1 和 φ_2 是公式，则 $\neg\varphi_1$、$\varphi_1 \wedge \varphi_2$ 和 $\varphi_1 \vee \varphi_2$ 也都是公式。

（3）若 $\varphi(t_1,t_2,\cdots,t_k)$ 是公式，则 $(\exists t_i)(\varphi)$（$i=1,2,\cdots,k$）和 $(\forall t_i)(\varphi)$（$i=1,2,\cdots,k$）也都是公式。

（4）域演算公式中运算符的优先级与元组演算公式中运算符的优先级相同。

（5）域演算的全部公式只能由前面所述形式组成，无其他形式。

3. 几个域关系演算的示例

设有关系 R、S 和 W，下面给出的 3 个域演算例子，其结果为图 2-21 所示的 S_1、S_2 和 S_3。

$$S_1=\{xyz|R(xyz) \wedge z<8 \wedge x=d\}$$
$$S_2=\{xyz|R(xyz) \vee S(xyz) \wedge x \neq c \wedge y \neq f\}$$
$$S_3=\{yvx|(\exists z)(\exists u)(R(xyz) \times W(uv)) \wedge z<u\}$$

数据库原理与应用（MySQL 微课版 第 4 版）

R		
A	B	C
d	ce	5
d	bd	2
g	ef	7
d	cd	9

S		
A	B	C
c	b	7
c	e	3
b	f	6
d	cd	9

W	
A_1	A_2
3	21
9	15

S_1		
A	B	C
d	ce	5
d	bd	2

S_2		
A	B	C
d	ce	5
d	bd	2
g	ef	7
d	cd	9

S_3		
B	A_2	A
ce	15	d
bd	21	d
bd	15	d
ef	15	g

图 2-21　域关系演算示例

2.4.3　应用实例

某学院学生成绩管理系统有如下 4 个关系表。

学生表(学号,姓名,性别,入学年份,所在学院,所在系,户籍省份)

教师表(教工号,姓名,性别,职称,学院,系)

课程表(课程号,课程名称,学分,教工号)

成绩表(学号,课程号,成绩)

其中，学生表记录学生基本信息，以学号为关键字；教师表记录教师基本信息，以教工号为关键字；课程表记录授课关系，以课程号为关键字，同一名称的课程有 1 个或多个课程号，一个课程号只有一名教师，但一名教师可以上多门课；成绩表记录学生选课信息，以学号和课程号为关键字。

（1）检索来自湖南省或湖北省且在 2020 年入学的女学生信息。

$S_1=\{t|$学生表$(t) \land t[3]=$'女'$\land t[4]=2020 \land (t[7]=$'湖南省' $\lor t[7]=$'湖北省'$)\}$

（2）检索马丽所教授课程的课程号及课程名称。

$S_2=\{xy|\exists t\exists u($教师表$(t) \land$课程表$(u) \land t[1]=u[4] \land t[2]=$'马丽' $\land t[4]=$'教授' $\land x=u[1] \land y=u[2])\}$

（3）检索选修了 "数据库" 课程且分数大于 85 分学生的学号和姓名。

$S_3=\{xy|\exists t\exists u\exists v($课程表$(t) \land$成绩表$(u) \land$学生表$(v) \land t[2]=$'数据库'$\land u[3]>85 \land t[1]=u[2] \land u[1]=v[1] \land x=v[1] \land y=v[2])\}$

（4）检索计算机系李强同学选修的所有课程名称及成绩。

$S_4=\{xy|\exists t\exists u\exists v($课程表$(t) \land$成绩表$(u) \land$学生表$(v) \land v[2]=$'李强' $\land v[7]=$'计算机系' $\land t[1]=u[2] \land u[1]=v[1] \land x=t[2] \land y=v[3])\}$

（5）检索至少选修了 2 门课的学生学号。

$S_5=\{x|\exists t\exists u ($成绩表$(t) \land$成绩表$(u) \land t[1]=u[1] \land t[2]\neq u[2] \land x=t[1])\}$

（6）检索与学号为 S20201011 的同学选修了同样课程的其他学生的学号。

$Y=\{x|\forall t$ 成绩表$(t) \land t[1]=$'S20201011' $\land x=t[2]\}$

$Z=\{xy|\forall t$ 成绩表$(t) \land t[1]\neq$'S20201011' $\land x=t[1] \land y=t[2]\}$

$W=\{x|\forall t\forall u(Y(t) \land Z(u) \land u[1]=t[1] \land x=u[1])\}$

2.5　小结

本章介绍了关系模型的基本概念及关系运算，其中 2.2 节在实际数据库模型设计中具有重要的理论指导意义，请读者理解并加以应用。

一、填空题

1. 设 $D_1,D_2,\cdots,D_n$ 为 n 个集合，称 $D_1 \times D_2 \times \cdots \times D_n=\{(d_1,d_2,\cdots,d_n)|d_i \in D_i,i=1,2,\cdots,n\}$ 为集合 $D_1,D_2,\cdots,D_n$ 的_____。其中每一个元素 $(d_1,d_2,\cdots,d_n)$ 叫作一个_____，元素中第 i 个值 d_i 叫作第 i 个_____。

2. 笛卡儿积 $D_1 \times D_2 \times \cdots \times D_n$ 的子集叫作在域 $D_1,D_2,\cdots,D_n$ 上的_____，其记作：$R(D_1,D_2,\cdots,D_n)$。其中 R 表示_____，n 表示_____。

3. 关系模型包括 3 个部分，它们为_____、_____和_____。

4. 关系运算分为两类：一类是_____；另一类是_____。其中_____中常用的有_____、_____、_____、_____、_____和_____；而_____又可分为_____和_____。

5. 关系模型的完整性有 3 类，分别是_____、_____和_____。

6. 在一个公式中，一个元组变量的前面如果没有存在量词或全称量词，称这个元组变量为_____元组变量，否则称为_____元组变量。

7. 关系数据库的体系结构分为 3 级，即_____、_____和_____。

8. 数据模型不仅能反映事物本身的数据，而且能表示出_____。

9. 用二维表的形式来表示实体之间联系的数据模型叫作_____。二维表中的列称为关系的_____；二维表中的行称为关系的_____。

10. 在关系数据库的基本操作中，从表中取出满足条件元组的操作称为_____；把两个关系中相同属性值的元组连接到一起，形成新二维表的操作称为_____；从表中抽取属性值满足条件的列的操作称为_____。

11. 关系代数的连接运算中，当运算符 θ 为 "=" 的连接称为_____，且当比较的分量是同名属性组时，则称为_____。

12. 自然连接是由_____操作组合而成的。

二、判断题

1. 两个关系中元组的内容完全相同，但顺序不同，则它们是不同的关系。　　　　　（　　　）

2. 两个关系的属性相同，但顺序不同，则两个关系的结构是相同的。　　　　　　（　　　）

3. 关系中的任意两个元组不能相同。　　　　　　　　　　　　　　　　　　　　（　　　）

4. 关系模型中，实体与实体之间的联系均可用关系表示且数据结构单一。　　　　（　　　）

5. 实体完整性要求基本关系的主键属性不能取空值。　　　　　　　　　　　　　（　　　）

6. 自然连接只有当两个关系含有公共属性名时才能进行。　　　　　　　　　　　（　　　）

三、单项选择题

1. 关系数据库管理系统实现的专门关系运算包括（　　　　）。
    A. 排序、索引、统计 　　　　　　　　　　B. 选择、投影、连接
    C. 关联、更新、排序 　　　　　　　　　　D. 显示、打印、制表

2. 关系数据库的任何检索操作都是由 3 种基本运算组合而成，这 3 种基本运算不包括（　　）。

    A．连接　　　　　　　B．比较　　　　　　　C．选择　　　　　　　D．投影

3. 关系数据模型是当前十分常用的一种基本数据模型，它是用 A（　　）结构来表示实体类型和实体间联系的。关系数据库的数据操作语言（DML）主要包括 B（　　）两类操作，关系模型的关系运算是以关系代数为理论基础的，关系代数最基本的操作是 C（　　）。设 R 和 S 为两个关系则 $R \bowtie S$ 表示 R 与 S 的 D（　　）。若 R 和 S 的关系如图 2-22 所示，则 R 和 S 自然连接的结果是 E（　　）。

R		
X	Y	Z
x	y	z
u	y	z
z	x	u

S		
Y	Z	W
y	z	u
y	z	w
x	u	y

图 2-22　R 和 S 的关系

供选择的答案：

  A．①树　　　　　　　②图　　　　　　　③网络　　　　　　　④二维表

  B．①删除和插入　　　②查询和检索　　　③统计和修改　　　④检索和更新

  C．①并、差、笛卡儿积、投影、连接　　　②并、差、笛卡儿积、选择、连接

      ③并、差、笛卡儿积、投影、选择　　　④并、差、笛卡儿积、除法、投影

  D．①笛卡儿积　　　　②连接　　　　　　③自然连接

  E．①

X	Y	Z	Y	Z	W	X	Y	Z	W
x	y	z	y	z	u	x	y	z	u
x	y	z	y	z	w	x	y	z	w
x	y	z	x	u	y	x	x	u	y
u	y	z	y	z	u	u	y	z	u
u	y	z	y	z	w	u	y	z	w
u	y	z	x	u	y	u	y	z	u
z	x	u	y	z	u	z	y	z	u
z	x	u	y	z	w	z	y	z	w
z	x	u	x	u	y	z	x	u	y

②

X	W	X	Y	Z	W
x	u	x	y	z	u
x	w	x	y	z	w
u	u	u	y	z	u
u	w	u	y	z	w
z	y	z	x	u	y

③

X	Y	Z	W
x	y	z	u
x	y	z	w
u	y	z	w
z	x	u	Y

④

X	Y	Z	W
x	y	z	u
u	y	z	w
z	x	u	y

4. 关于关系，下面说法正确的为（　　）。

A. 关系是笛卡儿积的任意子集

B. 不同属性不能出自同一个域

C. 实体可用关系来表示，而实体之间的联系不能用关系来表示

D. 关系的每一个分量必须是不可分的数据项

5. 有关实体完整性，下面说法正确的为（　　）。

A. 实体完整性由用户来维护

B. 实体完整性适用于基本表、查询表、视图表

C. 关系模型中主键可以相同

D. 主键不能取空值

6. 对于关系操作，下列叙述正确的为（　　）。

A. 是高度过程化的

B. 关系代数和关系演算各有优缺点，是不等价的

C. 操作对象是集合，而结果不一定是集合

D. 可以实现查询、增、删、改

7. 运算不仅仅是从关系的"水平"方向进行的是（　　）。

A. 并 　　　　　　　B. 交 　　　　　　　C. 笛卡儿积 　　　　　　　D. 选择

8. 运算不涉及列的是（　　）。

A. 选择 　　　　　　　B. 连接 　　　　　　　C. 除 　　　　　　　D. 广义笛卡儿积

9. 当关系有多个候选键时，则选定一个作为主键。但若主键为全码时应包含（　　）。

A. 全部属性 　　　　　B. 多个属性 　　　　　C. 两个属性 　　　　　D. 单个属性

10. 在基本的关系中，下列说法正确的是（　　）。

A. 行列顺序有关 　　　　　　　　　　B. 属性名允许重名

C. 任意两个元组不允许重复 　　　　　　D. 列是非同质的

11. 四元关系 R 为 $R(A,B,C,D)$，则（　　）。

A. $\Pi_{A,C}(R)$ 为取属性值为 A、C 的两列组成

B. $\Pi_{1,3}(R)$ 为取属性值为 1、3 的两列组成

C. $\Pi_{A,C}(R)$ 与 $\Pi_{1,3}(R)$ 是不等价的

D. $\Pi_{A,C}(R)$ 与 $\Pi_{1,3}(R)$ 是等价的

12. R 为四元关系 $R(A,B,C,D)$，S 为三元关系 $S(B,C,D)$，则 $R \times S$ 的结果集关系目数为（　　）。

A. 3 　　　　　　　　B. 4 　　　　　　　　C. 6 　　　　　　　　D. 7

13. R 为四元关系 $R(A,B,C,D)$，S 为三元关系 $S(B,C,D)$，则 $R \bowtie S$ 的结果集关系目数为（　　）。

A. 3 　　　　　　　　B. 4 　　　　　　　　C. 6 　　　　　　　　D. 7

14. R 为四元关系 $R(A,B,C,D)$，则代数运算 $\sigma_{3<2}(R)$ 等价于下列的（　　）。

A. SELECT * FROM R WHERE C<'2'

B. SELECT B,C FROM R WHERE C<'2'

C. SELECT B,C FROM R HAVING C<'2'

D. SELECT * FROM R WHERE '3'<B

15. 关系代数中，θ 连接操作是由（　　）组合而成的。

A. 投影和笛卡儿积 　　　　　　　　　B. 投影、选择和笛卡儿积

C. 笛卡儿积和选择 　　　　　　　　　D. 投影和选择

16. 设关系 R 和 S 的目数分别为 3 和 2，以下选项中与 $R \underset{1>2}{\bowtie} S$ 等价的是（　　）。

    A．$\sigma_{1>2}(R \times S)$　　　　B．$\sigma_{1>5}(R \times S)$　　　　C．$\sigma_{1>5}(R \bowtie S)$　　　　D．$\sigma_{1>2}(R \bowtie S)$

17. 关系代数运算 $\sigma_{4<'4'}(R)$ 的含义是（　　）。

    A．从 R 关系中挑选 4 的值小于第 4 个分量的元组

    B．从 R 关系中挑选第 4 个分量的值小于 4 的元组

    C．从 R 关系中挑选第 4 个分量的值小于第 4 个分量的元组

    D．向关系 R 的垂直方向运算

18. 关系运算中耗费时间最多的是（　　）。

    A．投影　　　　　　　　B．除　　　　　　　　C．笛卡儿积　　　　　　　　D．选择

四、多项选择题

1. 传统的集合运算包括（　　）。

    A．并　　　　　　　　B．交　　　　　　　　C．差　　　　　　　　D．广义笛卡儿积

2. 专门的关系运算有（　　）。

    A．选择　　　　　　　　B．投影　　　　　　　　C．连接　　　　　　　　D．除

3. 关于实体完整性的说明，正确的有（　　）。

    A．一个基本关系通常对应现实世界的一个实体集

    B．现实世界中实体是可区分的

    C．关系模型中由主键作为唯一性标识

    D．由用户维护

4. 关系模式包括（　　）。

    A．关系名　　　　　　　　　　　　B．组成该关系的诸属性名

    C．属性向域的映射　　　　　　　　D．属性间数据的依赖关系

5. 关系模型的 3 类完整性是（　　）。

    A．实体完整性　　　　　　　　　　B．参照完整性

    C．用户定义的完整性　　　　　　　D．系统完整性

6. 基本关系 R 中含有与另一个基本关系 S 的主键 K 相对应的属性组 F（F 称为 R 的外键）（　　）。

    A．对于 R 中每个元组在 F 上的值可以取空值

    B．对于 R 中每个元组在 F 上的值可以等于 S 中某个元组的主键值

    C．关系 S 的主键 K 和 F 定义在同一个域上

    D．基本关系 R、S 不一定是不同的关系

7. 两个分别为 n、m 目的关系 R 和 S 的广义笛卡儿积 $R \times S$（　　）。

    A．是一个 $n+m$ 元组的集合

    B．若 R 有 k_1 个元组，S 有 k_2 个元组，则 $R \times S$ 有 $k_1 \times k_2$ 个元组

    C．结果集合中每个元组的前 n 个分量是 R 的一个元组，后 m 个分量是 S 的一个元组

    D．R、S 可能相同

8. 关于自然连接，下列描述正确的是（　　）。

    A．自然连接只有当两个关系含有公共属性名时才能进行

    B．是从两个关系的笛卡儿积中选择出公共属性值相等的元组

    C．包括左连接和右连接

    D．结果中允许有重复属性

9. 设有关系 R 和 S，R 是 $m+n$ 元关系，S 是 n 元关系，且 S 的属性是 R 属性的一部分，则关于除法 $R \div S$，下列说法正确的是（　　　）。

    A. 结果是一个 m 元的新关系

    B. 关系 R 的第 $m+i$ 个属性与关系 S 的第 i 个属性定义在同一个域上

    C. 结果关系中每一个元组包含属于 R 而不属于 S 的属性

    D. S 中的元组在 P 中有对应的元组存在，并且余留的属性相同

10. 关于关系演算，下列描述正确的是（　　　）。

    A. 分为元组关系演算和域关系演算

    B. 关系运算都可以用关系演算来表达

    C. 在定义关系演算的运算时，可同时定义"自由"元组变量和"约束"元组变量的概念

    D. 自由的元组变量类似于程序设计语言中的局部变量

五、简答题

1. 什么是实体完整性？什么是范围完整性？什么是引用完整性？举例说明。

2. 简述在关系数据库中一个关系应具有哪些性质。

3. 请给出下列术语的定义：关系模型、关系模式、关系子模式、关系、属性、域、元组、关系数据库、外键。

4. 请给出下列各种术语的定义，并各举一例加以说明：并、差、交、笛卡儿积、选择、投影、连接、自然连接、左连接、右连接、除法。

5. 公式中运算符的优先次序是怎样的？

6. 试用关系代数的 5 种基本运算来表示交、连接（包括自然连接）和除法等运算。

7. 给出关系并兼容的定义，并分别举出两个是并兼容和不是并兼容关系的例子。

六、综合题

1. 一数据库的关系模式如下。

$S(\underline{S^{\#}}, SNAME, AGE, SEX)$

$SC(\underline{S^{\#}}, \underline{C^{\#}}, GRADE)$

$C(\underline{C^{\#}}, CNAME, TEACHER)$

用关系代数表达式表示下列查询语句。

（1）检索 LIU 老师所授课程的课程号、课程名。

（2）检索年龄大于 23 岁的男学生的学号、姓名。

（3）检索 WANG 同学所学课程的课程号。

（4）检索至少选修两门课程的学生学号。

（5）检索至少选修 LIU 老师所授全部课程的学生姓名。

2. 设有关系 R 和 S 如图 2-23 所示。

关系 R

A	B	C
3	6	7
2	5	7
7	2	3

关系 S

C	D	E
3	4	5
7	2	3

图 2-23　关系 R 和 S

计算：（1）$R \cup S$；（2）$R-S$；（3）$R \times S$；（4）$\prod_{3,2,1}(S)$；（5）$\sigma_{B<5}(R)$；（6）$R \cap S$。
（计算并、交、差时，不考虑属性名，仅考虑属性的顺序）

3．一个数据库的关系模式如下。

供应商关系 $S(S^{\#}$（供应商号），$SNAME$（供应商名），$STATUS$（供应商年龄），$CITY$（供应商所在城市））

零件关系 $P(P^{\#}$（零件号），$PNAME$（零件名），$COLOR$（零件颜色），$WEIGHT$（零件重量））

供应关系 $SP(S^{\#}$（供应商号），$P^{\#}$（零件号），QTY（供应量））

用关系代数表达式表示下列查询语句。

（1）给出供应零件 P2 的供应商名。

（2）将新的供应商记录('s5','tom',30,'athens')插入 S 关系中。

（3）将供应商 S1 供应的 P1 零件的数量改为 300。

（4）求供应红色零件的供应商名。

（5）给出供应全部零件的供应商名。

（6）给出供应商 S2 所供应零件的全部供应商名。

4．有以下 3 个关系，如图 2-24 所示。

Salesperson（销售人员）

姓名	年龄	薪金
Abel	63	120000
Baker	38	42000
Jones	26	36000
Murphy	42	50000
Zenith	59	118000
Kobad	27	34000

Order（订单）

订单号	顾客姓名	销售员姓名	销售数量
100	Abemathy Construction	Zenith	560
200	Abemathy Construction	Jones	1800
300	Manchester Lumber	Abel	480
400	Amalgamated Housing	Abel	2500
500	Abemathy Construction	Murphy	6000
600	Tri-city Builders	Abel	700
700	Manchester Lumber	Jones	150

Customer（顾客）

顾客姓名	城市	行业类型
Abemathy Construction	Willow	B
Manchester Lumber	Manchester	F
Tri-city Builders	Memphis	B
Amalgamated Housing	Memphis	B

图 2-24　3 个关系

（1）给出 *Salesperson×Order* 的例子。

（2）给出下列查询的关系代数表达式。

① 所有销售人员的姓名。

② 具有销售记录的销售人员姓名。

③ 不具有销售记录的销售人员姓名。

④ 具有顾客 Abemathy Construction 订单的销售人员姓名。

⑤ 具有顾客 Abemathy Construction 订单的销售人员年龄。

⑥ 所有与销售人员 Jones 有订单（Order）往来的顾客所在城市。

3

第 3 章　关系数据库设计理论

【**本章导读**】本章主要介绍函数依赖、关系模式的规范化、函数依赖的公理系统等。

从众多关系模型中找到一个确定的、结构好的，得出满足所有数据要求的关系模型，就是关系数据库设计的目标。模式求精主要使用分解技术，求精过程中能解决一些问题，如删除冗余、改善数据库的性能、节省存储空间等，但也会导致一些额外的问题，如信息损失、某些强制性约束丢失等。学习规范化理论进行数据库设计可以确保数据库各个关系模式结构合理、功能简单明确、数据库具有较少的数据冗余、较高的数据共享度、较好的数据一致性等。

3.1　问题的提出

不合理的关系模型会导致数据冗余、插入异常、删除异常等问题。

例如，供货商有名称、地址，提供各种商品，每种商品都有价格，数据库设计者可用关系模型来对其进行描述：$SUPPLIES(\underline{SUP^{\#}},SNAME,SADDRESS,\underline{ITEM},PRICE)$，其中 $SUP^{\#}$ 为供货商的编号，$SNAME$、$SADDRESS$、$ITEM$ 和 $PRICE$ 分别为供货商的姓名、地址、提供的商品及商品的价格。这个模型存在如下问题。

（1）冗余大。在数据表中，供货商的地址对于它提供的每一件商品都要重复。

（2）数据的不一致性。由于冗余大，易产生数据的不一致性。如果一个供货商提供多种商品，地址就重复多次。如果供货商的地址变了就要修改表中相应的每一元组的地址。忘记或漏改一项就会导致数据的不一致性，使一个供货商有两个不同的地址。

（3）插入异常。关系模型的键是 $(SUP^{\#},ITEM)$，如果供货商还没有提供商品，则不能将供货商的有关信息（如编号、姓名和地址等）放入数据库。因为数据的相关性是 $SUP^{\#}{\rightarrow}SNAME$，$SUP^{\#}{\rightarrow}SADDRESS$，$(SUP^{\#},ITEM){\rightarrow}PRICE$，即 $SUP^{\#}$ 函数决定 $SNAME$ 和 $SADDRESS$，$(SUP^{\#},ITEM)$ 函数决定 $PRICE$。这种数据相关性就是数据依赖。

在生活中数据依赖是普遍存在的。例如，一名学生的学号确定了，便确定了该学生的姓名、班级和所在的系等信息。就像自变量 x 确定了之后，相应的函数值 $y=f(x)$ 也唯一地确定了一样，学生的学号唯一地确定了学生的姓名及学生所在的系。用 $S^{\#}$ 表示学号，SN 表示学生的姓名，SD 表示学生所在的系，$S^{\#}$ 函数确定 SN 和 SD，或者说 SN、SD 函数依赖于 $S^{\#}$，记为 $S^{\#}{\rightarrow}SN$，$S^{\#}{\rightarrow}SD$。

（4）删除异常。如果删除供货商提供的全部商品，供货商的信息也就丢失了。

为了避免出现以上的情况，用两个关系模型来描述供货商对所提供商品的管理，即用下面的模型代替 $SUPPLIES$。

$SA(\underline{SUP^{\#}},SNAME,SADDRESS)$　　$SUP^{\#}{\rightarrow}SNAME$，$SUP^{\#}{\rightarrow}SADDRESS$

$SIP(\underline{SUP^{\#}},\underline{ITEM},PRICE)$　　$(SUP^{\#},ITEM){\rightarrow}PRICE$

这两个关系模型不会产生插入、删除异常，数据的冗余和不一致性也能得到控制。但是如果要查询那些提供某一特定商品的供货商姓名与地址，必须进行关系的连接运算，代价是较高的。相比之下，在用单个关系 $SUPPLIES$ 的情况下，只需直接地进行选择运算和投影运算就可以了。

3.2　函数依赖

在使用分解模式之前，我们先要搞清楚属性之间的关联，分解过程中不能丢失其中蕴涵的关系。改造一个性能较差的关系模式集合，得到性能较好的关系模式集合，同时这组关系模式的集合又必须与原有模式集合等价。

3.2.1　数据依赖

关系数据库设计理论的主要内容是研究如何使数据库中的数据准确地描述现实世界中的事物。在现实世界中，事物往往是相关的，例如一个部门的编号确定了该部门的名称、地址及该部门的工作人员等。这些相关性称为数据依赖，它通过一个关系中属性间值的相等与否来体现数据间的相互关系；它是数据的内在性质，是数据定义语义的体现。解决数据依赖问题是数据库模式设计的关键，是设计和构建数据库的基础。数据依赖的类型有很多，其中最重要的是函数依赖（Functional Dependence，FD）和多值依赖（Multivalued Dependence，MVD）。

3.2.2　函数依赖概述

【定义 1】设有关系模式 $R(U)$，x 和 y 均为属性集 U 的子集，R 的任一具体关系为 r，s 和 v 是 r 中的任意两个元组，如果有 $s[x]=v[x]$，就有 $s[y]=v[y]$，则 x 函数决定了 y 或 y 函数依赖于 x，记为 $x{\rightarrow}y$。

关系模式是指关系的型。它是对关系的一种描述，通常包含关系名（或框架名）、属性名表和值域表。设关系名为 R，属性名表为 $A_1,A_2,\cdots,A_n$，则关系模式记为 $R(A_1,A_2,\cdots,A_n)$ 或记为 $R(U)$，其中 $U=\{A_1,A_2,\cdots,A_n\}$，U 是 R 的全部属性组成的集合。

当把给定的元组放入关系模式后，所得的关系为具体关系，有的文献中称为当前关系，它就是关系的值。例如，一名学生的关系模式 $S(\underline{S^{\#}},SNAME,AGE,SEX)$ 的初始值是数据库建立时存放的学生关系，以后可能在数据库中插入新的学生或者删除某些原来的学生，从而得到不同于初始值的具体关系。关系的值可能随时间变化，要用动态的观点来看待。

函数依赖实际上是对现实世界中事物的性质之间相关性的一种标识，例如 $S^{\#}{\rightarrow}SNAME$，$S^{\#}{\rightarrow}AGE$，$S^{\#}{\rightarrow}SEX$，即 $S^{\#}$ 是关系 S 的键；当两个元组的键相等时，这两个元组必须相等，它们的所有属性值也必须相等。

数据库设计者在定义数据库模式时，指明属性间的函数依赖，使数据库管理系统根据设计者的意图来维护数据库的完整性。例如，规定 "姓名" 函数决定 "电话号码"，即 $NAME{\rightarrow}PHONE$，必须在 DBMS 中设立一种强制机制，禁止含有姓名相同而电话号码不同的元组在数据库中存在。解决这一问题的方法之一是让同名者改用别名，或者在姓名后添加额外的信息作为属性 "姓名" 的一部分。排除在数据库中一个人可以有两个电话号码的可能性。

函数依赖不是指关系模式 R 的某个或某些元组满足的约束条件，而是指 R 的一切元组均满足的约束条件。函数依赖是现实世界中属性间关系的客观存在和数据库设计者的人为强制相结合的产物。

3.2.3 函数依赖的逻辑蕴涵

在讨论函数依赖时，有时需要研究由已知的一组函数依赖，判断另外一些函数依赖是否成立或者能否从前者推导出后者的问题。例如，R 是一个关系模式，A、B、C 为其属性，如果在 R 中的函数依赖 $A \to B$，$B \to C$ 成立，函数依赖 $A \to C$ 是否就一定成立呢？这就是函数依赖蕴涵的所要研究的内容。

【定义 2】设 F 是关系模式 R 上的一个函数依赖集合，X、Y 是 R 的属性子集，如果从 F 的函数依赖推导出 $X \to Y$，则称 F 逻辑地蕴涵 $X \to Y$，或称 $X \to Y$ 可以从 F 中导出，抑或 $X \to Y$ 逻辑蕴涵于 F。

【定义 3】被 F 逻辑蕴涵的函数依赖的集合称为 F 的闭包（Closure），记为 F^+。一般情况下，F^+ 包含或等于 F。如果两者相等，则称 F 是函数依赖的完备集。

3.2.4 键

在前面我们已经多次遇到键的概念，且都是直观地定义它。在这里，把键的概念同函数依赖联系起来，即用函数依赖给键下一个定义。

【定义 4】设 $R(A_1, A_2, \cdots, A_n)$ 为一个关系模式，F 是它的函数依赖集，X 是 $\{A_1, A_2, \cdots, A_n\}$ 的一个子集。如果 $X \to \{A_1, A_2, \cdots, A_n\} \in F^+$，并且不存在 Y 包含于 X，使得 $Y \to \{A_1, A_2, \cdots, A_n\} \in F^+$，则称 X 为 R 的一个候选键。

通俗地讲，就是在同一组属性子集上，不存在第二个函数依赖，则该组属性集为候选键。对任何一个关系来说，可能不止存在一个候选键，通常选择其中一个作为主键。键是唯一确定一个实体的最少属性的集合。包含在任何一个候选键中的属性称为主属性，不包含在候选键中的属性称为非主属性，或者非主键属性。

例如，关系模式 $S(\underline{S^\#}, SNAME, AGE, SEX)$ 中，$S^\#$ 是键；关系模式 $SC(\underline{S^\#}, \underline{C^\#}, G)$ 中，$(S^\#, C^\#)$ 是键；关系模式 $R(\underline{P}, \underline{W}, \underline{A})$ 中，P 表示演奏者，演奏者可以演奏多种作品，W 表示作品，作品可被多个演奏者演奏，A 表示听众，听众可以欣赏不同演奏者的不同作品，这个关系模式的键是 (P, W, A)，即 ALL-KEY（每个属性都是主键的部分）。

【定义 5】设 X 是关系模式 R 中的属性或者属性组，X 并非 R 的键，而是另一个关系模式的键，则称 X 是 R 的外键。

例如，在关系模式 $PJL(\underline{P^\#}, \underline{J^\#}, T)$ 中，$P^\#$ 不是键，$P^\#$ 是关系模式 $P(\underline{P^\#}, NAME, UNIT)$ 的键，则 $P^\#$ 对关系模式 PJL 来说是外键。

键与外键提供了表示关系之间联系的手段，如关系模式 $PJL(\underline{P^\#}, \underline{J^\#}, T)$ 与关系模式 $P(\underline{P^\#}, NAME, UNIT)$ 通过属性 $P^\#$ 进行联系。

下面介绍一些常用的记号和术语。

（1）$X \to Y$，X 不包含且不等于 Y，则称 $X \to Y$ 是非平凡的函数依赖。若不特别说明，总是讨论非平凡的函数依赖。

（2）$X \to Y$，X 为决定性因素。

（3）$X \to Y$，$Y \to X$，记为 $X \longleftrightarrow Y$。

（4）如 Y 不函数依赖于 X，则记为 $X \nrightarrow Y$。

【定义 6】在关系模式 $R(U)$ 中，如果 $X \to Y$，并且对 X 中任一真子集 X' 都有 $X' \nrightarrow Y$，则称 Y 对 X 完全依赖，记为 $X \xrightarrow{F} Y$；若 $X \to Y$，但 Y 不完全函数依赖于 X，则称 Y 对 X 部分函数依赖，记为 $X \xrightarrow{P} Y$。

例如，在关系模式 $P(\underline{P^\#},NAME,UNIT)$ 中，$P^\#{\rightarrow}NAME$，$P^\#{\rightarrow}UINT$，$P^\#$ 是决定性因素；在关系模式中 $PJL(\underline{P^\#,J^\#},T)$ 中，$(P^\#,J^\#){\rightarrow}T$，$(P^\#,J^\#)$ 是决定性因素。

如果 $P(\underline{P^\#},NAME,UNIT)$ 中无重名职工，则 $P^\#{\leftarrow\rightarrow}NAME$。

【定义 7】在关系模式 $R(U)$ 中，如果 $X{\rightarrow}Y$，$Y{\rightarrow}Z$，并且 X 不包含 Y，$Y{\nrightarrow}X$，则称 Z 对 X 传递函数依赖。

例如，在关系模式 $S(S^\#,SNAME,AGE,SEX,ADDRESS,ZIPCODE)$ 中 $S^\#{\rightarrow}ADDRESS,ADDRESS{\rightarrow}ZIPCODE$ 就是传递函数依赖。

3.3　关系模式的规范化

在关系数据库的设计中，一个非常重要的问题是如何设计和构造一个数据组织合理的关系模式，使它能够准确地反映现实世界，而且便于应用。这就是所要讨论的关系模式的规范化问题。

关系模式的规范化问题是 E.F·科德提出的，他还提出了范式（Normal Form，NF）的概念。1971 年到 1972 年之间，E.F·科德提出了 1NF、2NF 和 3NF 的概念，1974 年科德和博伊斯（Boyce）共同提出了 BCNF（Boyce Codd Normal Form），1976 年费金（Fagin）提出了 4NF，后来又有人提出 5NF。

各个范式之间的关系是图 3-1 所示的包含关系。

把一个低一级范式的关系模式通过模式分解转换为一组高一级范式的关系模式的过程称为规范化。规范化的过程可以检查关系正确与否及是否合乎实际需要。

规范化的关系模式可以避免冗余、更新等异常问题，而且让用户使用方便、灵活。因此，关系数据库模式的设计者要尽量使关系模式规范化，但也要根据具体情况，全面考虑。

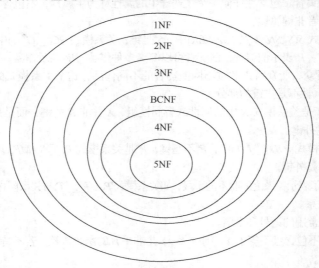

图 3-1　各范式之间的关系

下面从简单的范式开始讨论。

3.3.1　第一范式（1NF）

【定义 8】如果一个关系模式 R 的每一个属性的域都只包含单一的值，则称 R 满足第一范式。

例如，表 3-1 所示的 P 不是 1NF 的关系，因为属性值域 J 不包含单一的值。

表 3-1 非规范化的关系

$P^\#$	PD	QTY	J			
			$J^\#$	JD	$JM^\#$	QC
203	CAM	30	12	SORTER	007	5
			73	COLLATOR	086	7
206	COG	155	12	SORTER	007	33
			29	PUNCH	086	25
			36	READER	111	16

注：P 表示零件，是关系名；$P^\#$ 表示零件的编号，是键；PD 表示零件名称；QTY 表示现有的数量；

J 表示课题；$J^\#$ 表示课题代号；JD 表示课题内容；$JM^\#$ 表示课题负责人；QC 表示已提供的数量。

在关系 P 中，与 $P^\#$、PD 和 QTY 并列的 J 的值实际上是一个关系，因此关系 P 是一个非规范化的关系。把关系 P 分解成两个关系 P_1 和 PJ_1，就成为满足第一范式的关系。表 3-2 所示为第一范式下的关系 P_1 和 PJ_1，相应的键分别为 $P^\#$ 和 $(P^\#, J^\#)$。

表 3-2 第一范式下的关系

P_1

$P^\#$	PD	QTY
203	CAM	30
206	COG	155

PJ_1

$P^\#$	$J^\#$	JD	$JM^\#$	QC
203	12	SORTER	007	5
203	73	COLLATOR	086	7
206	12	SORTER	007	33
206	29	PUNCH	086	25
206	36	READER	111	16

在关系 PJ_1 中，属性 QC 函数依赖于主键 $(P^\#, J^\#)$，属性 JD 和 $JM^\#$ 仅依赖于键的一个分量 $J^\#$，这样就会引起如下一些问题。

（1）当有一些涉及一个新课题的数据要插入数据库中时，则这个新课题组尚未使用任何零件，无法将这些数据插入，因为主键的分量 $P^\#$ 还没有相应的值。

（2）如果要修改一个课题中的一个属性，例如课题负责人的代号 $JM^\#$，则不止一个地方要修改。像 $J^\#$ 为 12 的课题组使用 203 和 206 两种零件，它的 $JM^\#$ 值出现在两个地方，修改 $JM^\#$ 时，不能有所遗漏，否则会造成数据不一致性。

（3）如果有一课题组只使用一种零件，这种零件从数据库中删除会导致连同这个课题组的信息也一起从数据库中删除。

为解决上述出现的异常问题，我们可以把关系 PJ_1 向第二范式转换。

3.3.2 第二范式（2NF）

【定义 9】如果关系模式 R 满足第一范式，而且它的所有非主属性完全函数依赖于候选键，则 R 满足第二范式。

把表 3-2 中的关系 PJ_1 分解成两个关系 PJ_2 和 J_2，如表 3-3 所示。

表 3-3 第二范式下的关系

P_1

$P^\#$	PD	QTY
203	CAM	30
206	COG	155

PJ_2

$P^\#$	$J^\#$	QC
203	12	5
203	73	7
206	12	33
206	29	25
206	36	16

J_2

$J^\#$	JD	$JM^\#$
12	SOTER	007
73	COLLATOR	086
29	PUNCH	086
36	TEADER	111

其中，

$P^\# \rightarrow PD$，$P^\# \rightarrow QTY$

$(P^\#, J^\#) \rightarrow QC$

$J^\# \rightarrow JD$，$J^\# \rightarrow JM^\#$

即关系 P_1、PJ_2 和 J_2 的非主属性完全依赖"键"，P_1、PJ_2 和 J_2 都属于 2NF。

在一些关系模式中，属性间存在着传递函数依赖，分解为属于 2NF 的一组关系后，仍然存在着异常问题。例如，有关系模式如下：

REPORT($S^\#$, $C^\#$, TITLE, LNAME, $ROOM^\#$, MARKS)

其中，$S^\#$ 为学号，$C^\#$ 为课程号，TITLE 为课程名，LNAME 为教师名，$ROOM^\#$ 为教室编号，MARKS 为分数。

设关系的一个元组(s,c,t,l,r,m)表示学生 s 在标号为 c 的课程中得分为 m，课程名为 t，由教师 l 讲授，其教室编号为 r，如果每门课只由一位教师讲授，每位教师只有一个教室（即只在一个教室中讲课），关系模式 REPORT 的函数依赖如下：

$(S^\#, C^\#) \rightarrow MARKS$

$C^\# \rightarrow TITLE$

$C^\# \rightarrow LNAME$

$LNAME \rightarrow ROOM^\#$

关系模式 REPORT 的键是($S^\#, C^\#$)，非主属性 TITLE、LNAME 和 $ROOM^\#$ 对键是部分函数依赖，并存在传递函数依赖 $C^\# \rightarrow LNAME$ 和 $LNAME \rightarrow ROOM^\#$。REPORT 属于 1NF，不属于 2NF，存在着插入、修改和删除异常。

把 REPORT 分解为如下的两个关系模式：

REPORT1($S^\#, C^\#$, MARKS)，函数依赖是($S^\#, C^\#$) $\rightarrow$ MARKS；

COURSE($C^\#$, TITLE, LNAME, $ROOM^\#$)，函数依赖是 $C^\# \rightarrow TITLE$、$C^\# \rightarrow LNAME$ 和 $LNAME \rightarrow ROOM^\#$。

由于消除了非主属性对键的部分函数依赖，因此 REPORT1 和 COURSE 都属于 2NF，也避免了在 1NF 下的关系模式中存在插入、删除和修改异常的问题。但在关系模式 COURSE($C^\#$, TITLE, LNAME, $ROOM^\#$)中仍然存在插入、删除和修改异常的问题，具体问题如下。

（1）还没有分配授课任务的新教师，他的姓名及教室编号都无法加到关系模式中。

（2）如果要修改教室编号，必须修改与教师授课相对应的各个元组中的教室编号，因为一位教师可能教授多门课程。

（3）如果教师授课终止，则教师的姓名及教室编号均需从数据库中删去。

存在这些问题的原因是关系模式 COURSE 中存在着传递函数依赖。所以要把关系模式 COURSE 向第三范式转换，以除去非主属性对键的传递函数依赖。

3.3.3　第三范式（3NF）

【定义 10】如果关系模式 R 满足 2NF，并且它的任何一个非主属性都不传递依赖于任何候选键，则 R 满足 3NF。

换句话说，如果一个关系模式 R 不存在部分函数依赖和传递函数依赖，则 R 满足 3NF。

前面所述的关系模式 $COURSE(C^{\#},TITLE,LNAME,ROOM^{\#})$ 分解为 $COURSE1(C^{\#},TITLE,LNAME)$ 和 $LECTURE(LNAME,ROOM^{\#})$，消除了传递函数依赖，$COURSE1 \in 3NF$，$LECTURE \in 3NF$。这样可以避免在第二范式下出现的插入、修改和删除异常问题。

关系模式 $REPORT$ 分解为下列都属于 3NF 的一组最终关系模式（关系模式的集合）：

$REPORT1(S^{\#},C^{\#},MARKS)$

$COURSE1(C^{\#},TITLE,LNAME)$

$LECTURE(LNAME,ROOM^{\#})$

这些关系模式已经完全规范化。在分解的过程中没有丢失任何信息，把这 3 个关系进行连接总能重新构造初始的关系。通过这种无损分解可以对现实世界做更加严格而精确的描述。

3.3.4　BCNF

BCNF 被认为是修正的第三范式。当关系模式具有多个候选键，且这些候选键具有公共属性时，第三范式不能较好地处理这些关系，需把这些关系向 BCNF 转换。

【定义 11】设一个关系模式 R 满足函数依赖集 F，X 和 A 为 R 中的属性集合，且 X 不包含 A。如果只要 R 满足 $X \rightarrow A$，X 就必包含 R 的一个候选键，则 R 满足 BCNF。

换句话说，关系模式 R 中，若每一个决定因素都包含键，则关系模式 R 属于 BCNF。

例如，考虑这样一所院校，在该院校中每门课程有几位教师教授，但每位教师只教授一门课程，每名学生可以选修几门课程，此时可用如下的关系模式来描述院校的情况。

$ENROLS(\underline{S^{\#},CNAME},TNAME)$

其中 $S^{\#}$ 表示学生的编号，$CNAME$ 表示课程名称，$TNAME$ 表示教师的姓名。

其存在的函数依赖如下。

$(S^{\#},CNAME) \rightarrow TNAME$、$(S^{\#},TNAME) \rightarrow CNAME$ 和 $TNAME \rightarrow CNAME$

$ENROLS \in 3NF$，但 $ENROLS \notin BCNF$，因为 $TNAME$ 是决定因素，但不是键。

如果已经设置课程，并且确定由哪位教师教授，但是还没有学生选修，则教师与课程的信息就不能加入数据库中。如果一名学生毕业了或由于某种原因终止了学业，删除该学生时，会连同教师与课程的信息也删除了。存在这些操作异常的原因是存在 $CNAME$ 属性对键 $(S^{\#},TNAME)$ 的部分依赖。此时，再用无损分解来解决该问题，即把关系模式 $ENROLS$ 分解为如下的两个关系模式：

$CLASS(S^{\#},TNAME)$

$TEACH(TNAME,CNAME)$

$CLASS$ 和 $TEACH$ 都属于 BCNF，则可消除操作中的异常问题。

如果一个关系模式属于 BCNF，则该关系模式一定属于 3NF。假设关系模式属于 BCNF，而不属于 3NF，必然存在一个部分依赖和传递依赖，如 $X \rightarrow Y \rightarrow A$，$X$ 是候选键，Y 是属性集，A 是非主属性；$A \notin X$，$A \notin Y$，$Y \rightarrow X$ 不在 F^{+} 中，即不可能包含 R 的键，但 $Y \rightarrow A$ 成立，根据 BCNF 的定义，R 不属于 BCNF，与假设矛盾，因此属于 BCNF 的关系模式必属于 3NF。

考查关系模式 $PJL(\underline{P^{\#},J^{\#}},T)$，键是 $(P^{\#},J^{\#})$，是唯一的决定因素，所以 $PJL \in BCNF$；PJL 只有一个键，没有任何属性对键部分依赖和传递依赖，故 $PJL \in 3NF$。

对于关系模式 $S(S^{\#},SNAME,SADD,SAGE)$，$S^{\#}$、$SNAME$、$SADD$ 和 $SAGE$ 分别表示学生的编号、学生的姓名、学生的地址和学生的年龄。设 $SNAME$ 也有唯一性，即没有重名。关系模式 S 有两个键 $S^{\#}$ 和 $SNAME$，其他属性不存在对键的部分依赖与传递依赖，故 $S\in$3NF；而且 S 中除 $S^{\#}$ 和 $SNAME$ 外，无其他决定因素，故 S 也是 BCNF。

但是关系模式 $R\in$3NF，而 R 未必属于 BCNF。关系模式 $ENROLS$ 已说明了这个问题。

再看关系模式 $SS(S^{\#},SNAME,C^{\#},G)$，其中 $S^{\#}$、$SNAME$、$C^{\#}$ 和 G 分别表示学生的编号、学生的姓名、课程编号和成绩。若 $SNAME$ 有唯一性，即无相同的名字，则 SS 有两个键 $(S^{\#},C^{\#})$ 和 $(SNAME,C^{\#})$。非主属性 G 不传递依赖任何一个候选键，所以 SS 是 3NF，但不是 BCNF，因为 $S^{\#}\rightarrow SNAME$，$S^{\#}$ 不是 SS 的候选键。

把 SS 转换成 BCNF：

   $SS1(S^{\#},SNAME)$

   $SS2(S^{\#},C^{\#},G)$

$SS1$ 和 $SS2$ 都属于 BCNF。

一个关系数据库模式中的关系模式都属于 BCNF，则在函数依赖的范畴内已实现了彻底的分离，消除了插入、删除和修改的异常。3NF 的"不彻底"性表现在当关系模式具有多个候选键，且这些候选键具有公共属性时，可能存在主属性对键的部分依赖和传递依赖。

3.3.5　多值依赖

关系模式中属性之间的关系除了函数依赖外，还有多值依赖。多值依赖在现实世界中也是广泛存在的，是很值得研究的。

【定义 12】设有关系模式 R，X 和 Y 是 R 的属性子集。如果对于给定的 X 属性值，有一组（0 个或多个）Y 属性值与之对应，而与其他属性（$R–X–Y$，除 X 和 Y 以外的属性子集）无关，则称 X 多值决定 Y 或 Y 多值依赖于 X，并记 $X\rightarrow\rightarrow Y$。

【例 3-1】描述公司、产品和国家之间联系的关系模式如下：

   $Sells(Company,Product,Country)$

其中的一个元组 (x,y,z) 表示公司 x 在 z 国家销售产品 y。关系模式 $Sells$ 的相关实例如表 3-4 所示。

表 3–4　　　　　　　　　　关系模式 $Sells$ 的相关实例

Sells		
Company	Product	Country
IBM	PC	France
IBM	PC	Italy
IBM	PC	UK
IBM	Mainframe	France
IBM	Mainframe	Italy
IBM	Mainframe	UK
DEC	PC	France
DEC	PC	Ireland
DEC	Mini	France
DEC	Mini	Spain
ICL	Mainframe	Italy
ICL	Mainframe	France

Makes	
Company	Product
IBM	PC
IBM	Mainframe
DEC	PC
DEC	Mini
ICL	Mainframe

Exports	
Company	Country
IBM	France
IBM	Italy
IBM	UK
DEC	France
DEC	Spain
DEC	Ireland
ICL	Italy
ICL	France

Sells 的键是(*Company,Product,Country*)，即 ALL-KEY 键。显然，*Sells* ∈ BCNF，但是关系模式 *Sells* 具有很大的冗余性。例如，IBM 公司增加了一种新产品，必须为 IBM 出口的每一个国家增加一个元组；同样如果 DEC 公司向我国出口其所有的产品，必须为每个产品增加一个元组。在一个正确规范化的关系模式中，只需把信息加入一次。由于在关系模式 *Sells* 中，存在两个多值依赖：

$$Company \rightarrow \rightarrow Product$$

$$Company \rightarrow \rightarrow Country$$

导致了关系模式 *Sells* 的冗余性。为了消除冗余，我们可以把 *Sells* 无损分解为 *Makes* 和 *Exports*。

$$Makes(Company,Product)$$

$$Exports(Company,Country)$$

Sells 实例中包含的信息可以由关系 *Makes* 和 *Exports* 的实例来表示。

设 *R*(*U*)是属性集 *U* 上的一个关系模式，*X*、*Y* 和 *Z* 是 *U* 的子集，并且 *Z*=*U*-*X*-*Y*，多值依赖成立，当且仅当对 *R*(*U*)的任一关系 *r*，给定一对(*X,Z*)值，就有一组 *Y* 值与之相对应，这组值仅决定于 *X* 值而与 *Z* 值无关。

例如，在 *Sells* 关系模式中，对于(*IBM,UK*)，有一组 *Product* 值{PC,Mainframe}对应，这组值仅决定于公司 *Company* 上的值，与 *Country* 上的值无关。于是 *Product* 多值依赖于 *Company*，即 *Company* → → *Product*。

关于多值依赖，另一个等价的形式化定义如下。

R(*U*)是属性集 *U* 上的一个关系模式，*X*、*Y* 和 *Z* 是 *U* 的子集，并且 *Z*=*U*-*X*-*Y*。对于 *R*(*U*)的任一关系 *r*，*t* 和 *s* 是 *r* 中的两个元组，有 *t*[*X*]=*s*[*X*]，则 *r* 中也包含元组 *u* 和 *v*，有

（1）*u*[*X*]=*v*[*X*]=*t*[*X*]=*s*[*X*]

（2）*u*[*Y*]=*t*[*Y*]及 *u*[*Z*]=*s*[*Z*]

（3）*v*[*Y*]=*s*[*Y*]及 *v*[*Z*]=*t*[*Z*]

则称 *X* 多值决定 *Y* 或 *Y* 多值依赖于 *X*。

这个定义的含义是，如果 *r* 有两个元组在属性 *X* 上的值相等，则交换这两个元组在属性 *Y* 上的值，得到的两个新元组必定也在 *r* 中，并假定 *X* 与 *Y* 无关。

【例 3-2】有关系模式 *R*(*C,T,H,R,S,G*)，其中，*C*、*T*、*H*、*R*、*S* 和 *G* 分别表示课程名、教师名、时间、教室、学生名和成绩。表示一门课程可能安排在不同的时间，也可能在不同的教室，一门课由一位教师教授。

关系模式 *R* 的一个实例如表 3-5 所示。

表 3-5 一个多值依赖关系的例子

C	T	H	R	S	G
CS_1	T_1	H_1	R_2	S_1	B^+
CS_1	T_1	H_2	R_3	S_1	B^+
CS_2	T_1	H_3	R_2	S_1	B^+
CS_1	T_1	H_1	R_2	S_2	C
CS_1	T_1	H_2	R_3	S_2	C
CS_1	T_1	H_3	R_2	S_2	C

对一门课程（C）可以有一组(H,R)与之对应，而与听课的学生及成绩（S 与 G）无关，也就是说存在多值依赖 $C\rightarrow\rightarrow(H,R)$。设元组 t 和 s 的值分别为

$$t:(CS_1,T_1,H_1,R_2,S_1,B^+)$$
$$s:(CS_1,T_1,H_2,R_3,S_2,C)$$

把 t 中的(H_1,R_2)与 S 中的(H_2,R_3)进行交换，得到两个新元组 u 和 v，其值分别为

$$u:(CS_1,T_1,H_2,R_3,S_1,B^+)$$
$$v:(CS_1,T_1,H_1,R_2,S_2,C)$$

与表 3-5 所示内容比较，元组 u 和 v 的确也在 R 中，且 S 和 G 中的值不受影响。关系模式 R 中不仅存在多值依赖 $C\rightarrow\rightarrow(H,R)$，还存在多值依赖 $T\rightarrow\rightarrow(H,R)$。

函数依赖与多值依赖既有联系又有区别，它们都描述了关于数据之间的固有联系。在某个关系模式上，函数依赖和多值依赖是否成立由关系本身的语义属性确定。

函数依赖可以看作多值依赖的特殊情况，因为 $X\rightarrow Y$ 描述了属性值 X 与 Y 之间一对一的联系，而 $X\rightarrow\rightarrow Y$ 描述了属性值 X 与 Y 之间一对多的联系。如果在 $X\rightarrow\rightarrow Y$ 中规定对每个 X 值仅有一个 Y 值与之对应，则 $X\rightarrow\rightarrow Y$ 就变成 $X\rightarrow Y$ 了。

必须注意的是，多值依赖的定义与函数依赖的定义有重要的区别。在函数依赖的定义中 $X\rightarrow Y$ 在 $R(U)$ 上是否成立仅与 X、Y 值有关，不受其他属性值的影响；而多值依赖 $X\rightarrow\rightarrow Y$ 在 $R(U)$ 上是否成立，不仅要考虑属性集 X、Y 上的值，而且还要考虑属性集 $U-X-Y$ 上的值。换言之，讨论任何一个 $X\rightarrow\rightarrow Y$ 都不能离开它的值域，值域变了，$X\rightarrow\rightarrow Y$ 的满足性也会跟着变。

例如，为了提高职工的计算机知识水平，现开设计算机培训班。根据报名学员的情况分班，学习不同的课程。课程设置与分班的情况如下：

存在多值依赖<*班级*>$\rightarrow\rightarrow$<*学员*>，<*班级*>$\rightarrow\rightarrow$<*课程*>。如果扩展该关系模式，加入学员学习课程的成绩，即值域由(<*班级*>,<*学员*>,<*课程*>)变为(<*班级*>,<*学员*>,<*课程*>,<*成绩*>)，多值依赖<*班级*>$\rightarrow\rightarrow$<*学员*>、<*班级*>$\rightarrow\rightarrow$<*课程*>不再成立。而函数依赖的满足性则不受值域扩展的影响。

多值依赖具有以下性质。

（1）若 $X\rightarrow\rightarrow Y$，则 $X\rightarrow\rightarrow Z$，其中 $Z=U-X-Y$。例如，关系模式 $Sells(Company,Product,Country)$ 中，$Company\rightarrow\rightarrow Product$，$Company\rightarrow\rightarrow Country$。

（2）若 $X\rightarrow Y$，则 $X\rightarrow\rightarrow Y$，函数依赖可看作是多值依赖的特殊情况。

（3）若 $X\rightarrow\rightarrow Y$，而 $Z=\varnothing$（空集合），则称 $X\rightarrow\rightarrow Y$ 是平凡的多值依赖。

3.3.6　第四范式（4NF）

第四范式是 BCNF 的推广，它适用于多值依赖的关系模式。

【定义 13】设 R 是一关系模式，D 是 R 上的依赖集。如果对于任何一个多值依赖 $X \rightarrow \rightarrow Y$（其中 Y 非空，也不是 X 的子集，X 和 Y 并未包含 R 的全部属性），且 X 包含 R 的一个键，则称 R 为第四范式，记为 4NF。

当 D 中仅包含函数依赖时，4NF 就是 BCNF，因此 4NF 必定是 BCNF，但是一个 BCNF 不一定是 4NF。

如果一个关系模式属于 BCNF，但没有达到 4NF，仍然存在着操作中的异常问题。例如，考虑关系模式 $WSC(W,S,C)$，W、S 和 C 分别表示仓库、保管员和商品。若每个仓库有许多保管员，有许多个商品。每个保管员保管其所在仓库的所有商品，每个仓库的每种商品由所有保管员保管。

按语义，对 W 的每一个值 W_i 有一组 S 值与之对应，而与 C 取何值无关，故有 $W \rightarrow \rightarrow S$；同理有 $W \rightarrow \rightarrow C$。但关系模式 WSC 的键是 ALL–KEY，即键为 (W,S,C)。W 不是键，所以 $WSC \notin 4NF$，而属于 BCNF。

关系模式 WSC 中，数据的冗余度有时很大。例如，某一仓库 W_i 有 n 个保管员，放 m 个商品，则关系中以 W_i 为分量的元组数量有 $m \times n$ 个。每个保管员信息重复存储 m 次，每种商品信息重复存储 n 次。解决的方法是分解 WSC，使其达到 4NF。

把关系模式 WSC 分解为 $WS(W,S)$ 和 $WC(W,C)$，在 WS 中有 $W \rightarrow \rightarrow S$，$WS \in 4NF$；同理 $WC \in 4NF$。这样就消除了在 WSC 中存在的数据冗余度。

规范化的过程是用一组等价的关系子模式使关系模式中的各关系模式达到某种程度的"分离"，让一个关系描述一个概念、一个实体或实体间的一种联系。规范化的实质就是概念的单一化。

关系模式规范化的过程是通过对关系模式进行分解来实现的。把低一级的关系模式分解为多个高一级的关系模式，最大限度地消除某些（特别是在 1NF 和 2NF 下的关系模式中出现的）插入、删除和修改的异常问题，这些异常问题是错误的"实体-联系"建模引起的。对于大多数实际应用来说，分解到 3NF 就够了。但是有时需要进一步分解到 BCNF 或 4NF。1NF、2NF、3NF 及 4NF 之间的逐步深化过程如图 3-2 所示。

```
┌─────────────────────────────────────────────┐
│ 非规范化的关系                                 │
│     ↓ 消除非原子分量                           │
│ 1NF                                           │
│     ↓ 消除非主属性对键的部分函数依赖            │
│ 2NF                                           │
│     ↓ 消除非主属性对键的传递函数依赖            │
│ 3NF                                           │
│     ↓ 消除主属性对键的部分和传递函数依赖        │
│ BCNF                                          │
│     ↓ 消除非平凡且非函数依赖的多值依赖          │
│ 4NF                                           │
└─────────────────────────────────────────────┘
```

图 3-2　规范化的过程

实际上还存在 5NF，因 5NF 的实际意义很小，有兴趣者可参阅有关文献资料。

规范化的关系可消除操作中出现的异常现象，但是数据库的建模人员在规范化时还需要了解应用领域中的常识，不能把规范化的规则绝对化。

例如，下面的关系模式：

$CUSTOMER(NO^{\#},NAME,STREET,CITY,POSTCODE)$

其中，$NO^{\#}$、$NAME$、$STREET$、$CITY$ 和 $POSTCODE$ 分别表示客户的编号、姓名、街道、城市和邮政编码。其存在的函数依赖为：$NO^{\#} \rightarrow NAME$，$NO^{\#} \rightarrow STREET$，$NO^{\#} \rightarrow CITY$，$NO^{\#} \rightarrow POSTCODE$，

$POSTCODE \rightarrow CITY$，因而存在着传递函数依赖，所以 $CUSTOMER \notin 3NF$。

然而在实际应用中，总是把属性 $CITY$ 和 $POSTCODE$ 作为一个单位来考虑。在这种情况下，对关系模式进行分解是不可取的。

3.4　函数依赖的公理系统

消除数据冗余的途径就是找出给定属性集合上的所有函数依赖，对其中能够产生数据冗余的函数依赖进行适当处理。为了从已知的函数依赖导出更多新的函数依赖，人们总结出许多推理规则。1974 年，阿姆斯特朗（Armstrong）总结了各种推理规则，把其中若干最主要、最基本的规则称为公理。该公理就是有名的阿姆斯特朗公理。

3.4.1　阿姆斯特朗公理

设有关系模式 $R(U)$，U 是 R 的属性集，X、Y、Z 和 W 均是 U 的子集，F 是 R 的函数依赖集，推理规则如下。

A_1（自反律，Reflexivity）：如果 $Y \subseteq X \subseteq U$，则 $X \rightarrow Y$。

A_2（增广律，Augmentation）：如果 $X \rightarrow Y$，则 $XZ \rightarrow YZ$。

A_3（传递律，Transitivity）：如果 $X \rightarrow Y$，$Y \rightarrow Z$，则 $X \rightarrow Z$。

3.4.2　公理的正确性

【定理 1】阿姆斯特朗公理是正确的。

证明如下。

A_1 是正确的。因为对任一关系 r，其两个元组在 X 的分量上相等，则在任意子集的分量上也自然相等。

A_2 是正确的。设一关系 r 满足 $X \rightarrow Y$，同时它有两个元组 u 和 v 在 XZ 分量上相等，而在 YZ 的分量上不相等。因为它们在 Z 的任何分量上是相等的，于是必然在 Y 分量上是不相等的。这样违反假设 $X \rightarrow Y$，因此有 $XZ \rightarrow YZ$。

A_3 是正确的。设任一关系 r、u 和 v 是 r 上的两个元组，因为 $X \rightarrow Y$，所以 $u(y)=v(y)$；又 $Y \rightarrow Z$，于是有 $u(z)=v(z)$，所以 $X \rightarrow Z$。

3.4.3　公理的推论

从阿姆斯特朗公理可以得出如下的推论。

1.　合并规则（Union Rule）

若 $X \rightarrow Y$ 与 $X \rightarrow Z$ 成立，则 $X \rightarrow YZ$ 成立。

因为 $X \rightarrow Y$，所以 $X \rightarrow XY$；又 $X \rightarrow Z$，于是 $XY \rightarrow YZ$，所以有 $X \rightarrow YZ$。

2.　伪传递规则（Pseudotransitivity Rule）

若 $X \rightarrow Y$ 与 $WY \rightarrow Z$ 成立，则 $XW \rightarrow Z$ 成立。

因为 $X \rightarrow Y$，于是 $XW \rightarrow WY$，所以有 $XW \rightarrow Z$。

3.　分解规则（Decomposition Rule）

若 $X \rightarrow Y$ 成立，且 $Z \subseteq Y$，则 $X \rightarrow Z$ 成立。

因为 $Z\subseteq Y$，于是 $Y\to Z$，根据已知条件 $X\to Y$，所以 $X\to Z$ 成立。

从合并规则和分解规则可得出一个重要的结论：如果 $A_1,A_2,\cdots,A_n$ 是关系模式 R 的属性，则 $X\to A_1A_2\cdots A_n$ 的充分必要条件是 $X\to A_i$（$i=1,2,\cdots,n$）均成立。

3.5 模式分解

3.3 节讨论的规范化过程就是模式分解的过程。模式分解的过程必须遵守一定的规则，不能在消除操作异常现象的同时，产生其他新的问题。为此，关系模式的分解要满足如下两个基本条件。

（1）模式分解应无损连接。

（2）模式分解要保持函数依赖。

3.5.1 无损连接

无损连接是指分解后的关系通过自然连接可以恢复成原有的关系，即通过自然连接得到的关系与原有关系相比，既不多出信息，又不丢失信息。

【定义 14】设有关系模式 $R(U,F)$，分解成关系模式 $\rho=\{R_1(U_1,F_1),\cdots,R_k(U_k,F_k)\}$，其中 $U=\bigcup\limits_{i=1}^{k}U_i$ 且 $U_i\not\subset U_j$（$i\neq j$），若对于关系 $R(U,F)$ 的任一关系 r 都有

$$r=\pi_{U_1}(r)\bowtie\pi_{U_2}(r)\cdots\bowtie\pi_{U_k}(r)$$

则称 ρ 具有无损连接性。其中 $\pi_{U_i}(r)$ 是关系 r 在 U_i 上的投影，$\bowtie$ 为自然连接。

例如，设有关系模式 $R(学号,班级,学院)$，其函数依赖集为 $F=\{学号\to班级,班级\to学院\}$，从 F 可以看出，一名学生只能属于一个班级，一个班级只能属于一个学院。设有关系实例如表 3-6 所示。

表 3-6　　　　　　　　　　　　　　某关系实例

R			R₁		R₂	
学号	班级	学院	学号	班级	学号	学院
X1	C1	Y1	X1	C1	X1	Y1
X2	C1	Y1	X2	C1	X2	Y1
X3	C2	Y2	X3	C2	X3	Y2
X4	C3	Y3	X4	C3	X4	Y3

$\rho=\{R_1(\{学号,班级\},\{学号\to班级\}),R_2(\{学号,学院\},\{学号\to学院\})\}$ 是无损连接分解（因为 $R_1\bowtie R_2=R$）。

$\rho=\{R_3(\{学号,班级\},\{学号\to班级\}),R_4(\{班级,学院\},\{班级\to学院\})\}$ 不是无损连接分解。读者可以证明 $R_3\bowtie R_4$ 比 R 多了不少信息。

在原关系属性特别多或分解后关系模式较多时，利用自然连接去证明无损连接的正确性，计算量会非常大，此时我们可以利用 Chase 过程来判断模式分解是否符合无损连接。

算法：无损连接测试。

输入：关系模式 $R(U,F)$，R 的一个分解 $\rho=\{R_1(U_1),\cdots,R_k(U_k)\}$。

输出：判断 ρ 是否符合无损连接特性。

方法如下。

（1）若 U 中含有 n 个属性 $A_1A_2\cdots A_n$，构造一个 k 行 n 列的表格，每行对应一个关系模式 R_i（$1 \leqslant i \leqslant k$），每列对应一个属性 A_j（$1 \leqslant j \leqslant n$）。若 A_j 在 R_i 中，那么在表格的第 i 行第 j 列处填上符号 a_j，否则填上符号 b_{ij}。

（2）反复检查 F 的每一个函数依赖，并修改表格中的元素，其方法如下。

取 F 中一函数依赖 $X \to Y$，若表格中有两行在 X 分量上相等，在 Y 分量上不相等，用如下方法修改 Y 分量，使这两行在 Y 分量上相等。若 Y 的分量中有一个是符号 a_j，那么另外一个也修改为 a_j；若 Y 的分量中没有符号 a_j，则用下标较小的 b_{ij} 替换另外一个符号。依此类推，一直修改到表格不能被修改为止（此过程称为 Chase 过程）。

（3）若修改到最后，表格中有一行全是 a，即此行为 $a_1a_2\cdots a_n$，那么 ρ 相对于 F 是无损连接分解。

【例 3-3】关系模式 $R(C,T,H,R,S,G)$，函数依赖为 $F=\{C \to T, HR \to C, HT \to R, CS \to G, HS \to R\}$，分解为 CSG、CT、CHR、CHS 4 个模式，判断是否是无损连接分解。

解：Chase 过程的初始表如表 3-7 所示。

表 3-7　　　　　　　　　　　　　　Chase 过程初始表

	C	T	H	R	S	G
CSG	a_1	b_{12}	b_{13}	b_{14}	a_5	a_6
CT	a_1	a_2	b_{23}	b_{24}	b_{25}	b_{26}
CHR	a_1	b_{32}	a_3	a_4	b_{35}	b_{36}
CHS	a_1	b_{42}	a_3	b_{44}	a_5	b_{46}

根据 $C \to T$，将 b_{12}、b_{32}、b_{42} 改为 a_2，如表 3-8 所示。

表 3-8　　　　　　　　　　　　修改 b_{12}、b_{32}、b_{42} 之后的表

	C	T	H	R	S	G
CSG	a_1	a_2	b_{13}	b_{14}	a_5	a_6
CT	a_1	a_2	b_{23}	b_{24}	b_{25}	b_{26}
CHR	a_1	a_2	a_3	a_4	b_{35}	b_{36}
CHS	a_1	a_2	a_3	b_{44}	a_5	b_{46}

根据 $HT \to R$，将 b_{44} 改为 a_4，如表 3-9 所示。

表 3-9　　　　　　　　　　　　　　修改 b_{44} 之后的表

	C	T	H	R	S	G
CSG	a_1	a_2	b_{13}	b_{14}	a_5	a_6
CT	a_1	a_2	b_{23}	b_{24}	b_{25}	b_{26}
CHR	a_1	a_2	a_3	a_4	b_{35}	b_{36}
CHS	a_1	a_2	a_3	a_4	a_5	b_{46}

根据 $CS \to G$，将 b_{46} 改为 a_6，如表 3-10 所示。

表 3–10

	C	T	H	R	S	G
CSG	a_1	a_2	b_{13}	b_{14}	a_5	a_6
CT	a_1	a_2	b_{23}	b_{24}	b_{25}	b_{26}
CHR	a_1	a_2	a_3	a_4	b_{35}	b_{36}
CHS	a_1	a_2	a_3	a_4	a_5	a_6

此时最后一行已经全是 a，因此分解是无损连接分解。

判断一个分解是否具有无损连接特性，可以用如下定理。

【定理2】若 R 分解为 $\rho=\{R_1,R_2\}$，F 为 R 所满足的函数依赖集，分解 ρ 相对于 F 是无损连接，分解的充分必要条件是 $R_1 \cap R_2 \rightarrow (R_1-R_2)$ 或者 $R_1 \cap R_2 \rightarrow (R_2-R_1)$。

【例 3-4】设 $R=ABC$，$F=\{A{\rightarrow}B,B{\rightarrow}C\}$，3 种不同分解为 $\rho_1=\{R_1(AB),R_2(AC)\}$，$\rho_2=\{R_1(AB),R_2(BC)\}$，$\rho_3=\{R_1(A),R_2(BC)\}$，证明 ρ_1 和 ρ_2 是无损分解而 ρ_3 不是。

解：

（1）对 ρ_1，$R_1 \cap R_2 = AB \cap AC = A$，$R_1-R_2=AB-AC=B$，满足 $A \rightarrow B$，所以 ρ_1 是无损分解。

（2）对 ρ_2，$R_1 \cap R_2 = AB \cap BC = B$，$R_2-R_1=AC-AB=C$，满足 $B \rightarrow C$，所以 ρ_2 是无损分解。

（3）对 ρ_3，$R_1 \cap R_2 = A \cap BC = \phi$，$R_2-R_1=A-BC=A$，$R_1-R_2=BC-A=BC$，不满足 $\phi \rightarrow A$，也不满足 $\phi \rightarrow BC$，所以 ρ_3 不是无损分解。

3.5.2 保持函数依赖的分解

保持函数依赖分解是指在模式分解过程中，函数依赖不能丢失的特性，即模式分解不能破坏原来的语义。

【定义 15】设有关系模式 $R(U,F)$，分解成关系模式

$$\rho=\{R_1(U_1,F_1),\cdots,R_k(U_k,F_k)\}$$

若 $F^+ = \left(\bigcup\limits_{i=1}^{k} F_i\right)^+$，则称 ρ 保持函数依赖或 ρ 没有丢失语义。

注：若 F_i 未给定，则 $F_i=\{X{\rightarrow}Y|X{\rightarrow}Y \in F^+, XY \subseteq U_i\}$。

【例 3-5】设 $R=ABC$，$F=\{A{\rightarrow}B,B{\rightarrow}C\}$，两种不同分解为 $\rho_1=\{R_1(AB),R_2(AC)\}$，$\rho_2=\{R_1(AB),R_2(BC)\}$，证明 ρ_1 没有保持函数依赖，而 ρ_2 保持函数依赖。

解： 对 ρ_1，$F_1=\{A{\rightarrow}B\}$，$F_2=\{A{\rightarrow}C\}$，明显 $B{\rightarrow}C \notin (F_1 \cup F_2)^+$，所以 ρ_1 没有保持函数依赖。

对 ρ_2，$F_1=\{A{\rightarrow}B\}$，$F_2=\{B{\rightarrow}C\}$，有 $F=F_1 \cup F_2$，显然 $F^+=(F_1 \cup F_2)^+$，所以 ρ_2 保持函数依赖。

3.5.3 3NF 无损连接和保持函数依赖的分解算法

算法：将关系模式 $R(U,F)$，分解成关系模式 $\rho=\{R_1(U_1,F_1),\cdots,R_k(U_k,F_k)\}$，满足 ρ 符合 3NF，保持函数依赖且具有无损连接性。

（1）对 $R(U,F)$ 中的 F 进行最小化处理，即计算 F 的最小覆盖 F_{min}，并将 F_{min} 仍记为 F。

（2）若有 $X{\rightarrow}A \in F$，并且 $XA=U$，则 R 不能分解，退出。

（3）找出不在 F 中的属性，即不在 F 任何函数依赖中出现的属性（左边和右边都不出现），把这样的属性构成一个关系模式 $R_0(U_0,\phi)$，并把 U_0 从 U 中去掉，剩余的属性集合仍记为 U。

（4）对 F 按具有相同左部的原则分组（不妨设为 m 组），每一组函数依赖所涉及的全部属性

形成属性集 U_i，若出现 $U_i \subseteq U_j$，就去掉 U_i。

（5）经过以上步骤得到的分解 $\tau = \{R_0, R_1, \cdots, R_m\}$（注意 R_0 可能没有，$R_1, \cdots, R_m$ 可能不连续）构成 R 的一个函数依赖的分解，并且 R_i 都是 3NF。

（6）设 X 是 $R(U,F)$ 的关键字（键），令 $\rho = \tau \cup R_X(X, F_X)$。

（7）若存在某个 U_i，有 $X \subseteq U_i$，则将 R_X 从 ρ 去掉；反之，若存在某个 U_j，有 $U_j \subseteq X$，则将 R_j 从 ρ 去掉。

（8）最后的 ρ 即所求。

【例 3-6】 设关系模式 $R(A,B,C,D,E)$，其函数依赖集为

$$F = \{AB \rightarrow E, DE \rightarrow B, B \rightarrow C, C \rightarrow E, E \rightarrow A, BE \rightarrow D, CE \rightarrow AB\}$$

将其分解为具有 3NF、保持函数依赖和无损连接。

解：

（1）F 的最小覆盖为 $F_{\min} = \{DE \rightarrow B, B \rightarrow C, C \rightarrow E, E \rightarrow A, B \rightarrow D, C \rightarrow B\}$。

最小覆盖具体算法参阅 3.7 节。

（2）按算法得到模式分解为 $\tau = \{R_1(DEB), R_2(BCD), R_3(CEB), R_4(EA)\}$。

（3）注意到 B 为关键字（因为 $B_F^+ = ABCDE$），$R_X = R_X(B, \phi)$，$B \subseteq DEB$，所以 R_X 不用加入。

（4）最后得到分解 ρ 为以下 4 个关系模式。

$R_1(DEB, \{DE \rightarrow B, B \rightarrow D, B \rightarrow E\})$；

$R_2(BCD, \{B \rightarrow C, B \rightarrow D, C \rightarrow B, C \rightarrow D\})$；

$R_3(CEB, \{C \rightarrow B, B \rightarrow C, C \rightarrow E, B \rightarrow E\})$；

$R_4(EA, \{E \rightarrow A\})$。

3.6　闭包及其计算*

3.2.3 小节中介绍了闭包的概念。由于闭包是逻辑蕴涵的函数依赖的最大集合，因此，计算闭包对指导和验证无损分解是非常有意义的。

计算函数依赖闭包是一件很麻烦的事情。即使 F 中只有几个函数依赖，F^+ 也可能会含有很多的函数依赖，如关系 $R(A,B,C)$，其函数依赖集 $F = \{A \rightarrow B, B \rightarrow C\}$ 只有两个函数依赖，但 F^+ 含有以下 41 个函数依赖。

$\phi \rightarrow \phi$，$A \rightarrow \phi$，$B \rightarrow \phi$，$C \rightarrow \phi$，$AB \rightarrow \phi$，$AC \rightarrow \phi$，$BC \rightarrow \phi$，$ABC \rightarrow \phi$，$A \rightarrow A$，$AB \rightarrow A$，$AC \rightarrow A$，$ABC \rightarrow A$，$A \rightarrow B$，$B \rightarrow B$，$AB \rightarrow B$，$AC \rightarrow B$，$BC \rightarrow B$，$ABC \rightarrow B$，$A \rightarrow C$，$B \rightarrow C$，$AB \rightarrow C$，$AC \rightarrow C$，$BC \rightarrow C$，$ABC \rightarrow C$，$A \rightarrow AB$，$AB \rightarrow AB$，$AC \rightarrow AB$，$ABC \rightarrow AB$，$A \rightarrow AC$，$AB \rightarrow AC$，$AC \rightarrow AC$，$ABC \rightarrow AC$，$A \rightarrow BC$，$AB \rightarrow BC$，$AC \rightarrow BC$，$BC \rightarrow BC$，$ABC \rightarrow BC$，$A \rightarrow ABC$，$AB \rightarrow ABC$，$AC \rightarrow ABC$，$ABC \rightarrow ABC$

这 41 个函数依赖大多数是平凡的函数依赖，冗余信息太多。若 R 中含有很多属性，且 F 中也含有为数不少的函数依赖时，手动计算 F^+ 不可行。

那么，随便给出一个函数依赖 $X \rightarrow Y$，在不计算 F^+ 的情况下如何判断其是否能用推理规则给出呢？答案是我们只需计算下面的属性集闭包即可。

【定义 16】 若 F 为关系模式 $R(U)$ 的函数依赖集，X 是 U 的子集，则由阿姆斯特朗公理推导出的所有 $X \rightarrow A_i$ 中的所有 A_i 形成的属性集，称为 X 关于 F 的闭包，记为 X_F^+，

X_F^+ 在不会混淆时也可记为 X^+，显然 $X \subseteq X_F^+$。

【例 3-7】 设关系 $R(A,B,C)$，其函数依赖集 $F = \{A \rightarrow B, B \rightarrow C\}$，则 $A_F^+ = ABC$，$B_F^+ = BC$。

【例 3-8】设关系 $R(A,B,C,D)$，其函数依赖集

$$F=\{A{\rightarrow}B,B{\rightarrow}C,CD{\rightarrow}A,BD{\rightarrow}AC\}$$

则 $A_F^+=ABC$，$B_F^+=BC$，$(CD)_F^+=ABCD$，$(BD)_F^+=ABCD$，$(AD)_F^+=ABCD$。

【定理 3】$X{\rightarrow}Y$ 能由阿姆斯特朗推理规则导出的充分必要条件是 $Y{\subseteq}X_F^+$。

证明：不妨设 $Y=A_1A_2{\cdots}A_m$。

（1）充分条件：若 $Y{\subseteq}X_F^+$，根据 X_F^+ 的定义，有 $X{\rightarrow}A_i$（$1{\leqslant}i{\leqslant}m$）能由阿姆斯特朗公理推导出，再用合并律可得 $X{\rightarrow}Y$。

（2）必要条件：若 $X{\rightarrow}Y$ 能够由阿姆斯特朗公理导出，则根据分解律，可得 $X{\rightarrow}A_i$（$1{\leqslant}i{\leqslant}m$）成立，所以 $A_1A_2{\cdots}A_m{\subseteq}X_F^+$，即 $Y{\subseteq}X_F^+$。

由定理可知，只需计算出 X^+，就可判断 $X{\rightarrow}Y$ 是否属于 F^+。而计算 X^+ 并不难，只需按如下算法经过有限步即可计算出。

算法：求属性集 X 关于函数依赖集 F 的属性闭包 X_F^+。

输入：有限的属性集 U 和其上的函数依赖集 F，给出一个 U 的子集 X。

输出：X 关于 F 的闭包 X_F^+。

① 令 $X(0)=\phi$，$X(1)=X$。

② 若 $X(0)=X(1)$，跳至④，否则置 $X(0)=X(1)$。

③ 若 F 中所有函数依赖均有访问标志，跳至④，否则在 F 中依次查找每个没有被标记的函数依赖 $W{\rightarrow}Z$。若 $W{\subseteq}X(1)$，则令 $X(1)=X(1){\cup}Z$。

④ 给被访问过的函数依赖 $W{\rightarrow}Z$ 设置访问标记。

⑤ 输出 $X(1)$，即 X_F^+。

【例 3-9】已知关系模式 $R(A,B,C,D,E)$ 函数依赖为

$$F=\{AB{\rightarrow}C,C{\rightarrow}E,BC{\rightarrow}D,ACD{\rightarrow}B,CE{\rightarrow}AD\}$$

求 $(AB)_F^+$。

解：

第一次　　　初始 $X(0)=\phi$，$X(1)=AB$

　　　　　　$X(0){\neq}X(1)$，令 $X(0)=AB$

　　　　　　筛选出 $AB{\rightarrow}C$，令 $X(1)=X(1){\cup}C=ABC$

第二次　　　$X(0)=AB{\neq}X(1)=ABC$，令 $X(0)=ABC$

　　　　　　筛选出 $C{\rightarrow}E$，令 $X(1)=X(1){\cup}E=ABCE$

第三次　　　$X(0)=ABC{\neq}X(1)=ABCE$，令 $X(0)=ABCE$

　　　　　　筛选出 $BC{\rightarrow}D$，$CE{\rightarrow}AD$，令 $X(1)=X(1){\cup}D{\cup}AD=ABCDE$

第四次　　　$X(0)=ABCE{\neq}X(1)=ABCDE$，令 $X(0)=ABCDE$

　　　　　　筛选出 $ACD{\rightarrow}B$，令 $X(1)=X(1){\cup}B=ABCDE$

第五次　　　$X(0)=X(1)=ABCDE$

　　　　　　输出 $X(1)=ABCDE$

所以 $(AB)_F^+=ABCDE$。

从执行算法的循环中可看到，在一轮搜索中，$X(1)$ 若不增加任何属性，下一轮循环必然终止，又注意到 $X(0){\subseteq}X(1){\subseteq}U$ 为有限属性集合，所以 $X(1)$ 的属性个数不可能永远增加，最多经过 $|U|-|X|$ 次循环后，算法终止。

3.7　函数依赖集的等价和覆盖*

【定义 17】设 F 和 G 是两个函数依赖集，如果 $G^+=F^+$，则称 F 等价于 G，记为 $F \equiv G$，也可称 F 与 G 等价、F 覆盖 G 或 G 覆盖 F。

很容易检查 F 是否与 G 等价，对任何函数依赖 $X \rightarrow Y \in F$，用 3.6 节介绍的算法计算出 X_G^+，检查 Y 是否属于 X_G^+。若存在一个这样的函数依赖 $X \rightarrow Y \in F$，有 $Y \not\subset X_G^+$，即 $X \rightarrow Y \in G^+$，那么 $G^+ \neq F^+$。类似的也需验证 $\forall Z \rightarrow W \in G$，有 $Z \rightarrow W \in F^+$。

【定理 4】若 F 和 G 是两个函数依赖集，则 $F \equiv G$ 的充分必要条件是 $G \subseteq F^+$ 且 $F \subseteq G^+$。

【定义 18】设 F 为函数依赖集，如果存在 F 的真子集 Z，使得 $Z \equiv F$，则称 F 是冗余的，否则称 F 为非冗余的。如果 F 是 G 的覆盖，且 F 为非冗余，则称 F 为 G 的非冗余覆盖。

【定义 19】设 F 为函数依赖集，对于任意 $X \rightarrow Y \in F$，属性 $A \in R$，如果下列条件之一成立，则称 A 是 $X \rightarrow Y$ 关于 F 的多余属性。

（1）$X=AZ$，$X \neq Z$，且 $(F-\{X \rightarrow Y\}) \cup \{Z \rightarrow Y\}$ 与 F 等价。

（2）$Y=AW$，$Y \neq W$，且 $(F-\{X \rightarrow Y\}) \cup \{X \rightarrow W\}$ 与 F 等价。

例如，$F_1=\{C \rightarrow A, ACD \rightarrow B\}$，$F_2=\{C \rightarrow A, CD \rightarrow B\}$，有 $F_1 \equiv F_2$，则 A 是 $ACD \rightarrow B$ 中的多余属性。$F_3=\{C \rightarrow D, AC \rightarrow BD\}$，$F_4=\{C \rightarrow D, AC \rightarrow B\}$，有 $F_3 \equiv F_4$，则 D 是 $AC \rightarrow BD$ 中的余属性。

【定义 20】给定函数依赖集 F，如果 F 中任意函数依赖 $X \rightarrow Y \in F$ 的左边都不含多余属性，则称 F 为左规约的；如果 F 中任意函数依赖 $X \rightarrow Y \in F$ 的右边都不含多余属性，则称 F 为右规约的。

【定义 21】给定函数依赖集 F，如果 F 中任意函数依赖 $X \rightarrow Y \in F$ 满足：

（1）$X \rightarrow Y$ 的右边 Y 为单个属性（F 为右规约的）；

（2）F 为左规约；

（3）F 为非冗余的。

则称 F 为最小函数依赖集或称 F 为正则的。

如果 F 是正则的且 $F \equiv G$，则称 F 为 G 的最小覆盖或正则覆盖。

【定理 5】每一个函数依赖集都等价于一个最小函数依赖集。

证明：我们分 3 步对 F 进行最小化处理，找出与 F 等价的最小函数依赖集。

（1）对 $X \rightarrow Y \in F$，若 $Y=B_1 B_2 \cdots B_k$（$k \geq 2$），根据分解性，用 $X \rightarrow B_1, X \rightarrow B_2, \cdots, X \rightarrow B_k$ 替代原有的 $X \rightarrow Y$，对 F 中每个函数依赖都如此处理，得到函数依赖集 G。由分解律可知 $F \equiv G$，且如此处理得到的 G 中所有函数依赖的右侧均为单个属性。

（2）逐一考察最新 G 中的函数依赖，消除左侧冗余属性；取 G 中函数依赖 $X \rightarrow B$，若 $X=A_1 A_2 \cdots A_m$（$m \geq 2$），考察 A_i；若 $B \in (X-A_i)_G^+$，则用 $(X-A_i) \rightarrow B$ 代替 $X \rightarrow B$，如此不断处理，直到新生成的函数依赖集为左规约的，此时的函数依赖集记为 H。

（3）逐一检查 H 中的各函数依赖 $X \rightarrow B$，令 $J=H-\{X \rightarrow B\}$，若 $B \in X_J^+$，则用 J 代替 H，如此处理直到不能去掉任何一个函数依赖为止，此时函数依赖集记为 K，易知 $K \equiv H \equiv G \equiv F$。

在每步处理时，都保证函数依赖集的等价，第 1 步满足了定义中条件（1），第 2 步处理完满足定义中的条件（2），第 3 步处理完满足定义中的条件（3）。最后得到的函数依赖集一定是与函数依赖集等价的最小函数依赖集。

【例 3-10】设关系模式 $R(A,B,C,D,E)$，其函数依赖集为
$$F=\{AB \rightarrow E, DE \rightarrow B, B \rightarrow C, C \rightarrow E, E \rightarrow A, BE \rightarrow D, CE \rightarrow AB\}$$
求与 F 等价的最小函数依赖集。

解：

（1）分解函数依赖的右部 $CE{\rightarrow}AB$ 分解为 $CE{\rightarrow}A$ 和 $CE{\rightarrow}B$ 得到等价函数依赖集

$$G=\{AB{\rightarrow}E,DE{\rightarrow}B,B{\rightarrow}C,C{\rightarrow}E,E{\rightarrow}A,BE{\rightarrow}D,CE{\rightarrow}A,CE{\rightarrow}B\}$$

（2）消除左边的多余属性。

考察 $AB{\rightarrow}E$，有 $A_G^+=A$，$B_G^+=BCEAD$，$E\in B_G^+$，用 $B{\rightarrow}E$ 替代 $AB{\rightarrow}E$，此时

$$G=\{B{\rightarrow}E,DE{\rightarrow}B,B{\rightarrow}C,C{\rightarrow}E,E{\rightarrow}A,BE{\rightarrow}D,CE{\rightarrow}A,CE{\rightarrow}B\}$$

再考察 $DE{\rightarrow}B$，有 $D_G^+=D$，$E_G^+=EA$，没有多余属性。

再考察 $BE{\rightarrow}D$，有 $E_G^+=EA$，$B_G^+=BCEAD$，$D\in B_G^+$，用 $B{\rightarrow}D$ 替代 $BE{\rightarrow}D$，此时

$$G=\{B{\rightarrow}E,DE{\rightarrow}B,B{\rightarrow}C,C{\rightarrow}E,E{\rightarrow}A,B{\rightarrow}D,CE{\rightarrow}A,CE{\rightarrow}B\}$$

再考察 $CE{\rightarrow}A$ 和 $CE{\rightarrow}B$，有 $C_G^+=CEABD$，$E_G^+=EA$，$A,B\in C_G^+$，用 $C{\rightarrow}A$ 替代 $CE{\rightarrow}A$，用 $C{\rightarrow}B$ 替代 $CE{\rightarrow}B$。

此时得到 $H=\{B{\rightarrow}E,DE{\rightarrow}B,B{\rightarrow}C,C{\rightarrow}E,E{\rightarrow}A,B{\rightarrow}D,C{\rightarrow}A,C{\rightarrow}B\}$。

（3）检查是否有多余的函数依赖（从左往右扫描）。

$B{\rightarrow}E$ 能由 $B{\rightarrow}C$，$C{\rightarrow}E$ 推出，可去掉

$$H=\{DE{\rightarrow}B,B{\rightarrow}C,C{\rightarrow}E,E{\rightarrow}A,B{\rightarrow}D,C{\rightarrow}A,C{\rightarrow}B\}$$

对 $DE{\rightarrow}B$，令 $J=\{B{\rightarrow}C,C{\rightarrow}E,E{\rightarrow}A,B{\rightarrow}D,C{\rightarrow}A,C{\rightarrow}B\}$，有 $B\notin(DE)_J^+=DEA$，所以 $DE{\rightarrow}B$ 不能去掉。

对 $B{\rightarrow}C$，令 $J=\{DE{\rightarrow}B,C{\rightarrow}E,E{\rightarrow}A,B{\rightarrow}D,C{\rightarrow}A,C{\rightarrow}B\}$，有 $C\notin B_J^+=BD$，所以 $B{\rightarrow}C$ 不能去掉。

对 $C{\rightarrow}E$，令 $J=\{DE{\rightarrow}B,B{\rightarrow}C,E{\rightarrow}A,B{\rightarrow}D,C{\rightarrow}A,C{\rightarrow}B\}$，有 $E\notin C_J^+=CABD$，所以 $C{\rightarrow}E$ 不能去掉。

对 $E{\rightarrow}A$，令 $J=\{DE{\rightarrow}B,B{\rightarrow}C,C{\rightarrow}E,B{\rightarrow}D,C{\rightarrow}A,C{\rightarrow}B\}$，有 $A\notin E_J^+=E$，所以 $E{\rightarrow}A$ 不能去掉。

对 $B{\rightarrow}D$，令 $J=\{DE{\rightarrow}B,B{\rightarrow}C,C{\rightarrow}E,E{\rightarrow}A,C{\rightarrow}A,C{\rightarrow}B\}$，有 $D\notin B_J^+=BCEA$，所以 $B{\rightarrow}D$ 不能去掉。

对 $C{\rightarrow}A$ 能由 $C{\rightarrow}E$，$E{\rightarrow}A$ 推出，可去掉

$$H=\{DE{\rightarrow}B,B{\rightarrow}C,C{\rightarrow}E,E{\rightarrow}A,B{\rightarrow}D,C{\rightarrow}B\}$$

对 $C{\rightarrow}B$，令 $J=\{DE{\rightarrow}B,B{\rightarrow}C,C{\rightarrow}E,E{\rightarrow}A,B{\rightarrow}D\}$，有 $B\notin C_J^+=CEA$，所以 $C{\rightarrow}B$ 不能去掉。

最后得到最小覆盖 $K=\{DE{\rightarrow}B,B{\rightarrow}C,C{\rightarrow}E,E{\rightarrow}A,B{\rightarrow}D,C{\rightarrow}B\}$。

最小覆盖集并不是唯一的，如 $F=\{A{\rightarrow}B,A{\rightarrow}C,B{\rightarrow}A,E{\rightarrow}A,B{\rightarrow}C,C{\rightarrow}A\}$，$G=\{A{\rightarrow}B,B{\rightarrow}C,C{\rightarrow}A\}$ 和 $H=\{A{\rightarrow}B,B{\rightarrow}A,A{\rightarrow}C,C{\rightarrow}A\}$ 都是 F 的最小覆盖。

3.8 公理的完备性*

阿姆斯特朗公理是完备的，即对任何为 F 逻辑蕴涵的函数依赖都可以从 F 导出。也就是说，若存在一个函数依赖 $X{\rightarrow}Y$ 不能从 F 根据阿姆斯特朗公理推导出，则 $X{\rightarrow}Y$ 一定不为 F 逻辑蕴涵，或者至少存在某个关系 R，使 R 满足 F，但不满足 $X{\rightarrow}Y$。

【定理6】 凡是被 F 逻辑蕴涵的函数依赖一定能用公理推导出来。

证明： 设 F 是属性集 U 上的一个函数依赖集，并设 $X{\rightarrow}Y$ 不能被 F 通过推理规则导出。我们可以构造出关系 R，使得 R 满足 F，但不满足 $X{\rightarrow}Y$。不妨设 $U=A_1A_2{\cdots}A_n$，$X_F^+=A_1A_2{\cdots}A_k$，关系 R 如表 3-11 所示。

表 3-11				关系 R				
R	A_1	A_2	...	A_k	A_{k+1}	A_{k+2}	...	A_n
t_1	1	1	1	1	1	1	1	1
t_2	1	1	1	1	0	0	0	0

R 由两个元组 t_1 和 t_2 组成，t_1 在所有属性上全取值为 1，而 t_2 在 X_F^+ 所有属性上全取值为 1，在其他属性上全取值为 0。很明显 $Y \notin X_F^+$，可知关系 R 中两个元组 t_1 和 t_2 在 X 上值相等，但在 Y 值上不相等，那么 $X{\rightarrow}Y$ 在 R 中不成立。

下面我们证明 R 满足 F，即在关系 F 中，F 的函数依赖都成立。

设 $W{\rightarrow}Z$ 是 F 中任一函数依赖。

（1）若 $W \not\subseteq X_F^+$，则 W 必含有 $A_{k+1}A_{k+2}{\cdots}A_n$ 中至少一个属性，那么 $t_1[W]{\neq}t_2[W]$，即若 R 中存在元组 $s[W]=t[W]$，则有 $s=t=t_1$ 或 $s=t=t_2$。自然此时有 $s[Z]=t[Z]$，$W{\rightarrow}Z$ 成立。

（2）若 $W \subseteq X_F^+$，则 $X{\rightarrow}W$，由传递律可知 $X{\rightarrow}Z$，所以 $Z \in X_F^+$，注意到关系 R 中 X_F^+ 的属性值全部等于 1，那么 $t_1[W]=t_2[W]$，$t_1[Z]=t_2[Z]$，$W{\rightarrow}Z$ 满足。

由于阿姆斯特朗公理的完备性，阿姆斯特朗公理及其推论共同构成了一个完备的逻辑推理体系，我们称之为阿姆斯特朗公理体系。从公理体系的完备性可以得到如下两个重要结论。

（1）属性集 X_F^+ 中的每个属性 A，都有 $X{\rightarrow}A$ 被 F 逻辑蕴涵，即 X_F^+ 是所有由 F 逻辑蕴涵的 $X{\rightarrow}A$ 的属性 A 的集合。

（2）F^+ 是所有利用阿姆斯特朗公理从 F 导出的函数依赖的集合。

3.9　小结

规范化理论为数据库设计提供了理论上的指导和工具。规范化的主要目的是消除插入异常、删除异常等异常，让整个数据库的冗余不因内容改变而改变、整个数据库的结构更加合理与真实。但依然需要注意的是，并不是规范化程度越高模式就越好，而是要根据应用环境和现实世界的具体情况，合理地选择数据库模式。设计数据库时，我们一定要全面考虑各方面的问题，根据实际情况确定是否应该满足更高范式。

习　题

一、填空题

1. 数据依赖的类型有很多，其中最重要的是_____和_____。

2. 实体类型的_____之间相互依赖又相互限制的关系称为数据依赖。

3. 被 F 逻辑蕴涵的函数依赖的集合称为 F 的_____。

4. 如果一个关系模式 R 的每一个属性的域都只包含单一的值，则称 R 满足_____。

5. 如果关系模式 R 满足_____，并且它的所有非主属性完全函数依赖于候选键，则 R 满足_____。

6. 如果关系模式 R 满足_____，并且它的任何一个非主属性都不传递依赖于任何候选键，则 R 满足_____。

7. 关系模式 R 中，若每一个决定因素都包含键，则关系模式 R 属于_____。

8. 关系数据库设计理论，主要包括 3 个方面的内容：_____、_____和_____。其中，_____起着决定作用。

9. 关系模式 $R(U)$ 上的两个函数依赖集 F 和 G，如果满足条件_____，则称 F 和 G 是等价的。

10. 好的模式设计应符合_____、_____和_____3 条原则。

11. 设关系模式 $R(ABCD)$ 上成立的函数依赖集为 $F=\{B{\rightarrow}C,C{\rightarrow}D\}$，则关系模式 R 中属性集 (AB) 的闭包为_____。

二、判断题

1. 函数依赖是指关系模式 R 的某个或某些元组满足的约束条件。　　　　（　　）

2. 如果在同一组属性子集上不存在第二个函数依赖，则该组属性集为候选键。（　　）

3. 如果一个关系模式属于 3NF，则该关系模式一定属于 BCNF。　　　　（　　）

4. 如果一个关系数据库模式中的关系模式都属于 BCNF，则在函数依赖的范畴内，已实现了彻底的分离，消除了插入、删除和修改的异常。　　　　　　　　　　（　　）

5. 规范化的过程是用一组等价的关系子模式，使关系模式中的各关系模式达到某种程度的"分离"，让一个关系描述一个概念、一个实体或实体间的一种联系。规范化的实质就是概念的单一化。　　　　　　　　　　　　　　　　　　　　　　　　　　　（　　）

6. 规范化理论为数据库设计提供了理论上的指导和工具。规范化程度越高，模式就越好。
　　　　　　　　　　　　　　　　　　　　　　　　　　　　　　　　（　　）

7. 一个无损连接的分解一定保持函数依赖。　　　　　　　　　　　　　（　　）

8. 一个保持函数依赖的分解一定具有无损连接。　　　　　　　　　　　（　　）

9. 当且仅当函数依赖 $A{\rightarrow}B$ 在 R 上成立，关系 $R(A,B,C)$ 等于其投影 $R_1(A,B)$ 和 $R_2(A,C)$ 的连接。
　　　　　　　　　　　　　　　　　　　　　　　　　　　　　　　　（　　）

10. 任何一个二目关系属于 3NF、属于 BCNF，而且属于 4NF。　　　　（　　）

三、单项选择题

1. 有关函数依赖错误的是（　　）。

　　A. 函数依赖实际上是对现实世界中事物的性质之间相关性的一种断言

　　B. 函数依赖是指关系模式 R 的某个或某些元组满足的约束条件

　　C. 函数依赖是现实世界中属性间关系的客观存在

　　D. 函数依赖是数据库设计者的人为强制的产物

2. 对于键，下列描述错误的是（　　）。

　　A. 键是唯一确定一个实体的属性的集合

　　B. 主键是候选键的子集

　　C. 主键可以不唯一

　　D. 主键可以包含多个属性

3. 对于第三范式，下列描述错误的是（　　）。

　　A. 如果一个关系模式 R 不存在部分依赖和传递依赖，则 R 满足 3NF

　　B. 属于 BCNF 的关系模式必属于 3NF

　　C. 属于 3NF 的关系模式必属于 BCNF

　　D. 3NF 的"不彻底"性表现在当关系模式具有多个候选键，且这些候选键具有公共属性时，可能存在主属性对键的部分依赖和传递依赖

4. 关于对关系模式的规范化，下列描述错误的是（　　　）。

    A. 规范化的关系可消除操作中出现的异常现象

    B. 规范化的规则是绝对化的，规范化的程度越高越好

    C. 关系模式规范化的过程是通过对关系模式进行分解来实现的

    D. 对多数应用来说，分解到 3NF 就够了

5. 关于函数依赖和多值依赖，下列描述错误的是（　　　）。

    A. 都描述了关于数据之间的固有联系

    B. 在某个关系模式上，函数依赖和多值依赖是否成立由关系本身的语义属性确定

    C. 函数依赖是多值依赖的特殊情况

    D. $X \rightarrow Y$ 在 $R(U)$ 上是否成立仅与 XY 值有关

6. 设关系模式 $R(U,F)$，U 为 R 的属性集合，F 为 U 上的一个函数依赖，则对关系模式 $R(U,F)$ 而言，如果 $X \rightarrow Y$ 为 F 所蕴涵，且 $Z \subseteq U$，则 $XZ \rightarrow YZ$ 为 F 所蕴涵。这是函数依赖的（　　　）。

    A. 传递律　　　　　　B. 合并规则　　　　　　C. 自反律　　　　　　D. 增广律

7. $X \rightarrow A_i$ 成立是 $X \rightarrow A_1 A_2 \cdots A_k$ 成立的（　　　）。

    A. 充分条件　　　　　B. 必要条件　　　　　　C. 充要条件　　　　　D. 既不充分也不必要

8. 能消除多值依赖引起冗余的是（　　　）。

    A. 2NF　　　　　　　B. 3NF　　　　　　　　C. 4NF　　　　　　　D. BCNF

9. 关系数据库理论设计中，起核心作用的是（　　　）。

    A. 数据依赖　　　　　B. 模式设计　　　　　　C. 范式　　　　　　　D. 数据完整性

10. 在关系模式 $R(XYZ)$ 上成立的函数依赖集 $F=\{X \rightarrow Z, Z \rightarrow Y\}$，则属性集 Z 的闭包为（　　　）。

    A. XYZ　　　　　　B. Y　　　　　　　　C. Z　　　　　　　D. YZ

11. 设关系模式 $R(XYZ)$ 上成立的函数依赖集 $F=\{Y \rightarrow Z\}$，设 $\rho=\{XZ, YZ\}$ 为 R 的一个分解，则该分解 ρ 相对于 $\{Y \rightarrow Z\}$ 来说（　　　）。

    A. 是无损连接分解　　　　　　　　　　　B. 不是无损连接分解

    C. 是否无损连接分解不能确定　　　　　　D. 是否无损连接分解由 R 的当前关系值确定

12. 在关系模式 $R(ABCDEG)$ 上的候选码为 ABC 及 CDG，则属性集 DG 为（　　　）。

    A. 主属性　　　　　　B. 非主属性　　　　　　C. 复合属性　　　　　D. 非码属性

四、简答题

1. 要使一个表成为关系，必须施加什么约束？

2. 定义函数依赖。给出一个其两个属性间有函数依赖的例子，再给出一个其两个属性间没有函数依赖的例子。

3. 给出一个有函数依赖关系的例子，其中的决定因素有两个或多个属性。

4. 什么是删除异常？举例说明。

5. 什么是插入异常？举例说明。

6. 定义 2NF，举出一个在 1NF 但不在 2NF 中的关系的例子，并把该关系转换到 2NF 中。

7. 定义 3NF，举出一个在 2NF 但不在 3NF 中的关系的例子，并把该关系转换到 3NF 中。

8. 定义 BCNF，举出一个在 3NF 但不在 BCNF 中的关系的例子，并把该关系转换到 BCNF 中。

五、应用题

1. 某工厂需建立一个产品生产管理数据库来管理如下信息：车间编号、车间主任姓名、车间电话、车间职工的职工号、职工姓名、性别、年龄、工种，车间生产的零件号、零件名称、零件的规格型号，车间生产一批零件有一个批号、数量、完成日期（同一批零件可以包括多种零件）。

（1）试按规范化的要求给出关系数据库模式。

（2）指出每个关系模式的候选键、外键。

2．关系模式 S-L-C($S^\#$,SD,SL,$C^\#$,G)，其中 $S^\#$ 为学生号，SD 为系名，SL 为系住址（规定一个系住在一个地方），$C^\#$ 为课程号，G 为课程成绩，写出可能的函数依赖，并将此关系模式分别规范化为 2NF、3NF。

3．考虑如下的关系定义：PROJECT(ProjectID,EmployeeName,EmployeeSalary)，其中 ProjectID 为项目的编号，EmployeeName 为该雇员的姓名，EmployeeSalary 为雇员的薪水。PROJECT 表样本数据如表 3-12 所示。

表 3-12 **PROJECT 表**

ProjectID	EmployeeName	EmployeeSalary
100A	Jones	64000
100A	Smith	51000
100B	Smith	51000
200A	Jones	64000
200B	Jones	64000
200C	Parks	28000
200C	Smith	51000
200D	Parks	28000

（1）假定所有的函数依赖和约束都显示在数据中，则以下哪个陈述是对的？

① ProjectID→EmployeeName。

② ProjectID→EmployeeSalary。

③ (ProjectID,EmployeeName)→EmployeeSalary。

④ EmployeeName→EmployeeSalary。

⑤ EmployeeSalary→ProjectID。

⑥ EmployeeSalary→(ProjectID,EmployeeName)。

（2）回答如下问题。

① PROJECT 的关键字是什么？

② 所有的非关键字属性（有的话）都依赖于整个关键字吗？

③ PROJECT 在哪个范式中？

④ 描述 PROJECT 会遇到的两个更新异常。

⑤ ProjectID 是决定因素吗？

⑥ EmployeeName 是决定因素吗？

⑦ ProjectID,EmployeeName 是决定因素吗？

⑧ EmployeeSalary 是决定因素吗？

⑨ 这个关系包含传递依赖吗？如果包含，是什么？

⑩ 重新设计该关系，消除更新异常。

4．设有关系模式 R(EGHIJ)，R 的函数依赖集为

$$F=\{E \to I, J \to I, I \to G, GH \to I, IH \to E\}$$

（1）求 R 的候选关键字。

（2）判断 ρ={EG,EJ,JH,IGH,EH} 是否为无损连接分解。

（3）将 R 分解为 3NF，并具有无损连接性和保持函数依赖性。

第 2 篇

SQL 语言基础

【**本篇导读**】本篇用 3 章介绍数据库技术运用过程中的重要基础内容——SQL 语言。首先，概述性介绍 SQL 语言及其基本特征，并对通用 SQL 语言的主要功能进行说明；其次，结合 MySQL 介绍其主要对象内容和数据管理技术；最后，基于第三方客户端 HeidiSQL 介绍 MySQL 数据库的简单设计和综合操作。

第 4 章　数据查询

【本章导读】 数据查询是数据库管理系统的基本功能。利用 SQL 语言及相应的可视化查询工具可以使用多种不同的方法来查看、更改或分析数据，也可以将查询结果作为应用程序的数据源。

本章介绍通用 SQL 语言的基本特征，并对其数据定义语言、数据操纵语言和数据控制语言对应的 3 项功能和 9 个核心动词进行详细分析或说明。

4.1　认识查询

查询（Query）是指按照一定的条件或要求对数据库中的数据进行检索或操作。建立一个查询后，用户可以将查询语句嵌入客户端应用程序，实现程序对数据的控制。

查询设计既可以直接通过 SQL 命令实现，也可以通过各种查询工具来快速完成。用户既可以对单个数据表进行查询，也可以对多个数据表进行查询，甚至可以对查询的结果集进行查询（即查询嵌套）。

4.1.1　SQL 语言及其主要特征

SQL 是指结构化查询语言，其英文全称是 Structured Query Language。使用 SQL 可以访问和处理关系数据库，所以可以称它为用于访问和处理数据库的通用结构查询语言。由于其功能很强、使用方便且灵活，1986 年 10 月美国国家标准学会批准将 SQL 语言作为美国数据库的语言标准，随后国际标准化组织（International Organization for Standardization，ISO）也做出同样的决定。

当前使用的 MySQL、SQL Server、Oracle 和 Microsoft Access 等数据库管理系统都支持 SQL 语言。可以说，学好 SQL 语言是学习关系数据库的重要基础。

需要说明的是，大部分数据库管理系统都在标准的 SQL 上做了扩展。也就是说，如果只使用标准 SQL，理论上所有数据库都可以支持，但如果使用某个特定数据库的扩展 SQL，换一个数据库就不能执行了。例如，Oracle 把自己扩展的 SQL 称为 PL/SQL，Microsoft 把自己扩展的 SQL 称为 T-SQL，MySQL 也有相应的功能扩充。

SQL 语言的主要特征如下。

（1）功能统一

用 SQL 语言可以完成数据库生命周期中的全部活动，比如定义数据库对象、增加/修改/删除数据库、数据库安全性管理等。

（2）集合操作

SQL 语言采用面向集合的操作方式，每一次操作的总是一个集合。这一点与很多过程化的语言不同。

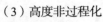

（3）高度非过程化

SQL 是声明式的语言，它可以使用类似自然语言的语法来要求数据库完成工作。用户只需要提出"做什么"，而不需要指明"如何做"，因此无须了解数据库的存放路径及如何存放等工作。

（4）语言简洁，易学易用

关系数据库本来是一门非常复杂的学科，但是 SQL 语言简化了操作。用户仅使用 9 个核心动词，就可以在不具有任何编程经验的条件下完成复杂的数据库操作和管理工作。

4.1.2　SQL 语言分类

SQL 语言按照其实现的功能可分为以下 3 类。

数据定义语言（Data Definition Language，DDL）：DDL 是用来操作数据库和表的，也就是执行创建数据库和表、删除数据库和表、修改表结构这些操作。通常，DDL 由数据库管理员执行，其核心动词是 CREATE、DROP 和 ALTER。

数据操纵语言（Data Manipulation Language，DML）：DML 是用来进行表中记录数据的查询、添加、更新和删除的，这些是应用程序对数据库的日常操作。其核心动词是 SELECT、INSERT、UPDATE 和 DELETE。

数据控制语言（Data Control Language，DCL）：DCL 是用来授权的，如用来定义数据库的访问权限和安全级别，以及创建用户等。其核心动词是 GRANT 和 REVOKE。

SQL 语言的核心动词和功能如表 4-1 所示。

表 4-1　　　　　　　　　　SQL 语言的核心动词和功能

SQL 分类	动词	功能
DDL	CREATE、ALTER、DROP	创建、修改、删除数据库中的基本表（或基表）、视图和索引 3 类对象
DML	SELECT	查询基本表和视图中的记录数据
	INSERT、UPDATE、DELETE	添加、更新和删除（追加、修改和删除）表中的记录数据
DCL	GRANT、REVOKE	用户授权和收权

4.2　数据定义

SQL 语言的数据定义语句包括 3 个部分：定义基本表、修改基本表、删除基本表、视图及索引对象。其主要语句结构有 CREATE TABLE、CREATE VIEW、CREATE INDEX、DROP TABLE、DROP VIEW、DROP INDEX、ALTER TABLE。

4.2.1　基本表

1. 定义基本表

定义基本表的格式为：

```
CREATE TABLE 表名(
    列名 1 数据类型 1 [列级完整性约束条件]
    [,列名 2 数据类型 2 [列级完整性约束条件]]
```

......
　　[,表级完整性约束条件]
);

这里，列级完整性约束条件有主键（primary key）、唯一约束条件（unique）、非空值（not null）及默认值（defalut）等；表级完整性约束有主键（primary key）、外键参照（foreign key…references）。

SQL 语言支持的数据类型及其说明如表 4-2 所示。

表 4-2　　　　　　　　　　　　　**SQL 语言支持的数据类型及其说明**

数据类型	说明
CHAR(n)	长度为 *n* 的定长字符串
VARCHAR(n)	最大长度为 *n* 的变长字符串
INT	长整数（也可以写作 INTEGER）
SMALLINT	短整数
NUMERIC(p, d)	定点数，由 *p* 位数字（不包括符号、小数点）组成，小数后面有 *d* 位数字
REAL	取决于计算机精度的浮点数
DOUBLE	取决于计算机精度的双精度浮点数
FLOAT(n)	浮点数，精度至少为 *n* 位数字
DATE	日期，其包含年、月、日，格式为 YYYY-MM-DD
TIME	时间，其包含一日的时、分、秒，格式为 HH:MM:SS

【例 4-1】创建一个学生表 Student。

```
CREATE TABLE Student(
    Sno CHAR(10) PRIMARY KEY,    /*学号，主码*/
    Sname VARCHAR(20) NULL DEFAULT NULL,  /*姓名，可取空，默认为空*/
    Ssex CHAR(1),        /*性别*/
    Sage CHAR(2),        /*年龄*/
    Sdept CHAR(10),      /*院系*/
    Sdate DATE,          /*入校日期*/
    Scyl BIT             /*团员否（约定：1表示团员，0表示非团员）*/
);
```

【例 4-2】创建一个课程表 Course。

```
CREATE TABLE Course(
    Cno CHAR(3) PRIMARY KFY,     /*课程号，主码*/
    Cname VARCHAR(20),           /*课程名*/
    Cpno CHAR(3),                /*先修课号，Cno 对应先修课*/
    Credit FLOAT(3,1),           /*学分*/
    FOREIGN KEY Cpno REFERENCES Course(Cno)      /* Cpno 为外键*/
);
```

表完整性约束条件中，Cpno 是外码，被参照表是 Course，被参照列是 Cno。本例说明参照表和被参照表可以是同一个表。

【例 4-3】创建一个选课表 SC。

```
CREATE TABLE SC(
    Sno CHAR(10),                              /*学号*/
    Cno CHAR(3),                               /*课程号*/
    Score SMALLINT,                            /*分数成绩*/
    PRIMARY KEY (Sno, Cno),                    /*主码由两个属性构成，设置为表级约束*/
    FOREIGN KEY (Sno) REFERENCES Student(Sno), /*Sno 是外码，参照表为 Student*/
    FOREIGN KEY (Cno) RFFERENCES Course(Cno)   /*Cno 是外码，参照表为 Course*/
);
```

2. 修改基本表

修改基本表的基本格式为：

```
ALTER TABLE 表名
    [ADD 新列名 数据类型 [完整性约束]];
    [DROP 完整性约束名];
    [ALTER COLUMN 列名 数据类型];
```

其中"表名"是要修改的基本表，ADD 子句用于增加新列和新的完整性约束条件，DROP 子句用于删除指定的完整性约束条件，ALTER COLUMN 子句用于修改原有的列定义（包括修改列名和数据类型）。

【例 4-4】向 Student 表增加入校时间列，其数据类型为日期型。

```
ALTER TABLE Student ADD Sdate DATETIME;
```

不论基本表中原来是否已有数据，新增加的列一律为空值（NULL）。

【例 4-5】将年龄的数据类型由上面定义的字符型改为短整型。

```
ALTER TABLE Student ALTER COLUMN Sage SMALLINT;
```

【例 4-6】增加课程名称必须取唯一值的约束条件。

```
ALTER TABLE Course ADD UNIQUE(Cname);
```

3. 删除基本表

当某个基本表不再需要时，用户可以使用 DROP TARLE 语句删除它。其一般格式为：

```
DROP TABLE 表名 [RESTRICT/CASCADE];
```

若选择 RESTRICT，则该表的删除是有限制条件的。删除的基本表不能被其他表的约束（如 CHECK、FOREIGN KEY 等）所引用，且不能有视图、不能有触发器、不能有存储过程或函数等。如果存在依赖该表的对象，则此表不能被删除。默认情况下为 RESTRICT。

若选择 CASCADE，则该表的删除没有限制条件。在删除基本表的同时，相关的依赖对象（例如视图等）都会被一起删除。

【例 4-7】删除选课表 SC 的结构和数据。

```
DROP TABLE SC;
```

4.2.2 索引

索引是对表中的一列或者多列的数据进行排序的物理结构。它类似书籍目录索引，允许数据库程序快速定位表中的数据，而不必扫描整个数据记录。好的索引设计是提高数据库查询效率的一项重要技术手段。

索引一般分为以下 4 种类型。

（1）普通索引：一般创建索引时，默认为普通索引。一个表上可以建立多个普通索引，普通索引允许有 NULL 值。如果表上有多个索引，则执行查询操作时，会用优化器来选择适合的索引。普通索引可以提升查询效率。

（2）唯一索引：索引列在表中不能有重复值。主键索引是唯一索引的特定类型。与之相对的是非唯一索引，非唯一索引允许在索引列有重复键值。

（3）聚簇索引：在表上创建聚簇索引时会对表中的数据进行重新排序，并建立索引（对磁盘上实际数据重新组织以按指定的一个或多个列值排序的算法），索引中键的顺序与表中记录的物理排序相同。一个表上只能有一个聚簇索引。与之相对的是非聚簇索引，一个表上可以建立多个非聚簇索引。聚簇索引的叶子结点就是数据结点，而非聚簇索引的叶子结点仍然是索引结点，但是含有指向对应数据块的指针。

（4）复合索引：索引中含有多列即称为复合索引（也称组合索引），索引的顺序为按照创建的索引位置来进行排序。

1. 建立索引

在 SQL 语言中，建立索引使用 CREATE INDEX 语句，其一般格式为：

```
CREATE [CLUSTER/UNIQUE] INDEX 索引名
    ON 基表名(列名1 [ASC/DESC][,列名2 [ASC/DESC]]…);
```

CREATE INDEX 语句允许在基表的一列或者多列上建立索引，最多不超过 16 列。索引可按升序（ASC）或者降序（DESC）排列，默认为升序。

在一个基表上可以建立多个索引，以提供多种存取路径。索引一旦建立，在它被删除前一直有效。用户不能选择索引，查询时系统将自动提供最优存取路径，使存取代价为最小。

CLUSTER 表示要建立的索引是聚簇索引。聚簇索引是指索引项的顺序与表中记录的物理顺序一致的索引类型。例如，执行下面的 CREATE INDEX 语句：

```
CREATE CLUSTER INDEX Studsno ON Student(Sno)
```

将会在 Student 表的 Sno 列上建立一个聚簇索引 Studsno，而且 Student 表中的记录将按照 Sno 值的升序存放。

UNIQUE 表明此索引的每一个索引值只对应唯一的数据记录。

【例 4-8】在 Course 表的列 Cname 上建立唯一索引 Studcname。

```
CREATE UNIQUE INDEX Studcname ON Course(Cname);
```

2. 删除索引

索引一旦建立，就由系统使用和维护它，不需用户干预。建立索引是为了减少查询操作的时间。但如果对数据增、删、改频繁，系统会耗费许多时间来维护索引，反而易降低查询效率。此时，用户可以适当地删除暂不需要的索引。

在 SQL 中，删除索引使用 DROP INDEX 语句，其一般格式为：

```
DROP INDEX 索引名;
```

【例 4-9】删除 Course 表的 Studcname 索引。

```
DROP INDEX Studcname;
```

删除索引时，系统会同时从数据字典中删去有关该索引的描述。此外，删除基表时，基表上建立的索引会被一起删除。

4.3　数据操作

SQL 语言的数据操作语句包括两大类共 4 种主要操作（见表 4-1）。其主要语句结构有 SELECT…FROM、INSERT INTO…、UPDATE…SET 和 DELETE FROM…。

4.3.1 数据查询

数据查询是数据库的核心操作，其占据数据库操作的很大比例。SQL 语言提供了 SELECT 语句用于数据库的查询，该语句具有灵活的使用方式和丰富的功能。读者需要重点学习和把握 SELECT 语句。

1. 查询语句的一般格式

查询语句的一般格式为：

```
SELECT [ALL/DISTINCT] * / 字段列表 FROM 基表名
    [WHERE 条件表达式]
    [GROUP BY 列名 1 [HAVING 条件表达式]]
    [ORDER BY 列名 2 [ASC/DESC]];
```

该语句的含义是：在 FROM 后给出的基表名中找出满足 WHERE 条件表达式的元组，然后按 SELECT 后列出的字段列表形成待输出的结果表。如果有 GROUP BY 短语，结果表按列名 1 的值分组输出，每组形成一个元组，因此 GROUP BY 后的列要具备分组的特征。有 HAVING 短语时，列名 1 按 HAVING 后的条件真假来确定保留的分组项。

SELECT 后是查询字段列表，构成目标结果表。其中的主要项如下。

（1）ALL 代表检索所有符合条件的元组；DISTINCT 代表检索去掉重复组的所有元组。默认值为 ALL。

（2）*代表检索整个元组，即包括所有列的全字段投影。

（3）字段列表是由 "，" 分开的多个项，这些项可以是列名、常数、系统内部函数及构造表达式。常用的内部函数如下。

① AVG([DISTINCT]列名)：求列的平均值。有 DISTINCT 则不计重复值。

② SUM([DISTINCT]列名)：求一列的和。若只计算不同值的和，此时可用 DISTINCT。

③ MAX(列名)和 MIN(列名)：找出列的最大值和最小值。

④ COUNT(*)：计算结果表中有多少个元组。COUNT(DISTINCT 列名)：计算结果表中不同列名值的元组个数。

格式中的条件表达式可以是含有算术运算符（+、-、*、/）、比较运算符（=、>=、>、<、<=、≠）和逻辑运算符（AND、OR、NOT）的表达式，也可以是下列形式之一。

① <列名> IS [NOT] NULL：列值是否为空。

② <表达式 1> [NOT] BETWEEN <表达式 2> AND <表达式 3>：表达式 1 的值是否在表达式 2 和表达式 3 的值之间。

③ <表达式> [NOT] IN（目标表列）：表达式的值是否是目标表列中的一个值。

④ 列名 [NOT] LIKE <"字符串">：列值是否包含在 "字符串" 中。"字符串" 中可用通配符 "%" 和 "_"。"%" 表示任意 0 个或多个字符，"_" 表示任意一个字符。

下面以教学管理数据库中的 3 个关联表的结构和数据（图 4-1～图 4-6 所示为结构和部分数据截图，详细数据参阅配套文件 jxgl.sql）为基础，举例说明 SELECT 语句的用法。

#	名称	数据类型	长度/集合	无符号的	允许 N...	填零	默认	注释
1	Sno	CHAR	10	□	□	□	无默认值	学号
2	Sname	VARCHAR	20	□	☑	□	NULL	姓名
3	Ssex	CHAR	1	□	☑	□	NULL	性别
4	Sage	SMALL INT	10	□	☑	□	NULL	年龄
5	Sdept	CHAR	2	□	☑	□	NULL	院系
6	Sdate	DATETIME		□	☑	□	NULL	入校时间
7	Scyl	BIT	1	□	☑	□	NULL	团员否：0-非团员，1-团员

图 4-1　学生表（Student）结构

Sno	Sname	Ssex	Sage	Sdept	Sdate	Scyl
2021030101	刘宇姣	女	21	经管	2019-09-15 00:00:00	0
2021030102	陈欣然	女	18	经管	2020-09-15 00:00:00	0
2021030104	马铮	男	22	经管	2020-09-20 00:00:00	0
2021030105	崔雨欣	女	22	经管	2018-09-20 00:00:00	1
2021030106	王钰嘉	女	23	经管	2020-09-14 00:00:00	0
2021030107	石承鑫	男	22	经管	2019-09-02 00:00:00	0
2021030108	纪明琪	女	25	经管	2018-09-15 00:00:00	0
2021030109	王丽容	女	20	经管	2020-09-03 00:00:00	0
2021030110	程红柳	女	21	经管	2019-09-01 00:00:00	0
2021030111	郭羽丰	女	25	经管	2018-09-11 00:00:00	1
2021030112	傅晓彤	女	21	经管	2020-09-04 00:00:00	0
2021030113	赵春艳	女	20	经管	2019-09-10 00:00:00	1
2021030114	陈楚璐	女	24	经管	2020-09-19 00:00:00	0

图 4-2　学生表（Student）数据

#	名称	数据类型	长度/集合	无符号的	允许 N...	填零	默认	注释
1	Cno	CHAR	3	☐	☐	☐	无默认值	课程号
2	Cname	VARCHAR	20	☐	☑	☐	NULL	课程名
3	Cpno	CHAR	3	☐	☑	☐	NULL	先修课号
4	Ccredit	FLOAT	3,1	☐	☑	☐	NULL	学分

图 4-3　课程表（Course）结构

Cno	Cname	Cpno	Ccredit
001	数据库	005	3.0
002	数学	(NULL)	2.0
003	信息系统	001	4.0
004	操作系统	006	3.0
005	数据结构	007	4.0
006	数据处理	(NULL)	2.0
007	C语言	006	4.0
008	java语言	006	3.0

图 4-4　课程表（Course）数据

#	名称	数据类型	长度/集合	无符号的	允许 N...	填零	默认	注释
1	Sno	CHAR	10	☐	☐	☐	无默认值	学号
2	Cno	CHAR	3	☐	☐	☐	无默认值	课程号
3	Score	SMALL INT	10	☐	☑	☐	NULL	分数成绩

图 4-5　选课表（SC）结构

Sno	Cno	Score
2021030101	001	90
2021030102	001	85
2021030104	001	59
2021030105	001	74
2021030106	001	87
2021030107	001	73
2021030108	001	65
2021030109	001	75
2021030110	001	92
2021030111	001	70
2021030112	001	59
2021030112	002	97
2021030112	003	83

图 4-6　选课表（SC）数据

2. 单表简单查询

单表查询表示查询仅涉及一个表，它是一种简单的查询操作。

（1）查询指定列

【例 4-10】查询全体学生的学号与姓名。

```
SELECT Sno,Sname FROM Student;
```

（2）查询全部列

【例4-11】查询全体学生的详细记录。

```
SELECT * FROM Student;
```

（3）查询经过计算的值

SELECT 子句的<字段列表>不仅可以是表中的属性列，也可以是表达式，即我们俗称的"计算字段"。

【例4-12】查询全体学生的姓名及其出生年份等。

```
SELECT Sname,'Year of Birth: ',2021-Sage FROM Student;
```

（4）使用别名改变查询结果的列标题

如果需要改变结果的列标题显示，我们可以通过设置别名来实现。具体格式有"字段或表达式 别名"和"字段或表达式 AS 别名"两种。

【例4-13】查询全体学生的姓名、出生年份、所在院系等，并要求以别名形式显示列标题。

```
SELECT Sname NAME,'Year of Birth: ' AS BIRTH,2021-Sage BIRTHDAY,Sdept AS
DEPARTMENT FROM Student;
```

输出结果如图 4-7 所示。

NAME	BIRTH	BIRTHDAY	DEPARTMENT
刘宇蛟	Year of Birth:	2000	经管
陈欣然	Year of Birth:	2003	经管
马铮	Year of Birth:	1999	经管
崔雨欣	Year of Birth:	1999	经管
王钰嘉	Year of Birth:	1998	经管
石承鑫	Year of Birth:	1999	经管
纪明琪	Year of Birth:	1996	经管
王丽容	Year of Birth:	2001	经管
程红榉	Year of Birth:	2000	经管
郭羽丰	Year of Birth:	1996	经管

图 4-7　字段别名输出

（5）消除取值重复的行

① ALL 查询满足条件的元组

```
SELECT ALL Sno FROM SC;
```
等价于

```
SELECT Sno FROM SC;
```
结果有重复，局部结果如图 4-8 所示。

② DISTINCT 消除取值重复的行

```
SELECT DISTINCT Sno FROM SC;
```
结果没有重复，局部结果如图 4-9 所示。

图 4-8　ALL 有重复输出

图 4-9　DISTINCT 无重复输出

（6）满足条件的元组

查询满足指定条件的元组可以通过 WHERE 子句实现。WHERE 子句常用的查询条件如表 4-3 所示。

表 4-3　　　　　　　　　　　　　　　　　**WHERE 子句常用的查询条件**

查询条件	谓词
比较	=、>、<、>=、<=、!=或<>、!>、!<及前置 NOT 取反操作
确定范围	BETWEEN AND、NOT BETWEEN AND
确定集合	IN、NOT IN
字符匹配	LIKE、NOT LIKE
空值	IS NULL、IS NOT NULL
多重条件（逻辑运算）	AND、OR、NOT

① 比较大小

在 WHERE 子句的<条件表达式>中使用比较运算符=、>、<、>=、<=、!=或<>、!>、!<进行比较运算，辅助使用逻辑运算符 NOT 可实现逆比较运算。

【例 4-14】查询所有年龄在 23 岁以上（含 23 岁）的学生姓名及其年龄。

```
SELECT Sname,Sage FROM Student WHERE Sage>=23;
```

② 确定范围

使用谓词 BETWEEN AND 和 NOT BETWEEN AND 来表达一个闭区间的内和外。

【例 4-15】查询年龄在 18～22 岁（包括 18 岁和 22 岁）的学生姓名、所在院系和年龄。

```
SELECT Sname,Sdept,Sage FROM Student WHERE Sage BETWEEN 18 AND 22;
```

【例 4-16】查询年龄不在 18～22 岁的学生姓名、所在院系和年龄。

```
SELECT Sname,Sdept,Sage FROM Student WHERE Sage NOT BETWEEN 18 AND 22;
```

③ 确定集合

使用谓词 IN 或 NOT IN 可以表达在一组列表值集合的里面或外面。

【例 4-17】查询经管和机械两个学院学生的姓名和性别。

```
SELECT Sname,Ssex FROM Student WHERE Sdept IN ('经管','机械');
```

【例 4-18】查询既不是经管也不是机械学院学生的姓名和性别。

```
SELECT Sname,Ssex FROM Student WHERE Sdept NOT IN ('经管','机械');
```

④ 字符串匹配

使用谓词 LIKE 可以用来进行字符串的模糊匹配。其一般语法格式如下：

```
[NOT] LIKE <'匹配串'> [ESCAPE <'换码字符'>]
```

其中，'匹配串'用来指定匹配特征，它可以是一个完整的字符串（等同于"相等"），也可以是含有通配符%和_的字符串。

【例 4-19】查询课程号为 003 的课程详细情况。

```
SELECT * FROM Course WHERE Cno LIKE '003';
```

这里是匹配固定字符串，该语句等价于 SELECT * FROM Course WHERE Cno = '003';

匹配含通配符的字符串涉及通配符使用，常用通配符的含义如下。

%（百分号）代表任意长度（长度可以为 0）的字符串。例如，"陈%红"可表示以"陈"开头、以"红"结尾任意长度的字符串。陈红、陈晓红等都可以用该匹配串表示。

_（下画线）代表任意单个字符。例如，"陈_红"表示以"陈"开头、以"红"结尾且长度为 3 的任意字符串。陈晓红、陈燕红等都可以用该匹配串表示。

【例4-20】查询所有陈姓学生的姓名、性别和年龄。

```
SELECT Sname,Ssex,Sage FROM Student WHERE Sname LIKE '陈%';
```

【例4-21】查询名字中第2个字为"晓"字学生的姓名和年龄。

```
SELECT Sname,Sage FROM Student WHERE Sname LIKE '_晓%';
```

ESCAPE<换码字符>：用户要查询的字符串本身就含有"%"或"_"时，需要使用 ESCAPE<换码字符> 对通配符进行转义，以视其为普通字符处理。

【例4-22】查询以"DB_"开头，且倒数第2个字符为m课程详细情况。

```
SELECT * FROM Course WHERE Cname LIKE 'DB\_%m _' ESCAPE '\';
```

⑤ 空值查询

使用谓词 IS NULL、IS NOT NULL 可以分别查询字段值为空值和非空值的情况。

【例4-23】某些学生选修课程后暂未考试，SC选课表里有选课记录，但没有成绩。查询成绩为空学生的学号和相应课程号。

```
SELECT Sno,Cno FROM SC WHERE Score IS NULL;
```

【例4-24】查询有成绩的学生学号和对应课程号。

```
SELECT Sno,Cno FROM SC WHERE Score IS NOT NULL;
```

⑥ 多重条件查询

使用逻辑运算符 AND 和 OR 可以联接多个查询条件，实现多重条件查询。

【例4-25】查询机械学院年龄在23岁以下学生的姓名。

```
SELECT Sname FROM Student WHERE Sdept='机械' AND Sage<23;
```

⑦ 对查询结果排序

使用 ORDER BY 子句可以按一个或多个字段进行排序，升序关键字是 ASC，降序关键字是 DESC，默认值为升序（ASC）。

【例4-26】查询全体学生情况，查询结果先按性别升序，再按年龄降序排列。

```
SELECT * FROM Student ORDER BY Ssex,Sage DESC;
```

⑧ 使用计数、求和、求平均值函数

计数是指统计给定范围的记录个数。计数函数有以下两种格式的用法。

COUNT([DISTINCT/ALL] *)：对每行计数。DISTINCT 表示在计算时要取消指定列中的重复值，ALL 表示不取消重复值。ALL 为默认值。

COUNT([DISTINCT/ALL] <列名>)：对<列名>非空的行计数。

【例4-27】查询课程总门数。

```
SELECT COUNT(*) FROM Course;
```

【例4-28】查询选修了课程的学生人数。

```
SELECT COUNT(DISTINCT Sno) FROM SC;
```

SUM([DISTINCT|ALL] <列名>)：对给定范围内的非空列求和。

AVG([DISTINCT|ALL] <列名>)：对给定范围内的非空列求平均值。

【例4-29】查询机械学院女学生的平均年龄。

```
SELECT AVG(Sage) FROM Student WHERE Sdept='机械' AND Ssex='女';
```

MAX([DISTINCT|ALL] <列名>)和 MIN([DISTINCT|ALL] <列名>)：分别对给定范围内的非空列求最大值和最小值。

【例4-30】查询信息学院年龄最小的学生，输出年龄值。

```
SELECT MIN(Sage) FROM Student WHERE Sdept='信息';
```

⑨ 对查询结果分组

使用 GROUP BY 子句可以实现字段的分组统计操作。未使用 GROUP BY 子句对查询结果分组，计数函数等将作用于整个查询结果；使用 GROUP BY 子句对查询结果分组后，计数函数等将分别作用于每个组。

【例 4-31】 求各个课程号及相应的选课人数。

```
SELECT Cno,COUNT(Sno) FROM SC GROUP BY Cno;
```

【例 4-32】 查询每个学院男、女生的人数和平均年龄。

```
SELECT Sdept,Ssex,COUNT(*),Avg(Sage) FROM Student GROUP BY Sdept,Ssex;
```

在分组操作中可以使用 HAVING 子句对已经分组化的各组依照给定条件进行筛选，最终输出结果。注意，HAVING 子句不能单独使用，必须跟随 GROUP BY 进行筛选。

【例 4-33】 查询只选修了 1 门课程的学生学号。

```
SELECT Sno FROM SC GROUP BY Sno HAVING COUNT(*)=1;
```

只有满足 HAVING 中指定条件的组才输出，HAVING 子句与 WHERE 子句的区别如下。

作用对象不同：WHERE 子句作用于基表或视图，从中选择满足条件的元组；HAVING 子句作用于组，从中选择满足条件的组。

条件内容不同：HAVING 子句可以使用计数函数等，配合分组操作；WHERE 子句不能使用计数函数等。

筛选时间不同：以 GROUP BY 为基准，WHERE 子句是分组化操作之前进行的条件选择，为"前筛"；HAVING 子句则是分组化之后进行的条件选择，为"后筛"。

3. 多表连接查询

若一个查询同时涉及两个以上的表，则称为多表连接查询。它主要包括等值连接、自然连接、非等值连接、自连接、外连接和复合条件连接等结构形式。

多表连接查询必须提供相应连接条件，查询才有意义，否则，就变成多表之间求笛卡儿积的结果。多表连接查询的 WHERE 子句中用来连接两个表的条件称为连接条件或连接谓词，其一般格式为：

```
[<表名1>.] <列名1> <比较运算符> [<表名2>.] <列名2>
```

其中比较运算符主要有=、>、<、>=、<=、!=（或<>）等（详见前面表 4-3 所示的内容）。

此外，连接谓词还可以使用下面形式。

```
[<表名1>.] <列名1> BETWEEN [<表名2>.] <列名2> AND [<表名2>.] <列名3>
```

当连接运算符为=时，该种连接称为等值连接（连接查询的主要形式）。使用其他运算符连接称为非等值连接，该种连接实际应用比较少，一般只作为理论分析使用。

连接谓词中的列名称为连接字段。连接条件中的各连接字段类型必须具有可比性，但名字不必相同。

（1）等值连接

【例 4-34】 查询每个学生及其选修课程的情况。

```
SELECT * FROM Student,SC WHERE Student.Sno=SC.Sno;
```

查询结果如图 4-10 所示。

图 4-10 表连接运算输出结果

引用两表中同名属性时，必须加表名前缀区分；引用唯一属性名时可以添加，也可以省略表名前缀。若在等值连接中把目标列中重复的属性列去掉则称自然连接。

（2）非等值连接

【例4-35】查询选课信息，并依据图 4-11 所示的 Sstage 表，显示成绩的级别。

```
SELECT Sno,Cno,Score,Stage FROM SC,Sstage
    WHERE Score BETWEEN Low AND High;
```

查询结果如图 4-12 所示。

（3）自连接

自连接是指一个表与其自己进行关联字段的连接。

【例4-36】查询每一门课的先修课名。

```
SELECT First.Cname 课名,Second.Cname 先修课名 FROM Course First,Course Second
    WHERE First.Cpno=Second.Cno;
```

查询结果如图 4-13 所示。

Sstage (5r × 3c)		
Low	High	Stage
90	100	优秀
80	89	良好
70	79	中等
60	69	及格
0	59	差评

图 4-11 成绩等级表

Sno	Cno	Score	Stage
2021030101	001	90	优秀
2021030102	001	85	良好
2021030104	001	59	差评
2021030105	001	74	中等
2021030106	001	87	良好
2021030107	001	73	中等
2021030108	001	65	及格
2021030109	001	75	中等

图 4-12 成绩等级查询结果

课名	先修课名
数据库	数据结构
信息系统	数据库
操作系统	数据处理
数据结构	C语言
C语言	数据处理
Java语言	数据处理

图 4-13 自连接查询结果

自连接往往需要给表起别名以示区别，如【例4-36】中的 First 和 Second。由于所有属性名都相同，因此必须使用别名前缀，如 First.Cname 和 Second.Cname。

（4）外连接

普通连接操作只输出两边同时满足连接条件的元组，又称内连接。实际应用中，有时需要保留不满足条件的元组，这时需要使用外连接。

【例4-37】查询每个学生及其选修课程的情况（包括没有选修课程的学生）。

```
SELECT Student.Sno,Sname,Ssex,Sage,Sdept,Cno,Score FROM Student
    LEFT OUTER JOIN SC ON Student.Sno=SC.Sno;
```

查询结果如图 4-14 所示。其中学号为 2022050126 的学生（赵友彬）没有选课，对其对应选课信息进行补空值处理。

外连接按照连接方式不同可以分为以下 3 种类型。

① 左外连接。除公共部分外同时输出只在左边关系存在的数据行。

FROM 子句连接方式为：FROM R LEFT [OUTER] JOIN S ON R.A=S.A。

Sno		Sname	Ssex	Sage	Sdept	Cno		Score
2022050125		叶思成	男	24	信息	004		77
2022050125		叶思成	男	24	信息	005		71
2022050126		赵友彬	男	22	信息	(NULL)		(NULL)
2023090101		张阿济	男	24	机械	001		43
2023090101		张阿济	男	24	机械	002		70
2023090101		张阿济	男	24	机械	003		68
2023090101		张阿济	男	24	机械	004		92
2023090101		张阿济	男	24	机械	005		89
2023090102		李江蕴	女	25	机械	001		86
2023090102		李江蕴	女	25	机械	002		73

图 4-14　外连接查询结果

② 右外连接。除公共部分外同时输出只在右边关系存在的数据行。

FROM 子句连接方式为：FROM R RIGHT [OUTER] JOIN S ON R.A=S.A。

③ 全外连接。除公共部分外同时将两边关系不满足连接条件的行输出。

FROM 子句连接方式为：FROM R FULL [OUTER] JOIN S ON R.A=S.A。

（5）复合条件连接

前文各个连接查询中，WHERE 子句中只有一个查询条件。WHERE 子句中可以有多个连接条件，这种连接称为复合条件连接。

【例 4-38】查询选修 003 号课程且成绩在 90 分以上的所有学生的学号和姓名。

```
SELECT Student.Sno,Sname FROM Student,SC
    WHERE Student.Sno=SC.Sno AND SC.Cno='003' AND SC.Score>90;
```

4. 嵌套查询

（1）嵌套查询概述

一个 SELECT…FROM…WHERE 语句称为一个查询块。将一个查询块嵌套在另一个查询块的 WHERE 子句或 HAVING 子句条件中的查询称为嵌套查询。

【例 4-39】查询选修了 003 号课程的学生姓名。

```
SELECT Sname FROM Student          /*外层父查询*/
    WHERE Sno IN(SELECT Sno FROM SC WHERE Cno='003'); /*内层子查询*/
```

注意

子查询中不能使用 ORDER BY 子句。

（2）嵌套查询分类

嵌套查询按照内外查询的关联程度分为两类型：一是不相关子查询，即子查询的查询条件不依赖于父查询；二是相关子查询，即子查询的查询条件依赖于父查询。

（3）引出子查询的谓词

① IN 谓词子查询

在嵌套查询中，子查询的结果往往是一个集合。我们常借助运算符 IN 来组织结果集合，因此 IN 成了嵌套查询中常用的谓词。

【例 4-40】查询与"赵杰"在同一个学院学习的刘姓学生。

首先确定"赵杰"所在学院，语句如下。

```
SELECT Sdept FROM Student WHERE Sname='赵杰';
```

查询结果如下：

Sdept
经管
信息

接着就可以查找到所有在经管或信息两个学院学习的刘姓学生。

```
SELECT Sno,Sname,Sdept FROM Student
    WHERE (Sdept= '经管' OR Sdept= '信息') AND LEFT(Sname,1)='刘';
```

查询结果如图 4-15 所示。

如果将上面第一步查询嵌入第二步查询的条件中，就形成嵌套子查询。

```
SELECT Sno,Sname,Sdept FROM Student
    WHERE Sdept IN (SELECT Sdept FROM Student WHERE
Sname='赵杰') AND LEFT(Sname,1)='刘';
```

当然，本例中的查询问题也可以用自连接来解决。

```
SELECT S1.Sno,S1.Sname,S1.Sdept FROM Student
S1,Student S2
    WHERE S1.Sdept=S2.Sdept AND S2.Sname='赵杰' AND
LEFT(S1.Sname,1)='刘';
```

② 带有比较运算符的子查询

父查询与子查询之间用比较运算符进行连接，仅当内层查询确认返回单值时被使用。

Sno	Sname	Sdept
2021080511	刘婷	经管
2021080601	刘一璇	经管
2021080703	刘悦	经管
2021080802	刘杰	经管
2021080824	刘冰航	经管
2021080921	刘凤林	经管
2021081014	刘佳林	经管
2021081015	刘远亮	经管
2021081103	刘韵佳	经管
2022040207	刘洋秀	信息
2022040310	刘傲	信息
2022050105	刘雅茜	信息
2022050109	刘雨晴	信息

图 4-15　与"赵杰"同学院刘姓同学查询结果

【例 4-41】查询比陈果年龄大的学生学号和姓名。

```
SELECT Sno,Sname FROM Student WHERE Sage >
    (SELECT Sage FROM Student WHERE Sname='陈果');
```

③ 在 HAVING 中使用子查询

【例 4-42】查询平均分大于学号 2021081112 这个学生平均分的学生学号。

```
SELECT Sno FROM SC GROUP BY Sno HAVING AVG(Score) >
    (SELECT AVG(Score) FROM SC WHERE Sno='2021081112');
```

④ EXISTS 谓词子查询

EXISTS 谓词相当于存在量词∃。带有 EXISTS 谓词的子查询不返回任何数据，只产生逻辑真值"TRUE"或逻辑假值"FALSE"。其判断规则是：若内层查询结果非空，则返回真值；若内层查询结果为空，则返回假值。

由 EXISTS 引出的子查询，其目标列表达式通常都用"*"。这是因为该类型子查询只返回真值或假值，给出列名也无实际意义。由 EXISTS 引出的子查询一般都是相关子查询。

【例 4-43】查询所有选修了 003 号课程的学生姓名。

用 IN 子查询实现：

```
SELECT Sname FROM Student WHERE Sno IN
    (Select Sno FROM SC WHERE Cno='003');
```

用连接运算实现：

```
SELECT DISTINCT Sname FROM Student,SC
    WHERE Student.Sno=SC.Sno AND SC.Cno='003';
```

用 EXISTS 语句实现：

```
SELECT Sname FROM Student WHERE EXISTS
    (SELECT * FROM SC WHERE Sno=Student.Sno AND Cno= '003');
```

5．集合查询

SELECT 语句的查询结果是元组集合，所以对多个 SELECT 语句的查询结果可以进行集合操作。集合操作主要包括并操作（UNION）、交操作（INTERSECT）和差操作（MINUS/EXCEPT）。

注意

> **参加集合操作的各查询结果的列数必须相同；对应项的数据类型也必须相同。**

（1）并操作

语法格式为：<查询块 1> UNION <查询块 2>。

【例 4-44】查询信息学院或者年龄不大于 20 的学生。

```
SELECT * FROM Student WHERE Sdept='信息'
UNION
SELECT * FROM Student WHERE Sage<=20;
```

（2）交操作

语法格式为：<查询块 1> INTERSECT <查询块 2>。

注意

> **MySQL 数据库不支持 INTERSECT 操作。**

【例 4-45】查询信息学院里年龄不大于 20 的学生。

```
SELECT * FROM Student WHERE Sdept='信息'
INTERSECT
SELECT * FROM Student WHERE Sage<=20;
```

（3）差操作

语法格式为：<查询块 1> MINUS/EXCEPT <查询块 2>。

注意

> **MySQL 数据库不支持 MINUS/EXCEPT 操作。**

【例 4-46】查询信息学院里年龄不大于 20 的学生。

```
SELECT * FROM Student WHERE Sdept='信息'
MINUS
SELECT * FROM Student WHERE Sage>20;
```

4.3.2 更新查询

数据更新操作主要有 3 种：向表中插入若干行数据、修改表中的数据和删除表中的若干行数据。

1．插入数据

SQL 语言中的数据插入语句 INSERT 通常有两种形式：一种是插入单条记录；另一种是插入

子查询结果，以实现一次插入多条记录。

（1）插入单条记录

语法格式为：

```
INSERT INTO <表名> [(<字段1>[,<字段2>]…)] VALUES (<常量1> [,<常量2>]…);
```

其功能是将新记录插入指定表中。其中新记录字段 1 的值为常量 1、字段 2 的值为常量 2……；INTO 子句中没有出现的属性列在新记录中将取空值。

> **注意**
>
> 在表定义时已说明 NOT NULL 的属性列不能取空值，否则会出错。

【例 4-47】插入一条选课记录('2021030101','003')，新插入的记录在 Score 列上取空值。

```
INSERT INTO SC(Sno,Cno) VALUES ('2021030101','003');
```

【例 4-48】将一个新学生的记录('2021030132','陈述义','男',经管,19,'2019-09-11',是)插入 Student 表中。

```
INSERT INTO Student VALUES('2021030132', '陈述义', '男', 19, '经管', '2019-09-11',
'1');
```

> **注意**
>
> 当新记录在所有字段上都指定了值且顺序一致，则可以省略字段名。

设计 INTO 子句时的几点说明如下。

① 指定要插入数据的表名及字段列表。

② 字段列表顺序可与表定义中的顺序不一致。

③ 如没有指定字段列表，表示要插入的是一条完整的记录，且属性列属性与表定义中的顺序一致。

④ 如指定部分字段，插入的记录在其余字段上取空值。

VALUES 子句设计时提供的值必须在值的个数和值的类型方面与 INTO 子句匹配。

（2）插入子查询结果

子查询也可以嵌套在 INSERT 语句中，用以生成要插入的批量数据。

语法格式为：

```
INSERT INTO <表名> [(<字段1> [,<字段2>]…)] 子查询;
```

【例 4-49】统计每个学院男、女生的人数和平均年龄，把结果存入新建的 Deptage 表内。

第一步：建表。

```
CREATE TABLE Deptage(Sdept CHAR(2),Ssex
CHAR(1),Cnum INT,Avgage INT);
```

第二步：插入数据。

```
INSERT INTO Deptage(Sdept ,Ssex,Cnum,Avgage)
SELECT Sdept,Ssex,COUNT(*),AVG(Sage) FROM
Student GROUP BY Sdept,Ssex;
```

追加操作完成，Deptage 表生成的记录数据如图 4-16 所示。

jxgl.deptage: 6 总记录数（大约）

Sdept	Ssex	Cnum	Avgage
信息	女	76	22
信息	男	40	22
机械	女	106	21
机械	男	40	22
经管	女	236	22
经管	男	117	22

图 4-16　批量数据追加结果

2. 修改数据

修改操作又称为更新操作。其一般语法格式为：

```
UPDATE <表名> SET <列名 1>=<表达式 1>[,<列名 2>=<表达式 2>]…[WHERE <条件>];
```

其功能是修改指定表中满足 WHERE 子句条件的记录。其中 SET 子句给出<表达式>的值用于取代相应的属性值。如果省略 WHERE 子句，则表示要修改表中的所有记录。

（1）修改某一条记录的值

【例 4-50】将学生 2021030104 的年龄改为 23 岁。

```
UPDATE Student SET Sage=23 WHERE Sno='2021030104';
```

（2）修改多条记录的值

【例 4-51】将信息学院所有学生的年龄增加 1 岁。

```
UPDATE Student SET Sage=Sage+1 WHERE Sdept='信息';
```

（3）带子查询的修改语句

【例 4-52】将机械学院全体学生的选课成绩置 0。

```
UPDATE SC SET Score=0 WHERE Sno IN
    (SELETE Sno FROM Student WHERE Sdept='机械');
```

3. 删除数据

删除语句的一般语法格式为：

```
DELETE FROM <表名> [WHERE <条件>];
```

其功能是删除指定表中满足 WHERE 子句条件的所有记录。如果省略 WHERE 子句，表示要删除表中所有记录，但是表结构依然保留，该表仅是变成空表。

（1）删除某一条记录的值

【例 4-53】删除学号为 2021030132 的学生记录。

```
DELETE FROM Student WHERE Sno='2021030132';
```

（2）删除多条记录的值

【例 4-54】删除 008 号课程的所有选课记录。

```
DELETE FROM SC WHERE Cno='008';
```

【例 4-55】删除所有的学生选课记录。

```
DELETE FROM SC;
```

（3）带子查询的删除语句

【例 4-56】删除信息学院所有学生的选课记录。

```
DELETE FROM SC WHERE Sno IN
    (SELETE Sno FROM Student WHERE Sdept='信息');
```

注意

用 DELETE 删除数据后，数据将无法恢复，请慎重操作，做好必要的备份工作。

4.4 视图

视图（VIEW）是从一个或几个基本表（或视图）导出的表。它与基本表不同，是虚表。数据库中只存放视图的定义，而不存放视图对应的数据。

视图一经定义，就可以与基本表一样被查询、被删除。此外，也可以在一个视图上再定义新的视图，但对视图的更新（增、删、改）操作有一定的限制。

视图的定义和使用

4.4.1 定义视图

语法格式为：

```
CREATE VIEW <视图名> [(<列名 1> [,<列名 2>]…)]
AS<子查询>
[WITH CHECK OPTION];
```

其中，子查询可以是任意复杂的 SELECT 语句。WITH CHECK OPTION 表示对该视图进行 INSERT、UPDATE 和 DELETE 操作时要保证插入、更新或删除的记录行满足视图定义中的谓词条件（即子查询中的条件表达式）。

1. 建立视图

【例 4-57】建立经管学院学生的视图，提供学号、姓名、性别和年龄 4 列信息。

```
CREATE VIEW EM_Student(No,Name,Gender,Age) AS
    SELECT Sno,Sname,Sage FROM Student WHERE Sdept= '经管'
    WITH CHECK OPTION;
```

如果定义视图时加上了 WITH CHECK OPTION 子句，以后对该视图进行增、删、改操作时，系统会自动加上"Sdept='经管'"的条件。

视图不仅可以建立在单个基本表上，还可以建立在多个基本表上，也可以建立在一个或多个已定义好的视图上。

【例 4-58】设计视图实现查询每个同学的平均成绩。

```
CREATE VIEW S_G(Sno,Savg) AS
    SELECT Sno,AVG(Score) FROM SC GROUP BY Sno;
```

2. 删除视图

语法格式为：

```
DROP VIEW <视图名> [CASCADE];
```

视图删除后，视图的定义将从数据字典中删除。如果基于该视图还导出了其他视图，则使用 CASCADE 级联删除语句可以把该视图和由它导出的所有视图一并删除。

基本表删除后，由该基本表导出的所有视图没有被删除，但均已无法使用。

【例 4-59】删除视图 EM_Student。

```
DROP VIEW EM_Student;
```

4.4.2 查询视图

视图被建立后，可像基本表一样，利用 SELECT 命令（对视图）进行查询操作。例如：

```
SELECT Name FROM EM_Student;
```

RDBMS 执行 CREATE VIEW 语句时只是把视图的定义存入数据字典，并不执行其中的 SELECT 语句。在对视图进行查询时，按视图的定义从基本表中将数据查出。

4.4.3 更新视图

更新视图是指对目标视图实施插入、删除和修改数据操作。由于视图并非存储实际数据，因此对视图的操作最终要转换为对基本表的操作。

为了防止用户通过视图对数据进行增、删、改时，有意无意地对不属于视图范围内的基本表数据进行操作，用户可在定义视图时加上 WITH CHECK OPTION 子句。这样在视图上增、删、改数据时，RDBMS 会检查视图定义中的条件；若不满足条件，则拒绝执行该操作。

【例 4-60】将经管学院学生视图 EM_Student 中学号为 2021030101 的学生姓名改为"刘蛟"。

```
UPDATE EM_Student SET Sname='刘蛟' WHERE Sno='2021030101';
```

转换后的更新语句为：

```
UPDATE EM_Student SET Sname='刘蛟'
    WHERE Sno='2021030101' AND Sdept='经管';
```

> **注意**
>
> 如果 EM_Student 视图被定义的时候含有 WITH CHECK OPTION 子句，则对视图 EM_Student 的更新范围只能是经管学院的学生信息。

在关系数据库中，并不是所有的视图都是可以更新的，因为有些视图的更新不能一对一有意义地映射转换成对相应基本表的更新。例如，已知建立视图中定义的 S_G 视图，如果想把 S_G 视图中学号为 2021030101 的学生平均成绩改成 90 分，使用的 SQL 语句如下：

```
UPDATE S_G SET Savg=90 WHERE Sno='2021030101';
```

对这个视图的更新是无法转换成对基本表 SC 的更新的，因为系统无法修改各科成绩，以使平均成绩为 90，所以 S_G 视图是不可更新的。

4.4.4　视图的作用

视图最终是定义在基本表上的，对视图的一切操作最终也要转换为对基本表的操作。合理使用视图可以有下面这些作用。

（1）简化用户的操作

视图机制使得用户可以将注意力集中在所关心的数据上，同时数据库逻辑结构变得比较清晰、简单，可以简化用户的数据查询操作。例如，定义了若干张表之间复杂连接的视图对用户来讲就是一个虚拟表的简单查询，里面的复杂连接关系会被隐藏。

（2）从多种角度看待数据

视图机制能使不同用户以不同方式看待同一数据，体现了数据库共享和个性化数据服务特性。

（3）提供一定程度的逻辑独立性

数据的逻辑独立性是指当数据库重构造时，如增加新的关系或对原有关系增加新的字段等，用户的应用程序不会受影响。

（4）重要数据安全保护

对不同用户定义不同视图，使每个用户只能看到其权限范围内的数据；通过 WITH CHECK OPTION 选项来控制实现对关键数据操作内容、操作范围和操作时间的限制。

4.5　数据控制

数据控制，其实就是"分配权限"。它涉及两个主要问题：用户管理和权限分配。

用户管理涉及用户账户的创建、修改和删除。各种主流数据库运行、加载服务后，都会提供默认的系统用户身份，如 Oracle 数据库的 system 和 scott、SQL Server 数据库的 sa、MySQL 数据库的 root 等。

权限分配则是针对数据库不同用户赋予不同对象各种不同的操作权限。通用数据库系统普遍采用自主存取机制（Discretionary Access Control，DAC）的权限管理机制，一般通过设计图 4-17 所示的权限控制列表来规划权限分配（具体可以利用 SQL 语言相关命令实现）。

用户名	数据对象名	允许的操作类型
王 平	关系Student	SELECT
张明霞	关系Student	UPDATE
张明霞	关系Course	ALL
张明霞	SC.Score	UPDATE
张明霞	SC.Sno	SELECT
张明霞	SC.Cno	SELECT

图 4-17　用户权限控制列表

下面主要介绍 SQL 语言关于权限管理的两个主要命令——授权 GRANT 和收权 REVOKE。具体操作将在后面章节结合 MySQL 的用户权限管理进行分析与说明。

4.5.1　授权

授权的命令格式如下：

```
GRANT <权限 1>[,<权限 2>]…[ON <对象类型><对象名>] TO <用户 1>[,<用户 2>]…[WITH GRANT OPTION]
```

这里，WITH GRANT OPTION 选项表示被授权的用户可以将这些权限转授给其他用户。权限、用户可以有多个，之间用逗号隔开。

主要对象和操作权限如表 4-4 所示。

表 4-4　　　　　　　　　　　主要对象和操作权限

对象	对象类型	操作权限
属性列	TABLE、COLUMN	SELECT、INSERT、UPDATE、DELETE、ALL PRIVILEGES（所有权限）
视图	TABLE、VIEW	SELECT、INSERT、UPDATE、DELETE、ALL PRIVILEGES
基表	TABLE	SELECT、INSERT、UPDATE、DELETE、CREATE、ALTER、DROP、ALL PRIVILEGES
数据库	DATABASE	CREATE、ALTER、DROP、ALL PRIVILEGES

【例 4-61】将 Student 表和 Course 表的全部操作权限授予用户 U2 和 U3。

```
GRANT All PRIVILEGES ON TABLE Student,Course To U2,U3;
```

【例 4-62】将 SC 表的 INSERT 权限授予 U5 用户，并允许 U5 用户将此权限再授予其他用户。

```
GRANT INSERT ON TABLE SC TO U5 WITH GRANT OPTION;
```

4.5.2　收权

收权的命令格式如下：

```
REVOKE <权限 1>[,<权限 2>]…[ON <对象类型><对象名>] FROM <用户 1>[,<用户 2>]…
```

注意

　　如果用户 1 授权给了其他用户（比如用户 2），那么撤销用户 1 的权限时，用户 2 的权限也会自动被撤销。

【例 4-63】把用户 U4 修改学生学号的权限收回。

```
REVOKE UPDATE(Sno),SELECT ON TABLE Student FROM U4;
```

4.6 小结

SQL 语言是一种通用的数据库查询和程序设计语言，其用于存放数据以及查询、更新和管理关系数据库。它功能强大、简单易学、使用方便，广泛运用在几乎所有的关系数据库之中。熟练掌握 SQL 语言设计对快速提高数据库操作能力有着直接的促进作用。

本章在介绍 SQL 语言的基本概念和主要特征的基础上，结合实例对数据定义语句、数据操纵语句、数据控制语句及视图的设计与使用进行详细分析和说明。

 上 机 题

一、数据定义操作

上机目的：利用 SQL 语言实现建库、建表并加载数据。

上机步骤：

创建 PRACTICE 数据库及 STUDENT、COURSE、TEACHER 和 SC 这 4 个关联表结构，并增设必要的约束，具体表结构如下。

1. STUDENT 表结构，如图 4-18 所示。

#	名称	数据类型	长度/集合	无符号的	允许 NULL
🔑 1	SNO	CHAR	5	☐	☐
2	SNAME	VARCHAR	10	☐	☑
3	SDATE	DATETIME		☐	☑
4	SSEX	CHAR	1	☐	☑

图 4-18　STUDENT 表结构

2. COURSE 表结构，如图 4-19 所示。

#	名称	数据类型	长度/集合	无符号的	允许 NULL
🔑 1	CNO	CHAR	3	☐	☐
2	CNAME	VARCHAR	10	☐	☑
3	TNO	CHAR	4	☐	☑

图 4-19　COURSE 表结构

3. TEACHER 表结构，如图 4-20 所示。

#	名称	数据类型	长度/集合	无符号的	允许 NULL
🔑 1	TNO	CHAR	4	☐	☐
2	TNAME	VARCHAR	10	☐	☑

图 4-20　TEACHER 表结构

4. SC 表结构，如图 4-21 所示。

#	名称	数据类型	长度/集合	无符号的	允许 NULL
🔑 1	SNO	CHAR	5	☐	☐
🔑 2	CNO	CHAR	3	☐	☐
3	SCORE	DECIMAL	18,1	☐	☑

图 4-21　SC 表结构

为 4 个数据表装载数据，具体要求如下。

为 STUDENT 表追加如下 8 条记录。

('01' , '赵雷' , '1990-01-01' , '男')

('02' , '钱电' , '1990-12-21' , '男')

('03' , '孙风' , '1990-05-20' , '男')

('04' , '李云' , '1990-08-06' , '男')

('05' , '周梅' , '1991-12-01' , '女')

('06' , '吴兰' , '1992-03-01' , '女')

('07' , '郑竹' , '1989-07-01' , '女')

('08' , '王菊' , '1990-01-20' , '女')

为 COURSE 表追加如下 3 条记录。

('01' , '语文' , '02')

('02' , '数学' , '01')

('03' , '英语' , '03')

为 TEACHER 表追加如下 3 条记录。

('01' , '张三')

('02' , '李四')

('03' , '王五')

为 SC 表追加如下 18 条记录。

('01' , '01' , 80)

('01' , '02' , 90)

('01' , '03' , 99)

('02' , '01' , 70)

('02' , '02' , 60)

('02' , '03' , 80)

('03' , '01' , 80)

('03' , '02' , 80)

('03' , '03' , 80)

('04' , '01' , 50)

('04' , '02' , 30)

('04' , '03' , 20)

('05' , '01' , 76)

('05' , '02' , 87)

('06' , '01' , 31)

('06' , '03' , 34)

('07' , '02' , 89)

('07' , '03' , 98)

二、数据查询操作

上机目的：在已建好的 PRACTICE 数据库和数据基础上，利用 SQL 语言实现各种类型的查询设计。

上机步骤：试按下面操作要求完成对应 SQL 语句的设计。

（1）查询平均成绩大于或等于 60 分的学生学号、姓名和平均成绩；

（2）查询李姓老师的数量；

（3）查询听过"张三"老师授课的学生学号、姓名、入校日期和性别信息；

（4）查询选修课程号为"01"但是没有选修课程号为"02"课程的学生信息；

（5）查询两门及两门以上不及格课程的学生学号、姓名及其平均成绩；

（6）检索"01"课程分数小于 60 分，按分数降序排列的学生信息；

（7）查询学生的总成绩并进行降序排名；

（8）查询不同教师所教不同课程的平均分并从高到低显示；

（9）查询学生平均成绩及其名次；

（10）查询每门课程被选修的学生数；

（11）查询出只选修两门课程的全部学生学号和姓名；

（12）查询男、女生人数；

（13）查询名字中含有"风"字的学生信息；

（14）查询课程名称为"数学"且分数低于 60 分的学生姓名和分数；

（15）查询不及格学生的学号和课程号；

（16）求每门课程的学生人数；

（17）查询选修"张三"老师所授课程的学生中，成绩最高学生的信息及其成绩；

（18）查询至少选修两门课程学生的学号。

习　题

一、填空题

1. SQL 的英文全称是＿＿＿，翻译成中文是＿＿＿。

2. SQL 虽然是查询语言，但它集＿＿＿、＿＿＿、＿＿＿于一体，包括＿＿＿、＿＿＿、＿＿＿和＿＿＿4 种功能。

3. SQL 的 DDL 语句包括 3 个部分：＿＿＿、＿＿＿及＿＿＿。

4. 定义基表的 SQL 语句关键字为＿＿＿，修改基表的关键字为＿＿＿，删除基表的关键字为＿＿＿。

5. ＿＿＿语句允许在基表的一列或者多列上建立索引，最多不超过＿＿＿列。

6. 在查询语句中，"检索所有符合条件的元组"的关键字为＿＿＿，"检索去掉重复值的所有元组"的关键字为＿＿＿，"检索结果为整个元组，并包括所有列"的关键字为＿＿＿。

7. 在条件表达式中，表示"列值为空"的语法为：<列名>＿＿＿，表示"列值不为空"的语法为＿＿＿。

8. 在条件表达式中，表示"表达式 1 的值在表达式 2 和表达式 3 的值之间"的语法为：<表达式 1>＿＿＿<表达式 2>＿＿＿<表达式 3>。

9. 在条件表达式中，表示"表达式 1 的值不在表达式 2 和表达式 3 的值之间"的语法为：<表达式 1>＿＿＿<表达式 2>＿＿＿<表达式 3>。

10. 在条件表达式中，表示"表达式的值是目标列表中的一个值"的语法为：<表达式>＿＿＿<目标列表>，表示"表达式的值不是目标列表中的一个值"的语法为：<表达式>＿＿＿<目标列表>。

11. 在条件表达式中，表示"列值是包含在字符串中"的语法为：<列名>＿＿＿<字符串>，表示"列值不是包含在字符串中"的语法为：<列名>＿＿＿<字符串>。在字符串中可以使用通配符，＿＿＿表示任意一个字符，＿＿＿表示任意一串字符。

12. 如果某列作为表的关键字，应该定义该列为____。

13. 在查询中，如果算术表达式中任一运算分量为空值，则表达式的值为____。

14. ____语句允许在基表的一列或者多列上建立索引，最多不超过____列。

15. 使用____语句可删除基表上建立的索引。

16. 在 WHERE 后的表达式中出现另一个查询，将该查询称为____。它的结果一般作为要查询值的集合，即子查询出现在关键字____后。

17. 在子查询中除了使用 "IN" 外，还常使用存在量词____，语法为：____，其含义是：____。

18. 如在建立视图时用了____、____、____或____，则不能对视图进行插入、删除和更新。

19. ____关键字能够将两个或多个 SELECT 语句的结果连接起来。

20. 补全语句：SELECT vid,COUNT(*) AS num_prods FROM products GROUP BY ____;。

21. 查询语句 SELECT 的用法结构如下：

SELECT [ALL/DISTINCT] <输出属性列表> FROM <一个或多个数据库表/视图> ____ <选择条件> ____ <分组字段> ____ <选择组条件> ____ <结果排序>

试将下面关键字选项填充到上面下画线上，使其 SELECT 结构完整、正确。

HAVING、GROUP BY、ORDER BY、LIMIT、WHERE

22. 用 SELECT 进行模糊查询时，需要条件值中使用____或%等通配符来配合查询。

23. SELECT (NULL<=>NULL) IS NULL;的结果为____。

24. 在 SELECT 语句的 FROM 子句中最多可以指定____个表或视图。

25. 在 SELECT 语句的 FROM 子句中可以指定多个表或视图，相互之间要用____分隔。

26. 用 SELECT 进行模糊查询时，可以使用_____匹配符。

二、判断题

1. 在 SQL 中，如果算术表达式中任一运算分量为空值，则表达式的值为空值。（   ）

2. 如果在目标表中有内部函数，则目标表中的所有项都应该是内部函数。（   ）

3. SQL 语言中没有专门的连接语句，多表查询也是直接通过 SELECT 语句完成的。
（   ）

4. 在子查询嵌套的情况下，执行时先得到最外层的查询结果，逐层向内求值，最后得到要查询的值。（   ）

5. SQL 中进行插入、删除和更新操作都是对单个表进行的，这些操作不能同时在多个表上进行，否则可能会破坏数据完整性。（   ）

6. 如果视图中的列是使用内部函数定义的，该列名不能在查询条件中出现，也不能作为内部函数的参数。（   ）

7. 用 GROUP BY 定义的视图不能进行多表查询。（   ）

8. 在向视图执行插入操作时，系统不检查插入值是否满足视图定义。（   ）

9. 视图可以删除，此时视图的定义从数据字典中删除，由此视图导出的其他视图也将自动删除。（   ）

10. 视图从一个或几个基本表导出，若导出此视图的基本表删除了，则此视图也将自动删除。
（   ）

11. SELECT 语句的过滤条件既可以放在 WHERE 子句中，也可以放在 FROM 子句中。
（   ）

12. x BETWEEN y AND z 等同于 x>y && x<z。（   ）

13. 用 UNION 上下连接的各个 SELECT 都可以带有自己的 ORDER BY 子句。（   ）

14. ALTER TABLE 语句可以修改表中各列的先后顺序。 （ ）

15. SELECT 语句中 ORDER BY 子句定义的排序表达式所参照的列甚至可以不出现在输出列表中。 （ ）

16. UPDATE 语句修改的是表中数据行中的数据，也可以修改表的结构。 （ ）

17. CREATE TABLE 语句中有定义主键的选项。 （ ）

18. 结构化查询语言只涉及查询数据的语句，并不包括修改和删除数据的语句。 （ ）

19. 一条 DELETE 语句能删除多行。 （ ）

20. INSERT 语句所插入的行数据可以来自另外一个 SELECT 语句的结果集。 （ ）

21. 带有 GROUP BY 子句的 SELECT 语句，结果集中每一个组只用一行数据来表示。 （ ）

22. 当一个表中所有行都被 DELETE 语句删除，该表也同时被删除。 （ ）

三、单项选择题

1. 在 SQL 查询语句中 GROUP BY 子句用于（ ）。
   A. 选择行条件　　　　B. 对查询进行排序　C. 列表　　　　　　D. 分组

2. 当两个子查询的结果（ ）时，可以进行并、交、差运算。
   A. 结构完全一致　　　　　　　　　B. 结构完全不一致
   C. 结构部分一致　　　　　　　　　D. 主键一致

3. SQL 中创建基本表应使用语句（ ）。
   A. CREATE SCHEMA　　　　　　　B. CREATE TABLE
   C. CREATE VIEW　　　　　　　　　D. CREATE DATABASE

4. 关系代数中的 σ 运算对应 SELECT 语句中的子句是（ ）。
   A. SELECT　　　　　B. FROM　　　　　C. WHERE　　　　　D. GROUP BY

5. 关系代数中的 Π 运算对应 SELECT 语句中的子句是（ ）。
   A. SELECT　　　　　B. FROM　　　　　C. WHERE　　　　　D. GROUP BY

6. SELECT 语句中与 HAVING 子句同时使用的是子句（ ）。
   A. ORDER BY　　　　B. WHERE　　　　C. GROUP BY　　　　D. 无须配合

7. SQL 语言又称（ ）。
   A. 结构化查询语言　　　　　　　　B. 结构化控制语言
   C. 结构化定义语言　　　　　　　　D. 结构化操纵语言

8. 在 SELECT 语句中，可以将结果集中的数据行根据选择列的值进行逻辑分组，以便能汇总表内容的子集，即实现对每个组聚集计算的子句是（ ）。
   A. LIMIT　　　　　　B. GROUP BY　　　C. WHERE　　　　　D. ORDER BY

9. SQL 语言是（ ）的语言，容易学习。
   A. 导航式　　　　　　B. 过程化　　　　C. 格式化　　　　　D. 非过程化

10. 下列说法错误的是（ ）。
    A. GROUP BY 子句用来分组 WHERE 子句的输出
    B. WHERE 子句用来筛选 FROM 子句中指定的操作所产生的行
    C. 聚集函数需要与 GROUP BY 一起使用
    D. HAVING 子句用来从 FROM 的结果中筛选行

11. 查询出表中的地址列 addr 为空，使用的是（ ）。
    A. addr=NULL　　　B. addr=NULL　　　C. addr IS NULL　　　D. addr IS NOT NULL

12. 对于 SQL 语句 "UPDATE Members SET Salary=Salary+300"，下列表述正确的是（　　）。

    A. 将 Members 表中工资都增加 300　　　　B. 删除工资为 300 的记录

    C. 查询工资为 300 的记录　　　　　　　D. 修改 Members 工资都扣除 300

13. 在查询中，去除重复记录的关键字是（　　）。

    A. HAVING　　　　　　B. DISTINCT　　　　C. DROP　　　　　D. LIMIT

14. 对分组中的数据进行过滤的关键字是（　　）。

    A. ORDER　　　　　　B. WHERE　　　　　C. HAVING　　　　D. JOIN

15. 多表内连接查询使用的语句是（　　）。

    A. SELECT…FROM…INNER JOIN…ON…;

    B. SELECT…FROM…LEFT JOIN…ON…;

    C. SELECT…FROM…RIGHT JOIN…ON…;

    D. SELECT…FROM…FULL JOIN…;

16. 假设 ABC 表用于存储销售信息，A 列为销售人员名、C 列为销售额度，现需要查询最大的销售额度是多少，则正确的查询语句是（　　）。

    A. SELECT MAX(C) FROM ABC WHERE MAX(C)>0

    B. SELECT A,MAX(C) FROM ABC WHERE COUNT(A)>0

    C. SELECT A,MAX(C) FROM ABC GROUP BY A,C

    D. SELECT MAX(C) FROM ABC

17. 假设 ABC 表用于存储销售信息，A 列为销售人员名、C 列为销售额度，现需要查询每个销售人员的销售次数、销售总金额，则正确的查询语句是（　　）。

    A. SELECT A,SUM(C) ,COUNT(A) FROM ABC GROUP BY A

    B. SELECT A,SUM(C) FROM ABC

    C. SELECT A,SUM(C) FROM ABC GROUP BY A ORDER BY A

    D. SELECT SUM(C) FROM ABC GROUP BY A ORDER BY A

18. 假设 A、B 表中都有 ID 列，A 表中有 10 行数据，B 表中有 5 行数据，执行下面的查询语句 SELECT * FROM A LEFT JOIN B ON A.ID=B.ID，则返回的数据行数至少是（　　）。

    A. 5　　　　　　　　　B. 10　　　　　　　　C. 50　　　　　　　D. 不确定

19. 给名字是 zhangsan 的用户分配对数据库 studb 中 stuinfo 表的查询和插入数据权限的语句是（　　）。

    A. GRANT SELECT,INSERT ON studb.stuinfo FOR 'zhangsan'@'localhost'

    B. GRANT SELECT,INSERT ON studb.stuinfo TO 'zhangsan'@'localhost'

    C. GRANT 'zhangsan'@'localhost' TO SELECT,INSERT FOR studb.stuinfo

    D. GRANT 'zhangsan'@'localhost' TO studb.stuinfo ON SELECT,INSERT

20. SELECT 语句的完整语法较复杂，但至少包括的部分是（　　）。

    A. 仅 SELECT　　　　　　　　　　　B. SELECT,FROM

    C. SELECT,GROUP　　　　　　　　　D. SELECT,INTO

21. 以下能够删除一列的是（　　）。

    A. ALTER TABLE emp REMOVE addcolumn

    B. ALTER TABLE emp DELETE COLUMN addcolumn

    C. ALTER TABLE emp DELETE addcolumn

    D. ALTER TABLE emp DROP COLUMN addcolumn

22. 查找条件为姓名不是 NULL 的记录，对应条件式是（　　）。

  A．WHERE NAME ! NULL   B．WHERE NAME NOT NULL

  C．WHERE NAME IS NOT NULL   D．WHERE NAME != NULL

23. 在 SQL 语言中，子查询是（　　）。

  A．选取单表中字段子集的查询语句

  B．选取多表中字段子集的查询语句

  C．返回单表中数据子集的查询语句

  D．嵌入另一个查询语句中的查询语句

24. 若要在基本表 S 中增加一列 CN（课程名），可用（　　）。

  A．ADD TABLE S ALTER(CN CHAR(8))

  B．ALTER TABLE S ADD(CN CHAR(8))

  C．ADD TABLE S(CN CHAR(8))

  D．ALTER TABLE S(ADD CN CHAR(8))

25. 以下插入记录正确的语句是（　　）。

  A．INSERT INTO emp(ename,hiredate,sal) VALUES(value1,value2,value3);

  B．INSERT INTO emp(ename,sal) VALUES(value1,value2,value3);

  C．INSERT INTO emp(ename) VALUES(value1,value2,value3);

  D．INSERT INTO emp(ename,hiredate,sal) VALUES(value1,value2);

26. 在 SQL 语言中的视图是数据库的（　　）。

  A．外模式   B．存储模式   C．模式   D．内模式

27. 以下用来排序的是（　　）。

  A．ORDERED BY   B．ORDER BY   C．GROUP BY   D．GROUPED BY

28. 以下查询语句中，正确的是（　　）。

  A．SELECT MAX(sal),deptno,job FROM EMP GROUP BY sal;

  B．SELECT MAX(sal),deptno,job FROM EMP GROUP BY deptno;

  C．SELECT MAX(sal),deptno,job FROM EMP GROUP BY job;

  D．SELECT MAX(sal),deptno,job FROM EMP GROUP BY deptno,job;

四、多项选择题

1. SQL 语言的使用方式有（　　）。

  A．交互式 SQL   B．客户式 SQL   C．嵌入式 SQL   D．多用户 SQL

2. CREATE VIEW 语句中不说明列名表时，列名由 SELECT 语句确定。一般来说，在以下几种情况下应有列名表的是（　　）。

  A．列名表应该包含视图中所有的列名

  B．视图中的字段名与导出表不同

  C．目标表中含有多表连接的连接字段名

  D．SELECT 的目标表中有内部函数或表达式

3. 有关视图的优点，下面正确的是（　　）。

  A．可简化用户的数据结构

  B．视图提供一定的逻辑数据独立性

  C．视图机制提供自动安全保护功能

  D．简化用户的查询操作

4. 对视图的操作，下列叙述正确的是（　　　）。

    A. 对基表的任何查询形式对视图同样有效，不受任何限制

    B. 在向视图插入操作时，系统不检查插入值是否满足视图定义

    C. 若建立视图时用了连接、分组、DISTINCT 或内部函数，则不能对视图进行插入、删除和更新

    D. 视图中的列是由表达式经计算表示的，此视图可以执行 UPDATE 和 INSERT，但不能执行 DELETE 操作

5. 关于删除操作，以下说法正确的是（　　　）。

    A. DROP DATABASE 数据库名; 用于删除数据库

    B. DELETE FROM 表名; 用于删除表中所有记录条

    C. DELETE FROM 表名 WHERE 字段名=值; 用于删除符合条件的记录条

    D. DROP TABLE 表名; 用于删除表

6. 下面对 UNION 的描述正确的是（　　　）。

    A. UNION 只连接结果集完全一样的查询语句

    B. UNION 可以连接结果集中数据类型个数相同的多个结果集

    C. UNION 是筛选关键词，对结果集再进行操作

    D. 任何查询语句都可以用 UNION 来连接

7. 对某个数据库进行筛选后（　　　）。

    A. 可以选出符合某些条件组合的记录

    B. 不能选择出符合条件组合的记录

    C. 可以选出符合某些条件的记录

    D. 只能选择出符合某一条件的记录

8. 下列语句错误的是（　　　）。

    A. SELECT * FROM orders WHERE ordername IS NOT NULL;

    B. SELECT * FROM orders WHERE ordername< >NULL;

    C. SELECT * FROM orders WHERE ordername IS NULL;

    D. SELECT * FROM orders WHERE ordername NOT IS NULL;

9. 关于关系的叙述中，下列正确的是（　　　）。

    A. 行在表中的顺序无关紧要

    B. 表中任意两行的值不能相同

    C. 列在表中的顺序无关紧要

    D. 表中任意两列的值不能相同

10. 关于使用 UPDATE 语句的叙述，下列正确的是（　　　）。

    A. 被定义为 NOT NULL 的列不可以被更新为 NULL

    B. 不能在一个子查询中更新一个表，同时从同一个表中选择

    C. 不能把 ORDER BY 或 LIMIT 与多表语法的 UPDATE 语句同时使用

    D. 如果把一列设置为其当前含有的值，则该列不会更新

11. 关于 DELETE 和 TRUNCATE TABLE 的说法，下列正确的是（　　　）。

    A. 两者都可以删除指定条目的记录

    B. 前者可以删除指定条目的记录，后者不能

    C. 两者都返回被删除记录的数量

    D. 前者返回被删除记录的数量，后者不返回

12. 下面语句中，表示过虑条件是 vend_id=1002 或 vend_id=1003 的是（　　　）。

 A．SELECT * FROM products WHERE vend_id=1002 OR vend_id=1003;

 B．SELECT * FROM products WHERE vend_id IN (1002,1003);

 C．SELECT * FROM products WHERE vend_id NOT IN (1004,1005);

 D．SELECT * FROM products WHERE vend_id=1002 AND vend_id=1003;

13. 以下否定语句搭配正确的是（　　　）。

 A．NOT IN   B．IN NOT   C．NOT BETWEEN AND D．IS NOT NULL

14. 下面检索结果一定不是一行的命令是（　　　）。

 A．SELECT DISTINCT * FROM orders;

 B．SELECT * FROM orders LIMIT 1,2;

 C．SELECT top 1 * FROM orders;

 D．SELECT * FROM orders LIMIT 1;

15. 关于 GROUP BY，以下语句正确的是（　　　）。

 A．SELECT store_name FROM Store_Information GROUP BY store_name

 B．SELECT SUM(sales) FROM Store_Information GROUP BY sales

 C．SELECT store_name,price SUM(sales) FROM Store_Information GROUP BY store_name, price

 D．SELECT store_name, SUM(sales) FROM Store_Information GROUP BY store_name

16. 关于 CREATE 语句，下列说法正确的是（　　　）。

 A．CREATE TABLE 表名(字段名 1 字段类型,字段名 2 字段类型,…)

 B．CREATE TABLES 表名(字段类型,字段名 1 字段类型,字段名 2…)

 C．CREATE TABLES 表名(字段名 1 字段类型,字段名 2 字段类型,…)

 D．CREATE TABLE 表名(字段类型,字段名 1 字段类型,字段名 2…)

17. SQL 语言集几个功能模块为一体，其中包括（　　　）。

 A．DCL   B．DML   C．DNL   D．DDL

18. 下列说法正确的是（　　　）。

 A．ALTER TABLE user DROP COLUMN sex;

 B．ALTER TABLE user ADD sex varchar(20);

 C．ALTER TABLE user DROP sex;

 D．ALTER TABLE user MODIFY id INT PRIMARY KEY;

19. 关于检索结果排序，下列正确的是（　　　）。

 A．关键字 DESC 表示降序，ASC 表示升序

 B．如果指定多列排序，只能在最后一列使用升序或降序关键字

 C．如果指定多列排序，可以在任意列使用升序或降序关键字

 D．关键字 ASC 表示降序，DESC 表示升序

20. 以下语句错误的是（　　　）。

 A．SELECT rank, AVG(salary) FROM people GROUP BY rank HAVING AVG(salary)>1000;

 B．SELECT rank, AVG(salary) FROM people HAVING AVG(salary)>1000 GROUP BY rank;

 C．SELECT AVG(salary) FROM people GROUP BY rank HAVING AVG(salary)>1000;

 D．SELECT rank, AVG(salary) FROM people GROUP BY rank WHERE AVG(salary)>1000;

21. 显示从 2022 年 1 月 1 日到 2022 年 12 月 31 日所雇用所有职员的姓名和雇用日期，职员信息表 tblEmployees 包含列 Name 和列 HireDate，下面能完成该功能的语句是（　　　）。

A. SELECT Name, HireDate FROM tblEmployees

B. SELECT Name, HireDate FROM tblEmployees WHERE HireDate='2022-01-01' OR '2022-12-31'

C. SELECT Name, HireDate FROM tblEmployees WHERE HireDate BETWEEN '2021-12-31' AND '2023-01-01'

D. SELECT Name, HireDate FROM tblEmployees WHERE substring(HireDate,1,4)=2022;

22. 语句 SELECT * FROM products WHERE prod_name LIKE '%se%'结果集包括（　　）。

A. 检索 products 表中 prod_name 字段以'se'结尾的数据

B. 检索 products 表中 prod_name 字段以'se'开头的数据

C. 检索 products 表中 prod_name 字段包含'se'的数据

D. 检索 products 表中 prod_name 字段不包含'se'的数据

23. 关于 INSERT 语句，下列说法正确的是（　　）。

A. INSERT INTO 表名 VALUES(字段名 1 对应的值);

B. INSERT INTO 表名 VALUES(字段名 1 对应的值,字段名 2 对应的值);

C. INSERT INTO 表名(字段名 1) VALUE (字段名 1 对应的值);

D. INSERT INTO 表名(字段名 1,字段名 2) VALUES(字段名 1 对应的值,字段名 2 对应的值);

24. 关于 SELECT 语句，下列说法正确的是（　　）。

A. SELECT (name) FROM table person; 用于查找所有记录 name 字段的值

B. SELECT (name) FROM person WHERE age=12 OR name="aa"; 中 OR 代表或者

C. SELECT (name) FROM table person WHERE age=12; 用于查找 age=12 记录的那个字段的值

D. SELECT (name,age) FROM person WHERE age=12 AND name="aa";中 AND 代表并且

25. 在字符串的比较中，下列不正确的是（　　）。

A. 所有标点符号比数字大

B. 所有数字都比汉字大

C. 所有英文比数字小

D. 所有英文字母都比汉字小

五、综合题

1. 分别用关系代数及 SQL 语言完成以下操作（J1 代表工程号 jno, P1 代表零件号 pno, qty 代表供应量）。

（1）求供应工程 J1 零件的单位号码（sno）。

（2）求供应工程 J1 零件 P1 的单位号码。

（3）求供应工程 J1 零件为红色的单位号码。

供应商表 S 结构为：(sno,sname,status,city)。

零件表 P 结构为：(pno,pname,color,weight)。

供应商供应零件表 SPJ 结构为：(sno,pno,jno,qty)。

2. 对于上题中的 3 个表用 SQL 语言完成以下操作。

（1）给出与 S1 在同一城市的 sno。

（2）给出至少供应了一种 S2 所供应零件的 sno。

（3）给出供应全部零件的 sname。

（4）给出供应商总数。

（5）给出供应每种零件的总数量及相应的零件号，结果存入数据库中。

（6）给出由一个以上供应商所供应零件的零件号。

3．有以下 3 个关系，如图 4-22 所示。

姓名	年龄	薪金
Abel	63	120000
Baker	38	42000
Jones	26	36000
Murphy	42	50000
Zenith	59	118000
Kobad	27	34000

（a）Saleperson（销售人员）

编号	客户名	销售名	数量
100	Abernathy Construction	Zenith	560
200	Abernathy Construction	Jones	1800
300	Manchester Lumber	Abel	480
400	Amalgamated Housing	Abel	2500
500	Abernathy Construction	Murphy	6000
600	Tri-city Builders	Abel	700
700	Manchester Lumber	Jones	150

（b）Order（定单）

名称	城市	类型
Abernathy Construction	Willow	B
Manchester Lumber	Manchester	F
Tri-city Builders	Memphis	B
Amalgamated Housing	Memphis	B

（c）Customer（顾客）

图 4-22 关系图

（1）显示所有销售人员的年龄和薪金。

（2）显示所有销售人员的年龄和薪金，但是去掉重复的行。

（3）显示所有 30 岁以下的销售人员。

（4）显示所有与客户 Abernathy Construction 有订单交易的销售人员。

（5）显示所有与客户 Abernathy Construction 没有订单交易的销售人员，按工资的升序进行排列。

（6）计算订单的数量。

（7）计算有订单的客户数量。

（8）计算销售人员的平均年龄。

（9）显示年龄最大销售人员的年龄。

（10）计算每一个销售人员的订单数。

（11）计算每一个销售人员的订单数，结果只包括订单数量在 500 个以上的。

（12）显示所有与客户 Abernathy Construction 有订单交易销售人员的年龄和姓名，按年龄的降序进行排列（使用子查询）。

（13）显示所有与客户 Abernathy Construction 有订单交易销售人员的年龄和姓名，按年龄的降序进行排列（使用连接）。

（14）显示与在城市 Memphis 的一个客户有订单交易销售人员的年龄（使用子查询）。

（15）显示与在城市 Memphis 的一个客户有订单交易销售人员的年龄（使用连接）。

（16）显示在城市 Memphis 的所有公司工业类型和公司所有销售人员的年龄。

（17）显示有两个或两个以上订单的销售人员姓名。

（18）显示有两个或两个以上订单的销售人员姓名和年龄。

（19）显示所有和客户有订单的销售人员姓名。

（20）写出在 Customer 表中添加一条记录的 SQL 语句。

（21）写出在 Salesperson 表中添加一条记录的 SQL 语句，已知年龄和姓名，工资未知。

（22）写出删除客户 Abernathy Construction 的 SQL 语句。

（23）写出删除客户 Abernathy Construction 的所有订单的 SQL 语句。

（24）写出将销售人员 Jones 的工资改成 45000 的 SQL 语句。

（25）写出将所有销售人员的工资加 10% 的 SQL 语句。

（26）假设销售人员 Jones 的名字改成 Parks，写出对应的 SQL 语句。

4．什么是相关子查询与非相关子查询？

5．MySQL 不支持完全连接，能不能通过其他技术手段实现完全连接的功能？

5

第 5 章　数据管理

【本章导读】一个完整的数据库管理系统除了有数据表和视图两个数据服务对象的建立和管理功能外，还有其他一些重要概念和对象来完成特定功能、辅助提高数据服务的质量和效率。

本章基于 MySQL 平台对其中的索引、游标、语句结构、存储过程、函数、触发器、事务和锁的概念及对象进行分析与说明，帮助大家了解和掌握这些重要数据管理技术。

5.1　MySQL 索引

正如 4.2.2 小节所述，索引是一种快速定位技术，它可以大幅提高数据的查询效率。不使用索引，系统就必须扫描全表，直到找出相关的行。表越大，查询数据所耗费的时间越长。如果表中查询的列有一个索引，系统就能快速到达某个位置去搜寻数据文件，而不必查看所有数据。

下面对 MySQL 的索引简介、索引定义、索引创建/管理和删除及索引使用规则进行讲解。

5.1.1　MySQL 索引简介

MySQL 的索引主要分为以下 4 种。

（1）普通索引（INDEX）：最基本的索引，没有任何限制，用于加速查找。

（2）唯一索引（UNIQUE）：用于加速查找和唯一值约束。它与普通索引类似，不同的就是：索引列的值必须唯一，但允许有空值。如果是组合索引，则列值的组合必须唯一。

（3）主键索引（PRIMARY KEY）：用于加速查找和主键约束（不为空且唯一）。在 MySQL 中，一般是在建表的时候同时创建主键索引。

（4）组合索引：又称联合索引或多字段索引，它是由多个字段组合而成的一个索引。组合索引可以分为以下 3 种。

PRIMARY KEY (id,name)：组合主键索引。

UNIQUE (id,name)：组合唯一索引。

INDEX(id,name)：组合普通索引。

从实际效果看，建立(a,b,c)的组合索引，其实是相当于分别建立 a、(a,b)和(a,b,c)这 3 组索引。

需要指出的是，索引在极大提高查询效率的同时，也会降低表的更新速度。而且，创建索引产生的索引文件也会占用磁盘空间，尤其是大表创建多种组合索引，相应的索引文件会增长很快。因此，索引的设计与使用需要研判和综合分析。

5.1.2 MySQL 索引定义

索引定义格式为：

```
[UNIQUE|FULLTEXT] [INDEX|KEY]<[索引名]>(字段名[长度]) [ASC|DESC]
```

主要参数说明如下。

（1）UNIQUE|FULLTEXT：为可选参数，分别表示唯一索引、全文索引。

（2）INDEX 和 KEY：为同义词，两者作用相同，用来指定创建普通索引。

（3）字段名：指定创建索引的字段列，该列必须从数据表中指定的多个列中选择。

（4）索引名：指定索引的名称，它为可选参数；如果不指定，默认用字段名作为索引名。

（5）长度：为可选参数，表示索引的长度。注意，只有字符串类型的字段才能指定索引长度。

（6）ASC 或 DESC：指定升序或降序存储。默认为升序（ASC）。

5.1.3 MySQL 索引创建、管理和删除

1. 索引创建

按照创建索引的形式不同，分为以下 3 种情况。

（1）直接创建索引

① 普通索引：CREATE INDEX|KEY <索引名> ON <表名>(字段名(长度));

【例 5-1】为 Student 表的年龄字段增加普通索引。

```
CREATE INDEX index_age ON Student(Sage);
```

② 唯一索引：CREATE UNIQUE INDEX <索引名> ON <表名>(字段名(长度));

【例 5-2】为 Student 表的姓名字段增加唯一索引。

```
CREATE UNIQUE INDEX index_name ON Student(Sname);
```

（2）以修改表结构方式添加索引

① 普通索引：ALTER TABLE <表名> ADD INDEX <索引名> ON <表名>(字段名(长度));

【例 5-3】更改 Student 表结构，为年龄字段增加普通索引。

```
ALTER TABLE Student ADD INDEX index_age ON Student(Sage);
```

② 唯一索引：ALTER TABLE <表名> ADD UNIQUE <索引名> ON <表名>(字段名(长度));

【例 5-4】更改 Student 表结构，为姓名字段增加唯一索引。

```
ALTER TABLE Student ADD UNIQUE index_name ON Student(Sname);
```

③ 组合索引：指多个字段上创建的索引，只有在查询条件中使用了创建索引时的第一个字段，索引才会被使用。使用组合索引时，遵循最左前缀原则。格式如下：

```
ALTER TABLE <表名> ADD INDEX <索引名>(字段1,字段2,…);
```

【例 5-5】更改 Student 表结构，增加"年龄（降序）+性别"组合索引。

```
ALTER TABLE Student ADD INDEX index_age_sex(Sage DESC,Ssex);
```

（3）创建表的同时创建索引

【例 5-6】创建 Student 表结构，并增加 4 个索引。

① 增加学号字段为主键索引。

② 增加姓名字段为唯一索引。

③ 增加院系字段为普通索引。

④ 增加"年龄（降序）+性别"为组合索引。

```
CREATE TABLE 'student' (
    'Sno' CHAR(10) NOT NULL COMMENT '学号',
```

```
    'Sname' VARCHAR(20) NULL DEFAULT NULL COMMENT '姓名',
    'Ssex' CHAR(1) NULL DEFAULT NULL COMMENT '性别',
    'Sage' INT(10) NULL DEFAULT NULL COMMENT '年龄',
    'Sdept' CHAR(2) NULL DEFAULT NULL COMMENT '院系',
    'Sdate' DATETIME NULL DEFAULT NULL COMMENT '入校时间',
    'Scyl' BIT(1) NULL DEFAULT NULL COMMENT '团员否: 0-非团员, 1-团员',
    PRIMARY KEY ('Sno'),
    UNIQUE index_name(Sname),
    INDEX index_dept(Sdept),
    INDEX index_age_sex(Sage DESC,Ssex)
)ENGINE=InnoDB;
```

2. 索引管理

在 MySQL 中，我们使用 SHOW INDEX 语句可以查看表中创建的索引。

语法格式如下：

```
SHOW INDEX FROM <表名> [FROM <数据库名>];
```

主要参数说明如下。

（1）<表名>：指定需要查看索引的数据表名。

（2）<数据库名>：指定需要查看索引的数据表所在的数据库，省略则查看当前数据库。

例如，SHOW INDEX FROM student FROM test; 语句表示查看 test 数据库中 student 数据表的索引。

【例 5-7】查询当前数据库中 Student 表的索引情况。

```
SHOW INDEX FROM Student;
```

输出结果如图 5-1 所示。

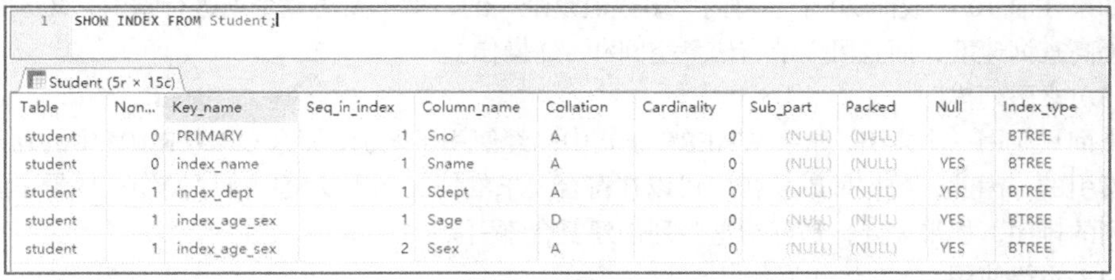

1 SHOW INDEX FROM Student;

Student (5r × 15c)

Table	Non...	Key_name	Seq_in_index	Column_name	Collation	Cardinality	Sub_part	Packed	Null	Index_type
student	0	PRIMARY	1	Sno	A	0	(NULL)	(NULL)		BTREE
student	0	index_name	1	Sname	A	0	(NULL)	(NULL)	YES	BTREE
student	1	index_dept	1	Sdept	A	0	(NULL)	(NULL)	YES	BTREE
student	1	index_age_sex	1	Sage	D	0	(NULL)	(NULL)	YES	BTREE
student	1	index_age_sex	2	Ssex	A	0	(NULL)	(NULL)	YES	BTREE

图 5-1　Student 表的索引情况

图 5-1 中 MySQL 索引查询各主要参数说明如表 5-1 所示。

表 5-1　MySQL 索引查询各主要参数说明

参数	说明
Table	表示创建索引的数据表名，这里是 Student 数据表
Non_unique	表示该索引是否是唯一索引。若不是唯一索引，则该列的值为 1；若是唯一索引，则该列的值为 0
Key_name	表示索引的名称
Seq_in_index	表示该列在索引中的位置。如果索引是单列的，则该列的值为 1；如果索引是组合索引，则该列的值为每列在索引定义中的顺序
Column_name	表示定义索引的列字段
Collation	表示列以何种顺序存储在索引中。在 MySQL 中，升序显示值"A"；若显示为 NULL，则表示无分类

参数	说明
Cardinality	索引中唯一值数量的估计值。基数根据被存储为整数的统计数据计数，所以即使对于小型表，该值也没有必要是精确的。基数越大，当进行联合时，MySQL 使用该索引的机会就越大
Sub_part	表示列中被编入索引的字符数量。若列只是部分被编入索引，则该列的值为被编入索引的字符数量；若整列被编入索引，则该列的值为 NULL
Packed	指示关键字如何被压缩。若没有被压缩，值为 NULL
Null	用于显示索引列中是否包含 NULL。若列中含有 NULL，该列的值为 YES；若没有，则该列的值为 NO
Index_type	显示索引使用的类型和方法（BTREE、FULLTEXT、HASH、RTREE）

3. 索引删除

语法格式如下：

```
DROP INDEX <索引名> ON <表名>;
```

5.1.4 MySQL 索引使用规则

使用索引需要遵循一定的规则才能发挥其提高查询效率的作用。反之，即使提供了表的字段索引，实际应用也没有大的效果。MySQL 索引使用规则总结如下。

（1）索引不要包含有 NULL 值的列

索引字段不要包含 NULL 值，因为 NULL 值会使索引、索引统计和值更加复杂，而且还需要额外增加一个字节的存储空间。

（2）使用短索引（也称"前缀索引"）

对串列进行索引时，如果可能，应该对索引指定一个前缀长度。例如，有一个 CHAR(255)的列，如果在前 10 个或前 20 个字符内大多数值是唯一的，就不要对整个列进行索引。短索引不仅可以提高查询速度，而且可以节省磁盘空间和 I/O 操作。

（3）索引列排序

查询只使用一个索引，如果 WHERE 子句中已经使用了索引，那么 ORDER BY 中的列是不会使用索引的。因此，数据库默认排序可以在符合要求的情况下不要使用排序操作；尽量不要包含多个列的排序，如果需要，最好给这些列创建复合索引。

（4）不要使用 LIKE 语句操作

一般情况下不推荐使用 LIKE 语句操作；如果非使用不可，如何使用也是一个问题。LIKE "%aaa%" 不会使用索引，而 LIKE "aaa%" 可以使用索引。

（5）不要在列上进行运算

在列上进行运算，这样将导致索引失效而进行全表扫描。例如：

```
SELECT * FROM Student WHERE YEAR(Sdate)<2017;
```

（6）不使用 NOT IN 和<>运算符

实际设计应避免使用 NOT IN 和<>运算符来构造查询条件式，以防索引失效，影响查询效率。

5.2 SQL 编程基础

如同 Oracle 数据库的 PL/SQL 和 SQL Server 数据库的 T-SQL，MySQL 数据库也在标准 SQL 语言的基础上扩展了普通 SQL 语句的功能，增加了编程语言的特点，其中包括常量和变量、运算符、BEGIN-END 语句块、流程控制语句及系统函数等内容。

5.2.1 常量和变量

1. 常量

按照 MySQL 的数据类型进行划分，常量可以分为字符串常量、数值常量、日期/时间常量、布尔值常量、二进制常量、十六进制常量及 NULL 值等。

（1）字符串常量

字符串常量是指用单引号或双引号引起来的字符序列，例如执行语句 SELECT 'I\'m a teacher' as col1, "you're a student" as col2;，则输出结果如图 5-2 所示。

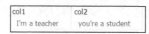

col1	col2
I'm a teacher	you're a student

图 5-2　输出字符串常量

需要说明的是，单独使用 SELECT 语句可以输出常量、变量及表达式的值，以后会常用到这种形式。

由于大多数编程语言（例如 Java、C 等）会使用双引号标识字符串，因此为了便于区分，在 MySQL 数据库中推荐使用单引号标识字符串。

（2）数值常量

数值常量可以分为整数常量（例如 2021）和小数常量（例如 5.26、101.5E5），这里不赘述。

（3）日期/时间常量

日期/时间常量是一个具有特殊格式的字符串。例如，"14:30:24" 是一个时间常量，"2020-10-12 14:28:24" 是一个日期/时间常量。日期/时间常量的值必须符合日期、时间标准，例如 "2020-02-31" 是错误的日期常量。

（4）布尔值常量

布尔值常量只包含两个可能的值：true 和 false。

> **注意**
>
> 使用 SELECT 语句显示布尔值 true 或者 false 时，会将其转换为字符串 "0" 或者字符串 "1"。

（5）二进制常量

二进制常量由数字 "0" 和 "1" 组成。二进制常量的表示方法：前缀为 "b"，后面紧跟一个二进制字符串。例如，执行语句 SELECT b'111101',b'1', b'111100'; 则输出 3 个字符，其中 b'111101' 表示 "等号"，b'1'表示 "笑脸"，b'111100'表示 "小于号"。

（6）十六进制常量

十六进制常量由数字 0~9 及字母 a~f 或 A~F 组成（字母不区分大小写）。十六进制常量有以下两种表示方法。

第一种表示方法：前缀为大写字母 "X" 或小写字母 "x"，后面紧跟一个十六进制字符串。例如，执行语句 SELECT X'41', x'4D7953514C';，则 X'41'表示大写字母 A，x'4D7953514C'表示字符串 MySQL。

第二种表示方法：前缀为 "0x"，后面紧跟一个十六进制数。例如，执行语句 SELECT 0x41, 0x4D7953514C;，则 0x41 表示大写字母 A，0x4D7953514C 表示字符串 MySQL。

（7）NULL 值

NULL 值可适用于各种字段类型，它通常用来表示 "值不确定" "没有值" 等。NULL 值参与算术运算、比较运算及逻辑运算时，结果依然为 NULL。

2. 变量

变量分为系统会话变量和用户自定义变量两类。

系统会话变量是以@@开头的变量，不需要用户显式定义，表达特定含义，如@@VERSION 等。

用户自定义变量是在命令程序中根据需要定义的变量，它又分为用户会话变量（以@开头）和局部变量（不以@开头）。

（1）用户会话变量

一台 MySQL 客户机连接到 MySQL 服务器，两者间就建立了一个会话通道，并允许定义会话变量；会话期间，该会话变量一直有效。而其他连接的 MySQL 客户机则不能访问先前客户机定义的会话变量。MySQL 客户机关闭或者 MySQL 客户机与服务器断开连接后，该客户机定义的所有会话变量将自动释放。

一般情况下，用户会话变量的定义与赋值会同时进行。用户会话变量的定义与赋值有两种方法：使用 SET 命令或者使用 SELECT 语句。

① 使用 SET 命令定义用户会话变量，并为其赋值。语法格式如下：

```
SET @user_variable1=expression1 [,@user_variable2=expression2,…]
```

用户会话变量的数据类型是根据赋值运算符 "=" 右边表达式的计算结果自动分配的。也就是说，等号右边的值（包括字符集和字符序）决定了用户会话变量的数据类型（包括字符集和字符序）。

② 使用 SELECT 语句定义用户会话变量，并为其赋值。语法格式有以下两种。

第一种格式：SELECT @user_variable1: =expression1 [,user_variable2:=expression2,…]

例如，执行语句 SELECT @a:=1+3*2,@b:=4-7/8;，则会为变量赋值，同时输出结果集。

第二种格式：SELECT expression1[, expression2,…] INTO @user_variable1 [,@user_variable2,…]

例如，执行语句 select 1+3*2,4-7/8 into @a,@b;，则不输出结果集，只是单纯为变量赋值。

（2）局部变量

局部变量必须定义在模块程序中（例如函数、触发器及存储过程中），并且局部变量的作用范围仅局限于模块程序中；脱离模块程序，局部变量没有意义。

MySQL 数据库中使用 DECLARE 命令来定义局部变量及对应的数据类型，具体格式如下：

```
DECLARE <变量> <数据类型> [DEFAULT 默认值];
```

局部变量有以下 3 种使用场合。

场合一：局部变量定义在存储程序的 BEGIN-END 语句块之间的首行位置上。此时局部变量首先必须使用 DECLARE 命令定义，并且必须指定局部变量的数据类型。只有定义局部变量后，才可以使用 SET 命令或者 SELECT 语句为其赋值。

场合二：局部变量作为存储过程或者函数的参数使用，此时虽然不需要使用 DECLARE 命令定义，但需要指定参数的数据类型。

场合三：局部变量也可以用在模块程序的 SQL 语句中。进行数据检索时，如果 SELECT 语句的结果集是单个值，我们可以将 SELECT 语句的返回结果赋予局部变量。局部变量也可以直接嵌入 SELECT、INSERT、UPDATE 及 DELETE 语句的条件表达式中。

5.2.2　运算符和 BEGIN-END 语句块

1. 运算符

根据运算符功能的不同，MySQL 的运算符可以分为算术运算符、比较运算符、逻辑运算符、位运算符等。

（1）算术运算符

算术运算符用于两个操作数之间执行算术运算。常用的算术运算符有+（加）、-（减）、*（乘）、/（除）、%（求余）及 div（求商）6 种。

（2）比较运算符

比较运算符（又称关系运算符）用于比较操作数之间的大小。MySQL 比较运算符及其含义如表 5-2 所示。

表 5-2   **MySQL 比较运算符及其含义**

运算符	含义	运算符	含义
=	等于	<=>	相等或等于空值（NULL）
>	大于	IS NULL	是否为空值（NULL）
<	小于	BETWEEN…AND	是否在闭区间内
>=	大于或等于	IN	是否在集合内
<=	小于或等于	LIKE	模糊匹配
<>、!=	不等于	REGEXP	正则表达式匹配

比较运算的结果要么为 true 或 false，要么为 NULL（不确定）。例如，执行语句 SELECT 'ab '='ab', ' ab'='ab', 'b'>'a',NULL=NULL,NULL<=>NULL,NULL is NULL;，其输出结果如图 5-3 所示。

'ab '='ab'	' ab'='ab'	'b'>'a'	NULL=NULL	NULL<=>NULL	NULL is NULL
0	0	1	(NULL)	1	1

图 5-3 比较运算结果分析

（3）逻辑运算符

逻辑运算符（又称布尔运算符）对布尔值进行操作，其运算的结果要么为 true 或 false，要么为 NULL（不确定）。MySQL 逻辑运算符及其含义如表 5-3 所示。

表 5-3   **MySQL 逻辑运算符及其含义**

运算符	含义
AND	逻辑与
OR	逻辑或
NOT	逻辑非

（4）位运算符

位运算符对二进制数据进行操作（如果不是二进制类型的数据，将进行类型自动转换），其运算结果为二进制数。使用 SELECT 语句显示二进制数时，会将其自动转换为十进制数显示。

MySQL 位运算符及其含义如表 5-4 所示。

表 5-4   **MySQL 位运算符及其含义**

运算符	含义	运算符	含义
&	按位与	~	按位取反
|	按位或	>>	位右移
^	按位异或	<<	位左移

运算符的优先级决定不同运算符在表达式中计算的先后顺序，表 5-5 列出了 MySQL 中的各类运算符及其优先级。

表 5-5 　　　　　　　　　　　MySQL 中的各类运算符及其优先级

优先级	运算符
低	=（赋值运算）、:=
	‖、OR
	XOR
	&&、AND
	NOT
	BETWEEN、CASE、WHEN、THEN、ELSE
	=（比较运算）、<=>、>=、>、<=、<、<>、!=、IS、LIKE、REGEXP、IN
	&
	<<、>>
	-（减号）、+
	*、/、%
	^
	-（负号）、~（位反转）
高	!

2. 重置命令结束符（DELIMITER）

在 MySQL 客户端命令行进行操作时，SQL 命令默认用 ";" 作为命令结束符，但在处理存储过程等模块程序复合结构时，语句见分号就返回，会产生错误。为此，MySQL 提供了临时修改命令结束标记的命令 DELIMITER。

格式为：

重置命令结束符
（DELIMITER）

```
DELIMITER <新结束符>
```

【例 5-8】使用 DELIMITER 命令分别将 MySQL 命令结束符改为 "$$" 和 ";" 并查询 student 表中的张姓学生。

```
Mysql>DELIMITER $$
Mysql>SELECT * FROM student WHERE sname LIKE '张%' $$   /*$$就是新设置的结束符*/
Mysql>DELIMITER ;
Mysql>SELECT * FROM student WHERE sname LIKE '张%';    /*;就是复原后的结束符*/
```

3. BEGIN-END 语句块

BEGIN-END 语句块经常用于存储过程、函数和触发器等模块程序的复合结构里。主要格式如下：

```
[开始标签:]
BEGIN
    [局部]变量的声明;
    错误触发条件的声明;
```

```
    游标的声明；
    错误处理程序的声明；
    业务逻辑代码；
END[结束标签];
```

4．注释语句

注释语句用于辅助说明代码的含义，它是软件设计中一项重要的技术要求。MySQL 支持以下 3 种注释写法。

（1）#<注释内容>：适合单行注释。

（2）/*<注释内容>*/：适合单行和多行注释。

（3）-- <注释内容>：适合单行注释。

需要特别注意的是，第（3）种方法的 -- 符号和注释内容之间必须加一个半角空格。

5.2.3　流程控制

MySQL 程序主要有 3 种流程控制结构：顺序结构、条件结构和循环结构。

顺序结构包括赋值语句、输入和输出语句，我们已在前面变量定义和赋值中对此进行了介绍。下面重点分析条件结构和循环结构。

1．条件结构

MySQL 条件结构主要有如下 3 种实现形式。

（1）IF 函数

IF 函数实现简单两路分支。格式为：

```
IF(<条件表达式>,exp1,exp2)
```

其功能是先计算并判断<条件表达式>的值，为真，则 IF 函数返回表达式 exp1 的结果；为假，IF 函数返回表达式 exp2 的结果。例如，IF(2>3,2+5,2*5)返回 10。

（2）IF 语句

① 单路分支。格式为：

```
IF <条件表达式> THEN 语句 END IF;
```

其功能是先计算并判断<条件表达式>的值，为真，则执行 THEN 后的语句；为假，则直接结束。

② 两路分支。格式为：

```
IF <条件表达式> THEN 语句1 ELSE 语句2 END IF;
```

其功能是先计算并判断<条件表达式>的值，为真，则执行 THEN 后的语句 1；为假，则执行 ELSE 后的语句 2。

③ 多路分支。格式为：

```
IF <条件表达式1> THEN 语句1;
ELSEIF <条件表达式2> THEN 语句2;
......
[ELSE 语句n;]
END IF;
```

其功能是先计算并判断<条件表达式 1>的值，为真，则执行语句 1；为假，则接着计算并判断<条件表达式 2>的值。该表达式为真，则执行语句 2；为假，则继续判断处理。如果所有条件表达式都为假，ELSE 子句存在就执行其后的语句；不存在就直接结束。

【例 5-9】已知雇员表 employees(eid,ename,salary)，编写程序段实现功能：依据给定变量值 sal 对雇员表进行处理。如果 sal<2000，则删除相同 salary 字段值的记录；如果 5000>sal≥2000，则对应 salary 字段涨工资 1000，否则对应 salary 字段涨工资 500。

```
IF sal<2000 THEN DELETE FROM employees WHERE employees.salary=sal;
ELSEIF sal>=2000 AND sal<5000 THEN UPDATE employees SET salary=salary+1000 WHERE
employees. salary=sal;
ELSE UPDATE employees SET salary=salary+500 WHERE employees. salary=sal;
END IF;
```

（3）CASE 语句

格式为：

```
CASE <条件表达式>
    WHEN 值1 THEN 语句1;
    WHEN 值2 THEN 语句2;
    ……
    [ELSE 语句 n;]
END CASE;
```

其功能性是先计算并判断<条件表达式>的值，然后分别与 WHEN 子句后的值 1、值 2 等比较，找到相等的值就执行对应 THEN 后的语句。如果所有比较判断都不相等，ELSE 子句存在就执行其后的语句；不存在就直接结束。

【例 5-10】编写程序段实现功能：依据传入成绩 score 输出不同信息。如果成绩高于或等于 90 分，输出 A；如果成绩为 89～80 分，输出 B；如果成绩为 79～60 分，输出 C，否则输出 D。

```
DECLARE ch CHAR DEFAULT 'A';
CASE
    WHEN score>90 THEN SET ch='A';
    WHEN score>80 THEN SET ch='B';
    WHEN score>60 THEN SET ch='C';
    ELSE SET ch='D';
END CASE;
SELECT ch;
```

2. 循环结构

MySQL 循环结构主要有如下实现形式。

（1）WHILE-DO 语句

格式为：

```
WHILE <条件表达式> DO    -- 继续循环的条件
    循环体;
END WHILE;
```

其功能是先计算和判断<条件表达式>的值，为真，执行循环体；为假，结束循环。

（2）REPEAT-UNTIL 语句

格式为：

```
REPEAT
    循环体;
    UNTIL <条件表达式>    -- 跳出循环的条件
END REPEAT;
```

其功能是先执行循环体，再计算和判断<条件表达式>的值，为真，结束循环；为假，继续执行循环体。

（3）LOOP 语句

格式为：

```
循环标签:LOOP
    循环体;
    IF <条件表达式> THEN LEAVE 循环标签;   -- 跳出循环的条件
    END IF;
END LOOP;
```

（4）LEAVE 和 ITERATE

ITERATE 类似于 CONTINUE，用于结束本次循环，继续下一次循环；LEAVE 类似于 BREAK，用于结束当前循环。其格式为：

```
LEAVE 循环标签;
```

或

```
ITERATE 循环标签;
```

注意

  循环标签就是给循环起的名称。开发人员可以在循环开始前加上循环标签（格式为：循环标签:），也可以在循环结束语句后标记循环标签（如 END WHILE 循环标签;）。

【例 5-11】已知关系表 admin(uname, upassword)，编写程序段实现功能：给定次数参数，向 admin 表批量插入多条记录。

说明：为了保持程序代码完整，这里将代码组织在存储过程设计中。关于存储过程的概念，后续章节中将介绍，这里重点关注其中的循环语句使用。

```
DELIMITER $$
CREATE PROCEDURE pro_while1(IN insertCount INT)
BEGIN
    DECLARE i INT DEFAULT 1;
    WHILE i<=insertCount DO
        INSERT INTO admin(uname,upassword) VALUES(CONCAT('Rose',i),'666');
        SET i=i+1;
    END WHILE;
END$$
DELIMITER ;
```

调用该存储过程：CALL pro_while1(5);。

admin 表批量插入的 5 条记录如图 5-4 所示。

jxgl.admin: 5 总记录数 (大约)	
uname	upassword
Rose1	666
Rose2	666
Rose3	666
Rose4	666
Rose5	666

图 5-4　循环结构批量插入数据结果

【例5-12】已知关系表 admin(uname,upassword)，编写程序段实现功能：根据次数插入 admin 表中多条记录，如果次数大于 20 则停止（添加 LEAVE 语句）。

```
DELIMITER $$
CREATE PROCEDURE test_while1(IN insertCount INT)
BEGIN
    DECLARE i INT DEFAULT 1;
    a:WHILE i<=insertCount DO
        INSERT INTO admin(uname,upassword) VALUES(CONCAT('xiaohua',i),'0000');
        IF i>=20 THEN LEAVE a;
        END IF;
        SET i=i+1;
    END WHILE a;
END $$
DELIMITER ;
```

调用该存储过程：CALL test_while1(30);，观察并分析 admin 表的追加结果。

【例5-13】已知关系表 admin(uname,upassword)，编写程序段实现功能：根据次数插入 admin 表中多条记录，只插入偶数次（添加 ITERATE 语句）。

```
DELIMITER $$
CREATE PROCEDURE test_while1(IN insertCount INT)
BEGIN
    DECLARE i INT DEFAULT 0;
    a:WHILE i<=insertCount DO
        SET i=i+1;
        IF MOD(i,2)!=0 THEN ITERATE a;
        END IF;
        INSERT INTO admin(username,'password') VALUES(CONCAT('xiaohua',i),
'0000');
    END WHILE a;
END $$
DELIMITER ;
```

调用该存储过程：CALL test_while1(10);，观察并分析 admin 表的追加结果。

5.2.4 系统函数

系统函数

MySQL 系统函数就是 MySQL 数据库提供的内置函数。MySQL 的内置函数可以对表中数据进行相应的处理，以便得到用户希望得到的数据。有了这些内置函数可以使 MySQL 数据库的功能更加强大。

1. 数学函数

数学函数是 MySQL 中常用的一类函数。其主要用于处理数字，如整数和浮点数等。

（1）ABS(X)函数：返回 X 的绝对值。

SELECT ABS(8);	输出结果：8
SELECT ABS(-8);	输出结果：8

（2）FLOOR(X)函数：返回不大于 X 的最大整数。

SELECT FLOOR(1.3);	输出结果：1
SELECT FLOOR(1.8);	输出结果：1

（3）CEIL(X)、CEILING(X)函数：返回不小于 X 的最小整数。

```
SELECT CEIL(1.3);               输出结果：2
SELECT CEILING(1.8);            输出结果：2
```

（4）TRUNCATE(X,D)函数：返回数值 X 且保留到小数点后 D 位，截断时不进行四舍五入。

```
SELECT TRUNCATE(1.2328,3);      输出结果：1.232
```

（5）ROUND(X)函数：返回离 X 最近的整数，截断时要进行四舍五入。

```
SELECT ROUND(1.3);              输出结果：1
SELECT ROUND(1.8);              输出结果：2
```

（6）ROUND(X,D)函数：保留 X 小数点后 D 位的值，截断时要进行四舍五入。

```
SELECT ROUND(1.2323,3);         输出结果：1.232
SELECT ROUND(1.2328,3);         输出结果：1.233
```

（7）RAND( )函数：返回 0～1 的随机数。

```
SELECT RAND();                  输出结果：0.6198285246452583
```

（8）SIGN(X)函数：返回 X 的符号（负、零或正）对应的返回值-1、0 或 1。

```
SELECT SIGN(-8);                输出结果：-1
SELECT SIGN(0);                 输出结果：0
SELECT SIGN(8);                 输出结果：1
```

（9）MOD(N,M)函数：返回 N 除以 M 以后的余数。

```
SELECT MOD(8,2);                输出结果：0
SELECT MOD(9,2);                输出结果：1
```

2. 字符串函数

字符串函数是 MySQL 中十分常用的一类函数，它主要用于处理表中的字符串。

（1）CHAR_LENGTH(str)函数：计算字符串字符个数。

```
SELECT CHAR_LENGTH('博湖的风光');    输出结果：5
```

（2）LENGTH(str)函数：返回值为字符串 str 的长度，单位为字节。

```
SELECT LENGTH('Bohu');          输出结果：4
SELECT LENGTH('博湖');           输出结果：6
SELECT LENGTH('北京 昌平');       输出结果：13
```

（3）CONCAT(s1,s2,…)函数：返回连接参数产生的字符串，一个或多个待拼接的内容，任意一个为 NULL 则返回值为 NULL。

```
SELECT CONCAT('现在的时间：',NOW());
输出结果：现在的时间：2022-08-22 18:47:11
```

（4）CONCAT_WS(x,s1,s2,…)函数：返回多个字符串拼接之后的字符串，每个字符串之间有一个 x 分隔符。

```
SELECT CONCAT_WS(',','北京','昌平','南邵');
输出结果：北京,昌平,南邵
```

（5）INSERT(s1,x,len,s2)函数：返回字符串 $s1$，其子字符串起始于位置 x，被字符串 $s2$ 取代 len 个字符。

```
SELECT INSERT('您好，欢迎访问 bohu 的风光',8,4,'博湖');
输出结果：您好，欢迎访问博湖的风光
```

（6）LEFT(s,n)、RIGHT(s,n)函数：前者返回字符串 s 从最左边开始的 n 个字符；后者返回字符串 s 从最右边开始的 n 个字符。

```
SELECT LEFT('您好，欢迎访问 bohu 的风光',7);     输出结果：您好，欢迎访问
SELECT RIGHT('您好，欢迎访问 bohu 的风光',7);    输出结果：bohu 的风光
```

（7）REPLACE(s,s1,s2)函数：返回一个字符串，用字符串 *s2* 替代字符串 *s* 中所有的字符串 *s1*。

```
SELECT REPLACE('您好，欢迎访问 bohu 的风光','bohu','博湖');
输出结果：您好，欢迎访问博湖的风光
```

（8）SUBSTRING(s,n,len)、MID(s,n,len)函数：两个函数作用相同，从字符串 *s* 中返回一个第 *n* 个字符开始、长度为 *len* 的字符串。

```
SELECT SUBSTRING('您好，欢迎访问 bohu 的风光',8,14);      输出结果：bohu 的风光
SELECT MID('您好，欢迎访问 bohu 的风光',8,7);            输出结果：bohu 的风光
```

（9）LOCATE(str1,str)、POSITION(str1 IN str)、INSTR(str,str1)函数：3 个函数作用相同，返回子字符串 *str1* 在字符串 *str* 中的开始位置（从第几个字符开始）。

```
SELECT LOCATE('bohu','您好，欢迎访问 bohu 的风光');      输出结果：8
SELECT POSITION('bohu' IN '您好，欢迎访问 bohu 的风光');   输出结果：8
SELECT INSTR('您好，欢迎访问 bohu 的风光','bohu');        输出结果：8
```

（10）FIELD(s,s1,s2,…)函数：返回第一个与字符串 *s* 匹配的字符串的位置。

```
SELECT FIELD('chinese','china','中国','chinese','cn');
输出结果：3
```

3. 日期和时间函数

日期和时间函数是 MySQL 中另一类十分常用的函数。其主要用于对表中的日期和时间数据进行处理。

（1）CURDATE( )、CURRENT_DATE( )函数：返回当前日期，格式为 yyyy-mm-dd。

```
SELECT CURDATE();               输出结果：2022-08-22
SELECT CURRENT_DATE();          输出结果：2022-08-22
```

（2）CURTIME( )、CURRENT_TIME( )函数：返回当前时间，格式为 hh:mm:ss。

```
SELECT CURTIME();               输出结果：16:18:28
SELECT CURRENT_TIME();          输出结果：16:18:28
```

（3）NOW( )、CURRENT_TIMESTAMP( )、LOCALTIME( )、SYSDATE( )、LOCALTIMESTAMP( )函数：返回当前日期和时间，格式为 yyyy-mm-dd hh:mm:ss。

```
SELECT NOW();                   输出结果：2022-08-22 16:28:58
SELECT CURRENT_TIMESTAMP();     输出结果：2022-08-22 16:28:58
SELECT LOCALTIME();             输出结果：2022-08-22 16:28:58
SELECT SYSDATE();               输出结果：2022-08-22 16:28:58
SELECT LOCALTIMESTAMP();        输出结果：2022-08-22 16:28:58
```

（4）DATEDIFF(d1,d2)函数：计算日期 *d1* 与 *d2* 之间相隔的天数。

```
SELECT DATEDIFF('2022-8-17','2022-8-10');    输出结果：7
```

（5）ADDDATE(d,n)函数：计算起始日期 *d* 加上 *n* 天的日期。

```
SELECT ADDDATE('2022-8-17',3);                      输出结果：2022-08-20
```

（6）ADDDATE(d,INTERVAL expr type)函数：计算起始日期 *d* 加上一个时间段后的日期。例如，将日期 2021-1-17 加上一年两个月后的日期。

```
SELECT ADDDATE('2021-1-17',INTERVAL '1 2' YEAR_MONTH);
输出结果：2022-03-17
```

（7）DATE_FORMAT(d,f)函数：按照表达式 *f* 的要求显示日期。

```
SELECT DATE_FORMAT(NOW(),'%y 年%m 月%d 日 %h 时%i 分%s 秒');
输出结果：2021 年 01 月 22 日 19 时 10 分 08 秒
```

4. 条件判断函数

条件判断函数用来在 SQL 语句中进行条件判断。根据不同的条件，执行不同的 SQL 语句。

MySQL 支持的条件判断函数及其作用如下。

（1）IF(cond,exp1,exp2)函数：进行条件判断。*cond* 为真，返回 *exp1*，否则返回 *exp2*。

```
SELECT IF(TRUE,'beijing','shanghai');        输出结果：beijing
SELECT IF(FALSE,'beijing','shanghai');       输出结果：shanghai
```

（2）IFNULL(exp1,exp2)函数：进行空值处理。*exp1* 为空，返回 *exp2*，否则返回 *exp1*。

```
SELECT IFNULL(NULL,'haha');                  输出结果：haha
SELECT IFNULL('beijing','haha');             输出结果：beijing
```

5. 系统信息函数

系统信息函数用来查询 MySQL 数据库的系统信息。

（1）VERSION( )、CONNECTION_ID( )、DATABASE( )函数：获取 MySQL 版本号、连接数和数据库名。

```
SELECT VERSION();                输出结果：8.0.21
SELECT CONNECTION_ID();          输出结果：8
SELECT DATABASE();               输出结果：jxgl
```

（2）CURRENT_USER( )：获取当前用户。

```
SELECT CURRENT_USER();           输出结果：root@localhost
```

6. 格式化函数

FORMAT(X,D)函数：将数字 *X* 格式化，且保留到小数点后 *D* 位，截断时要进行四舍五入。

```
SELECT FORMAT(1.2323,3);         输出结果：1.232
SELECT FORMAT(1.2328,3);         输出结果：1.233
```

5.3 存储过程

存储过程（Stored Procedure）是一组为了完成特定功能而编写的 SQL 语句集，它经编译后被存储在数据库服务器端。用户可以通过指定存储过程的名称并给定参数（如果该存储过程带有参数）来调用执行它。

5.3.1 存储过程的概念和作用

存储过程在数据库中创建并保存，由 SQL 语句和控制结构组成。存储过程是数据库的一个重要功能，但 MySQL 5.0 以前的版本并不支持存储过程，因此应用便利性上会大打折扣。MySQL 5.0 支持存储过程，一方面可以极大提高数据库的处理速度，另一方面可以增强数据库编程的灵活性。

存储过程主要有下面的作用和特点。

（1）增强 SQL 语言的功能和灵活性：存储过程可以用控制语句编写，有很强的灵活性，并且可以完成复杂的判断和逻辑运算。

（2）标准组件式编程：创建的存储过程可以在程序中被多次调用，而不必重新编写该存储过程的 SQL 语句。

（3）较快的执行速度：存储过程是预编译的，即只需在首次运行一个存储过程时查询优化器对其进行分析与优化，给出最终执行计划。以后再运行该存储过程时，直接调用即可，效率更高。

（4）减少网络流量：存储过程被组织、保存在服务器端使用，客户计算机上调用该存储过程时，网络中传送的只是该存储过程的调用语句，从而可极大减少网络流量并降低网络负载。

（5）达成一种安全机制：通过对执行某一存储过程的权限进行限制，能够实现对相应数据访问权限的限制，以避免非授权用户对数据的访问，保障数据的安全。

5.3.2　存储过程的定义和使用

1. 存储过程的定义

存储过程的定义格式为：

CREATE PROCEDURE <过程名>([参数列表]) [特性…] <过程体>

主要参数说明如下。

（1）<过程名>：存储过程的名称，默认在当前数据库中创建。这个名称应当尽量避免与 MySQL 的内置函数名称相同。

（2）参数列表：存储过程的参数列表。其格式为：

[IN|OUT|INOUT] <参数名 1> 数据类型 1[,[IN|OUT|INOUT] <参数名 2> 数据类型 2…]

其中多个参数间用逗号分隔；输入参数、输出参数和输入/输出参数 3 种参数类型，分别用 IN/OUT/INOUT 标识；参数的取名不要与数据表的列名相同。

（3）特性：存储过程的某些特征，分别介绍如下。

① COMMENT 'string'：用于对存储过程的描述。其中 string 为描述内容；COMMENT 为关键字。

② LANGUAGE SQL：指明编写这个存储过程的语言为 SQL 语言。这个选项可以不指定。

③ DETERMINISTIC：表示存储过程对同样的输入参数产生相同的结果。若为 NOT DETER-MINISTIC，则表示会产生不确定的结果（默认）。

④ contains sql | no sql | reads sql data | modifies sql data：特征选项，它们的含义说明如下。

contains sql：表示存储过程包含读或写数据的语句（默认）。

no sql：表示不包含 sql 语句。

reads sql data：表示存储过程只包含读数据的语句。

modifies sql data：表示存储过程只包含写数据的语句。

⑤ sql security：用来指定存储过程是使用创建该存储过程用户（definer）的许可来执行还是使用调用者（invoker）的许可来执行。默认是 definer。

（4）<过程体>：存储过程的主体部分，其中包含在过程调用的时候必须执行的 SQL 语句。存储过程体以 BEGIN 开始，以 END 结束。如果存储过程体中只有一条 SQL 语句，则可以省略 BEGIN-END 标识。

关于存储过程的定义有如下几点说明。

（1）关于命令分隔符

MySQL 默认 SQL 语句以 “;” 为命令结束符。如果没有更改结束符，MySQL 命令行创建存储过程时，编译器遇到过程体内部语句的 “;” 结束符就会进行处理，导致存储过程创建提前终止并报错。

例如，设计存储过程 myproc 返回 Student 表中的学生数。

```
CREATE PROCEDURE myproc(OUT s int)
BEGIN
    SELECT COUNT(*) INTO s FROM Student;
END;
```

在 MySQL 命令行中逐行输入上述代码，就会提示报错信息，如图 5-5 所示。

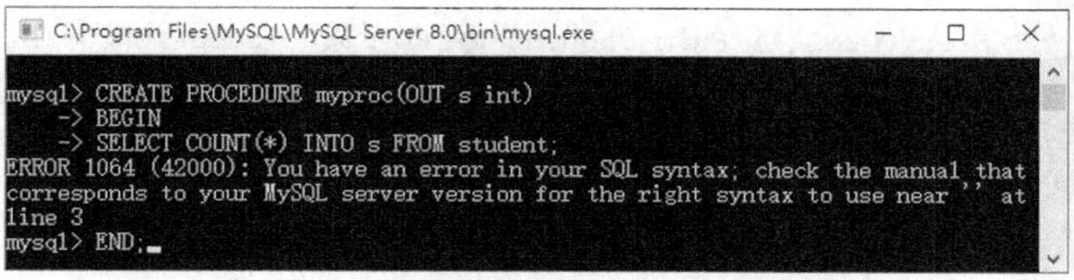

图 5-5 创建存储过程中命令结束符处理不当的报错信息

我们可以使用 5.2.2 小节介绍的重置结束符命令"DELIMITER"来解决创建存储过程时的结束符问题。修改后的代码如下。

```
DELIMITER //                 -- 重置 MySQL 命令行命令结束符为//
CREATE PROCEDURE myproc(OUT s int)
BEGIN
    SELECT COUNT(*) INTO s FROM Student; -- 编译器遇到";",不会立刻返回
END//                        -- 在存储过程结束位置遇到"//",执行并返回
DELIMITER ;                  -- 习惯上,最后要复原默认结束符";"
```

（2）关于参数

参数类型 IN、OUT 和 INOUT 的具体含义如下。

① IN：参数的值必须在调用存储过程时指定。

② OUT：该值可在存储过程内部被改变，并可返回值。

③ INOUT：调用时可以指定参数值，并且参数值可被改变和返回。

（3）关于过程体

过程体的开始与结束使用 BEGIN 与 END 进行标识。

（4）关于特性参数

利用 MySQL 客户端命令行来创建存储过程，特性参数部分可以忽略，系统会做自动判断处理。当使用第三方客户端工具以可视化形式创建存储过程时，我们需要考虑和选择好这些相关特性参数，有关的操作将在第 6 章进行说明。

2. 存储过程的使用

存储过程的使用主要通过 CALL 命令来调用。格式如下：

```
CALL <存储过程名([实参1[,实参2,…]])>;
```

3. 存储过程案例分析

【例 5-14】定义无参存储过程 myproc1，查询 Student 表中各个学院男、女学生的人数。

```
DELIMITER //
CREATE PROCEDURE myproc1()
BEGIN
    SELECT Sdept,Ssex,COUNT(*) FROM Student GROUP BY Sdept,Ssex;
END//
DELIMITER ;
```

调用存储过程 CALL myproc1();，输出结果如图 5-6 所示。

【例 5-15】定义有参存储过程 myproc2，依据学院参数查询 Student 表中对应学院男、女学生的人数。（以 IN 参数为例）

```
DELIMITER //
CREATE PROCEDURE myproc2(IN pdept CHAR(2))
BEGIN
```

```
    SELECT Ssex,COUNT(*) FROM Student WHERE Sdept=pdept GROUP BY Ssex;
END//
DELIMITER ;
```
调用存储过程 CALL myproc2('信息');，输出结果如图 5-7 所示。

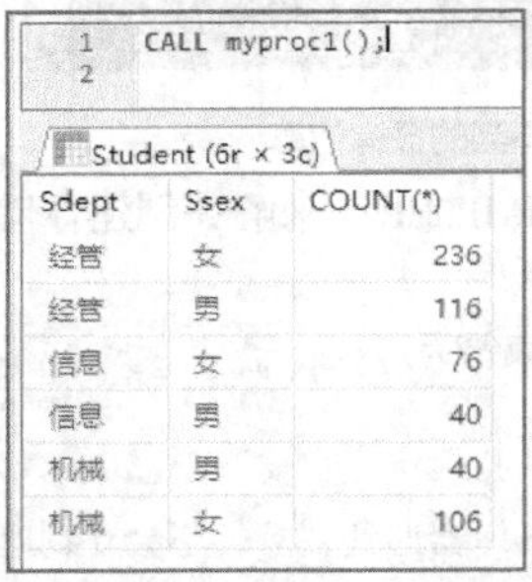

图 5-6　查询 Student 表各学院男、女学生的人数 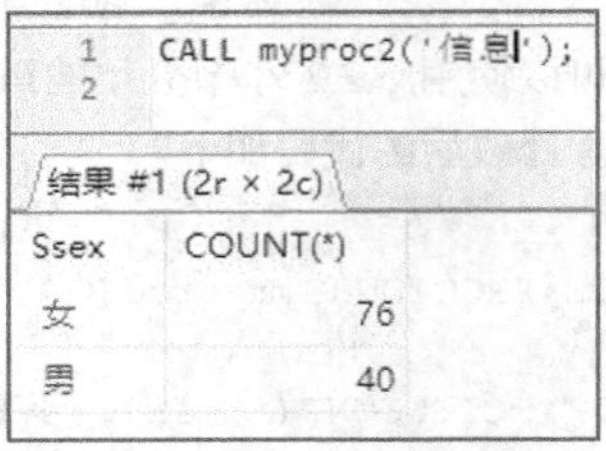　　　图 5-7　查询 Student 表中指定学院男、女学生的人数

【例 5-16】定义有参存储过程 myproc3，查询 Student 表中学生的平均年龄并返回这个年龄值。（以 OUT 参数为例）

```
DELIMITER //
CREATE PROCEDURE myproc3(OUT mAge FLOAT)
BEGIN
    SELECT AVG(Sage) INTO mAge FROM Student;
END//
DELIMITER ;
```
调用存储过程并输出返回的平均年龄值。

```
CALL myproc3(@sage);    -- 这里使用会话变量@sage 来保存 OUT 参数返回的年龄值
SELECT @sage;
```
输出结果如图 5-8 所示。

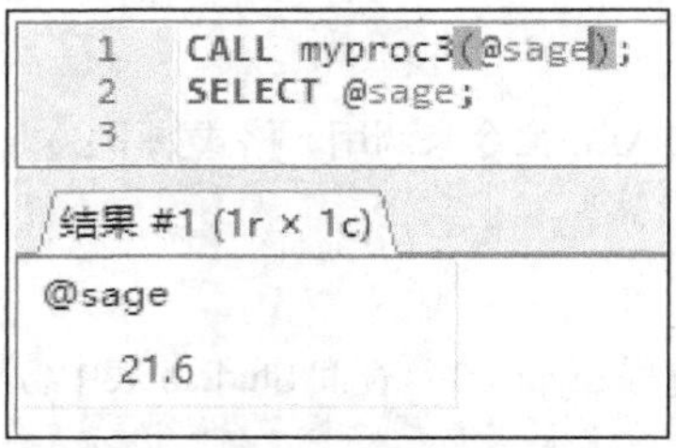

图 5-8　查询并返回 Student 表学生的平均年龄值

【例 5-17】定义有参存储过程 myproc4，依据学号参数查询选课表 SC 中该学生的选课门数并返回其学号和选课数。（以 INOUT 参数为例）

```
DELIMITER //
CREATE PROCEDURE myproc4(INOUT mm VARCHAR(30))
BEGIN
    DECLARE n INT;
    SELECT COUNT(*) INTO n FROM SC WHERE Sno=mm;
    SET mm=CONCAT(mm,'-',n);    -- 将参数 mm 和选课数 n 进行合并处理并返回
END//
DELIMITER;
```

调用存储过程输入学号并返回该学生选课数。

```
SET @s='2021030112';
CALL myproc4(@s);  -- 这里使用会话变量@s来传送和保存 INOUT 参数值
SELECT @s;
```

输出结果如图 5-9 所示。由输出结果可知，已查到学号为 2021030112 学生的选课数为 7。

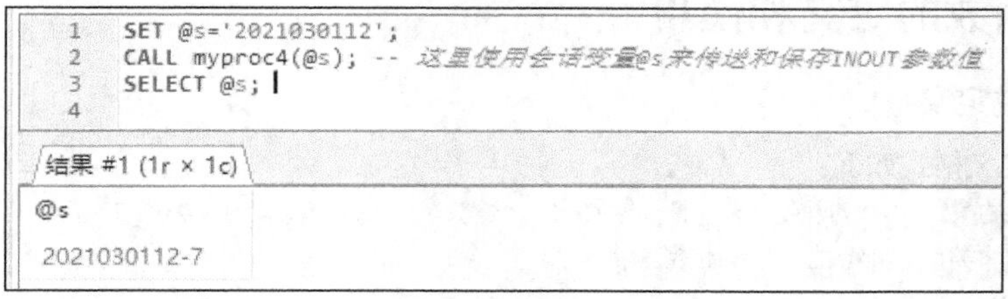

图 5-9　查询并返回 Student 表中指定学生的有关信息

5.3.3　存储过程的管理、修改和删除

1. 存储过程的管理

使用 SHOW PROCEDURE STATUS;语句可以查看数据库中存在的存储过程；使用 SHOW CREATE PROCEDURE <存储过程名>;语句可以查看数据库中某个具体的存储过程内容，其中<存储过程名>用于指定该存储过程的名称。

2. 存储过程的修改

使用 ALTER PROCEDURE 语句可以修改存储过程的某些相关特征。若要修改存储过程的内容，则需要先删除该存储过程，然后重新创建。

3. 存储过程的删除

存储过程被创建后，一直保存在数据库服务器上以供使用，直至被删除。删除存储过程可以使用 DROP PROCEDURE 语句来实现。格式如下：

```
DROP PROCEDURE [IF EXISTS] <存储过程名>;
```

这里，<存储过程名>为指定要删除的存储过程名称；IF EXISTS 关键字用于防止因误删不存在的存储过程而引发错误。

5.4　函数

MySQL 本身提供了系统内置函数，这些函数给日常的开发和数据操作带来很大便利。但实际开发会出现现有系统内置函数满足不了要求的情况，此时需要用户自己定义函数。MySQL 提供的用户自定义函数（简称函数）命令就是为了解决这个问题。

5.4.1　函数的概念和作用

MySQL 函数是一种与存储过程十分相似的模块化数据库对象。它与存储过程一样，都是由 SQL 语句和流程控制语句组成的代码片段，并且可以被应用程序和其他 SQL 语句调用。

函数与存储过程之间存在如下几点区别。

（1）函数不能拥有 OUT 参数和 INOUT 参数，这是因为函数自身就是输出参数；而存储过程可以拥有输出参数。

（2）函数有返回值，必须包含一条 RETURN 语句，而这条特殊的 SQL 语句不允许包含于存储过程中。

（3）用户可以直接对函数进行调用且不需要使用 CALL 语句，而对存储过程的调用需要使用 CALL 语句。

5.4.2 函数的定义和使用

1. 函数定义

函数的定义格式如下：

```
CREATE FUNCTION <函数名> （[ <参数1> <类型1> [,<参数2> <类型2>] ] …）
RETURNS <类型> [特性…] <函数体>
```

主要参数说明如下。

（1）<函数名>：指定函数名称。注意，自定义函数不能与存储过程具有相同的名称。

（2）<参数> <类型>：用于指定函数参数。这里的参数只有名称和类型，不能指定关键字 IN、OUT 和 INOUT。

（3）RETURNS <类型>：用于指定函数返回值的数据类型。其中，<类型>为 MySQL 数据库的主要数据类型。

（4）特性：函数的某些特征，具体内容参见前面存储过程定义的特性说明。

（5）<函数体>：函数的主体部分。所有在存储过程中使用的 SQL 语句在自定义函数中同样适用，如前面所介绍的局部变量、SET 语句、流程控制语句、游标等。

除此之外，函数体还必须包含一个 RETURN <值> 语句，其中<值>用于指定自定义函数的返回值。

注意

在 RETURN <值>语句中<值>部分包含 SELECT 语句时，SELECT 语句的返回结果只能是一行且只能有一列值，即单值。

---

2. 函数调用

函数调用格式如下：

```
<函数名>（[ <实参1> [,<实参2>] ] …）
```

对于有参函数的使用，要求实参数量和类型与形参数量和类型一致。

3. 函数案例分析

【例 5-18】创建无参函数 GetNum，返回 Student 表中年龄大于 24 岁的学生人数。

```
CREATE FUNCTION GetNum()
RETURNS INT
RETURN (SELECT COUNT(*) FROM Student WHERE Sage>24);
```

使用 SELECT 命令来调用用户自定义的函数：SELECT GetNum( );，输出结果如图 5-10 所示。

【例 5-19】创建有参函数 GetNumBySex，依据性别参数查询并返回 Student 表中该性别对应的学生人数。

```
CREATE FUNCTION GetNumBySex(ss CHAR(1))
RETURNS INT
RETURN (SELECT COUNT(*) FROM Student WHERE Ssex=ss);
```

使用 SELECT 命令来调用用户自定义的函数：SELECT GetNumBySex ('女');，输出结果如图 5-11 所示。

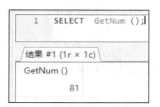
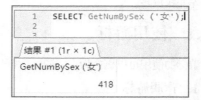

图 5-10　查询并返回 Student 表中年龄大于 24 岁的学生人数　图 5-11　查询并返回 Student 表中性别为"女"的学生人数

5.4.3　函数的管理、修改和删除

1. 函数的管理

使用 SHOW FUNCTION STATUS;语句可以查看数据库中存在的函数；使用 SHOW CREATE FUNCTION <函数名>;语句可以查看数据库中某个具体的函数内容。

2. 函数的修改

使用 ALTER FUNCTION 语句可以修改函数的某些相关特征。若要修改函数的内容，则需要先删除该函数，然后重新创建。

3. 函数的删除

删除函数可以使用 DROP FUNCTION 语句来实现。格式如下：

```
DROP FUNCTION [ IF EXISTS ] <函数名>;
```

这里，<函数名>为指定要删除的函数名称；IF EXISTS 关键字用于防止因误删除不存在的函数而引发错误。

5.5　游标

用户在编写存储过程或函数等模块程序时，有时需要存储 SELECT 查询结果集数据，并对结果集中的每条记录进行相关处理，这时可以通过 MySQL 的游标机制来加以解决。

游标本质上是一种能从 SELECT 结果集中每次提取一条记录的"指针"机制，因此游标与 SELECT 语句密切相关。现实生活中，在电话簿中寻找某个人的电话号码时，我们也经常会用"手"一条一条逐行扫过以帮助定位要查询的号码。对应于数据库来说，这就是"游标"（Cursor）的模型。电话簿类似查询结果集，手类似数据库中的游标。

简单来说，游标是系统为用户开设的一个数据缓冲区，存放 SQL 语句的执行结果。

游标的作用具体体现在以下 4 个方面。

（1）游标是映射在结果集中一行数据上的位置实体。有了游标，用户就可以访问结果集中的任意一行数据。将游标放置到某行后，即可对该行数据进行操作，例如提取当前行的数据等。

（2）游标实际上是一种能从包括多条数据记录的结果集中每次提取一条记录的机制，它充当指针的角色。尽管游标能遍历结果中的所有行，但一次只指向一行。

（3）概括来讲，SQL 的游标是一种临时的数据库对象，它既可以用来存放在数据库表中的数据行副本，也可以指向存储在数据库中的数据行的指针。游标提供在逐行的基础上操作表中数据的方法。

（4）游标的一个常见用途就是保存查询结果，以便以后使用。游标的结果集由 SELECT 语句产生。如果处理过程需要重复使用一个记录集，那么创建一次游标而重复使用若干次比重复查询数据库要快得多。

5.5.1　使用游标

游标的使用可以概括为声明游标、打开游标、提取数据及关闭游标 4 个主要步骤。

1.　声明游标

声明游标需要使用 DECLARE 语句，其语法格式如下：

```
DECLARE <游标名> CURSOR FOR SELECT 子句;
```

使用 DECLARE 语句声明游标后，此时与该游标对应的 SELECT 语句并没有执行，MySQL 服务器中并不存在与 SELECT 语句对应的结果集。

2.　打开游标

打开游标需要使用 OPEN 语句，其语法格式如下：

```
OPEN <游标名>;
```

使用 OPEN 语句打开游标后，与该游标对应的 SELECT 语句会被执行，MySQL 服务器内存中将存放与 SELECT 语句对应的结果集。

3.　提取数据

从游标中提取数据需要使用 FETCH 语句，其语法格式如下：

```
FETCH <游标名> INTO 变量1,变量2,…;
```

其功能就是将游标所指结果集当前行各个字段值保存到 INTO 后的变量列表中。这里，变量名的个数必须与声明游标时使用的 SELECT 语句结果集中的字段个数保持一致。第一次执行 FETCH 语句时，FETCH 语句从结果集中提取第一条记录，再次执行该语句时，FETCH 语句从结果集中提取第二条记录，依此类推。FETCH 语句每次从结果集中仅提取一条记录，因此一般需要配合循环结构才能实现对整个"结果集"的遍历。当使用 FETCH 语句从游标中提取最后一条记录后再执行 FETCH 语句时，将产生出错提示信息，需要进行必要处理。

4.　关闭游标

关闭先前打开的游标，其语法格式如下：

```
CLOSE <游标名>;
```

5.5.2　游标案例

下面通过搭建一个 MySQL 数据库环境来进行游标的操作说明。

1.　搭建数据库环境

为了能够直观地看到游标运行的效果，在 MySQL 客户端环境下运行下面代码来搭建一个简单的数据库环境。

```
create table stud (
    stuId int primary key auto_increment,   /*学号,自动递增型*/
    stuName varchar(20),
    stuSex varchar(2),
    stuAge int
```

```
)default charset=utf8;

insert into stud (stuName,stuSex,stuAge) values
('小明','男',20),
('小花','女',19),
('大赤','男',20),
('可乐','男',19),
('莹莹','女',19);
```
生成的学生表 stud 的结构和数据如图 5-12 所示。

jxgl.stud: 5 总记录数 (大约)			
stuId 🔑	stuName	stuSex	stuAge
1	小明	男	20
2	小花	女	19
3	大赤	男	20
4	可乐	男	19
5	莹莹	女	19

图 5-12　简单学生表 stud 的结构和数据

2. 案例分析

【例 5-20】定义存储过程使用游标来查询 stud 表中年龄大于 19 岁的学生。

```
delimiter //    -- 将命令终止符由默认的分号（;）临时改为双杠（//）
create procedure p1()
begin
    declare id int;    /*定义学号变量*/
    declare name varchar(100) character set UTF8;  /*定义姓名变量*/
    declare gender varchar(2) character set UTF8;  /*定义性别变量*/
    declare age int;    /*定义年龄变量*/
    declare done int default 0;    /*定义状态变量*/
    -- 声明游标
    declare mc cursor for select * from stud where stuAge>19;
    declare continue handler for not found set done=1;
    -- 打开游标
    open mc;
    -- 获取结果
    fetch mc into id,name,gender,age;
    -- 输出结果
    select id,name,gender,age;
    -- 关闭游标
    close mc;
end //
delimiter ;         -- 将命令终止符由双杠（//）复原为默认的分号（;）
```
调用存储过程 CALL p1();，输出结果如图 5-13 所示。

观察结果发现，这个游标操作只输出了满足年龄大于 19 岁的第一个学生"李明"的信息。结果符合预期，游标正常打开后，第一次执行 FETCH 语句取到的是符合条件结果集的第 1 条记录，游标本身不会下移。

要返回多条记录的结果，就必须不断执行 FETCH 语句去逐条获取。一般需要配合使用循环结构来实现游标"遍历"整个结果集的效果。

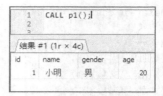

【例 5-21】创建一个存储过程定义游标并使用循环结构来统计学生表 stud 中年龄大于 19 岁的记录数量。

图 5-13　游标操作输出年龄大于 19 岁的学生的结果

```
-- 定义语法结束符号
delimiter //
-- 创建一个名称为 p2 的存储过程
create procedure p2()
begin
    -- 创建用于接收游标值的变量
    declare id,age,total int;
    -- 注意：接收游标值为中文时需要给变量指定字符集为 UTF-8
    declare name,sex varchar(20) character set UTF8;

    -- 游标结束的标志
    declare done int default 0;
    -- 声明游标
    declare cur cursor for select stuId,stuName,stuSex,stuAge from stud where
stuAge>19;
    -- 指定游标循环结束时的返回值
    declare continue handler for not found set done=1;
    -- 打开游标
    open cur;
    -- 初始化变量
    set total=0;
    -- loop 循环
    xxx:loop
        -- 根据游标当前指向的一条数据
        fetch cur into id,name,sex,age;
        -- 当游标的返回值为 1 时，退出 loop 循环
        if done=1 then
            leave xxx;
        end if;
        -- 累计
        set total=total+1;
    end loop;
    -- 关闭游标
    close cur;
    -- 输出累计的结果
    select total;
end //
delimiter ;
```

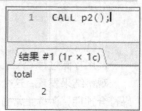

使用 CALL p2(); 语句调用存储过程的结果如图 5-14 所示。图 5-14 中的游标对符合条件的结果集进行了遍历计数操作，并返回了符合条件记录的条数 2。

图 5-14　游标遍历计数结果

5.6　触发器

触发器是与表的更新操作（增、删、改）有关的数据库对象，在满足对应更新条件时触发，并自动执行触发器中定义的语句集合。

5.6.1　触发器的概念和作用

在 MySQL 中，触发器是一个特殊的存储过程。通过定义目标表的触发器就可以监视用户的 DML 语句，然后可以在事件触发前或后去自动执行触发器要求的功能。

触发器的主要作用有以下 3 点。

（1）触发程序自动执行，当对触发程序相关表的数据做出相应的修改后立即执行。

（2）触发器可以实现表级联更新和级联删除操作，是实现数据完整性的一种机制。

（3）触发程序可以实施比 FOREIGN KEY 约束及 CHECK 约束更为复杂的检查和操作。

5.6.2　触发器的定义和使用

1．触发器的定义

触发器的定义格式为：

```
CREATE TRIGGER <触发器名> {BEFORE|AFTER} {INSERT|DELETE|UPDATE} ON
<目标表名> FOR EACH ROW <触发器体>;
```

主要参数说明如下。

（1）<触发器名>：创建的触发器名称。

（2）BEFORE|AFTER：指定触发器的执行时间。BEFORE 事件触发前执行；AFTER 事件触发后执行。

（3）INSERT|DELETE|UPDATE：定义触发器的事件。

（4）<目标表名>：指定触发器定义的目标表对象名称，即该表更新事件触发前后自动执行触发器代码。

（5）FOR EACH ROW：设置每一行都会执行相应的操作，其为默认项。

（6）<触发器体>：定义触发器的主要操作内容。这部分一般是在 BEGIN-END 结构内编写。

触发器的定义有如下两点说明。

（1）触发器的名称是唯一的，不能重复。MySQL 要求每个表唯一，而不是针对整个数据库，但还是建议在整个数据库范围中保证名称唯一。

（2）每个表的每个事件只能创建一次。例如，在 Student 表中已经创建了一个 BEFORE INSERT 事件，就不能再创建一次。

2．触发器工作原理和临时表使用

由上面触发器的定义看出，触发器设计有如下 4 个要素。

（1）监视地点（Table）。

（2）监视事件（Insert/Update/Delete）。

（3）触发时间（After/Before）。

（4）触发事件（INSERT/UPDATE/DELETE）。

简单来说，触发器的工作原理就是：当用户对监视地点的目标表进行监视事件的操作时，则会在指定触发时间去触发事件代码的执行。

MySQL 触发器触发运行时根据操作类型不同会动态生成临时表 NEW 和 OLD。

（1）在 INSERT 型触发器中，NEW 用来表示将要（BEFORE）或已经（AFTER）插入的新数据。

（2）在 UPDATE 型触发器中，OLD 用来表示将要或已经被修改的原数据，NEW 用来表示将要或已经修改为的新数据。

（3）在 DELETE 型触发器中，OLD 用来表示将要或已经被删除的原数据。

触发器里引用临时表某个字段的格式为：

```
OLD.<字段名>
```

或

```
NEW.<字段名>
```

注意

OLD 是只读的，而 NEW 可以在触发器中使用 SET 赋值，这样不会因使用 UPDATE 再次触发触发器，造成循环调用。

结合临时表引用，触发器设计有如下 3 点重要说明。

（1）在触发器体内对本表进行修改不能使用 UPDATE，一般直接使用 SET NEW.<字段>=<新值>的形式。

（2）NEW 在 BEFORE 触发器中可以赋值和取值，在 AFTER 触发器中只能取值。

（3）OLD 只用于取值，赋值没有意义。

3. 触发器案例分析

【例 5-22】创建触发器 MyTrig1，实现在选课表（SC 表）中增加一名学生的选课信息并自动设置其分数值为 0。

先给出一个错误设计方案如下。

```
DELIMITER //
CREATE TRIGGER MyTrig1 AFTER INSERT ON SC
FOR EACH ROW
BEGIN
    UPDATE SC SET NEW.Score=0;
END //
DELIMITER ;
```

分析发现，错误 1 是更改本表不能用 UPDATE，错误 2 是 NEW 表在 AFTER 触发器里只能读取值，不能赋值。

正确设计方案如下。

```
DELIMITER //
CREATE TRIGGER MyTrig1 BEFORE INSERT ON SC
FOR EACH ROW
BEGIN
    SET NEW.Score=0;
END //
DELIMITER ;
```

测试向 SC 表插入一条记录：

```
INSERT INTO SC ('Sno', 'Cno') VALUES ('2021030105', '003');
```
重新浏览 SC 表，找到新插入的记录和对应分数值如图 5-15 所示。

【例 5-23】创建触发器 MyTrig2，实现级联删除功能：当删除 Student 表中某个指定学生的记录时，系统自动将选课表 SC 中该学生的选课记录一并删除，以保证数据一致。

```
DELIMITER //
CREATE TRIGGER MyTrig2 AFTER DELETE ON Student
FOR EACH ROW
BEGIN
    DELETE FROM SC WHERE Sno=OLD.Sno;          -- 引用 OLD 表暂存的学号字段值
END //
DELIMITER ;
```
测试删除 Student 表中的一条记录：

```
DELETE FROM Student WHERE Sno='2021030102';
```
重新浏览 SC 表，会发现 SC 表中该学生对应选课记录已被删除，结果如图 5-16 所示。

jxgl.sc: 2,341 总记录数 (大约), 限制到 1,000		
Sno	Cno	Score
2021030101	001	90
2021030102	001	85
2021030104	001	59
2021030105	001	74
2021030105	003	0
2021030106	001	87
2021030107	001	73

图 5-15　触发器实现向 SC 表追加记录同时修改字段值

jxgl.sc: 2,341 总记录数 (大约), 限制到 1,000		
Sno	Cno	Score
2021030101	001	90
2021030104	001	59
2021030105	001	74
2021030105	003	0

图 5-16　触发器实现级联删除的结果

5.6.3　触发器的管理、修改和删除

1. 触发器的管理

使用 SHOW TRIGGERS;语句可以查看数据库中存在的各表的触发器；使用 SELECT * FROM information_schema.triggers WHERE TRIGGER_NAME='<触发器名>'; 语句可以查看数据库中某个具体的触发器内容。

2. 触发器的修改和删除

修改触发器可以通过删除原触发器，再以相同的名称创建新的触发器。

删除触发器可以使用 DROP TRIGGERS 语句来实现。格式如下：

```
DROP TRIGGERS [ IF EXISTS ] [数据库名] <触发器名>;
```
主要参数说明如下。

（1）<触发器名>：指定要删除的触发器名称。

（2）数据库名：指定触发器所在数据库的名称，可选项。若没有指定，则为当前默认的数据库。

（3）IF EXISTS：指定关键字，用于防止因误删除不存在的触发器而引发错误。

5.7　事务和锁

在数据库中，并发控制是指在多个用户/进程/线程同时对数据库进行操作时，保证事务的一致性和隔离性，最大限度地实现并发。

数据库并发处理主要采用锁机制，而事务是并发控制的基本单元。

5.7.1 事务机制

1. 事务概念

事务是一系列逻辑上不可分割的数据库操作序列。这些操作要么全做，要么全不做，它们是一个不可分割的工作单位。

一个事务通常对应一个完整的业务（例如，银行账户转账业务，该业务就是一个最小的工作单元），一个完整的业务需要用批量的 DML（INSERT、UPDATE、DELETE）语句共同联合完成。

事务只与 DML 语句有关，或者说有 DML 语句才有事务。业务逻辑不同，DML 语句的个数不同。

2. 以转账操作理解事务

银行账户转账过程中的转出转入是一个完整的业务，它是最小的单元，不可再分。也就是说，银行账户转账是一个事务。例如，表 5-6 所示为银行账户表 UAccount(uno（账号）,balance（余额）)，需进行转账操作。

表 5-6 银行账户表 UAccount

uno	balance
1	500
2	100

实施转账操作：从账户 1 向账户 2 转账 100，对应操作语句如下。

```
UPDATE UAccount SET balance=balance-100 WHERE uno=1;-- 账户 1 转出 100
UPDATE UAccount SET balance=balance+100 WHERE uno=2; -- 账户 2 转入 100
```

很明显，以上两条 DML 语句是一个业务里的两个操作，必须同时成功或者同时失败。同时成功意味着转账完成，同时失败意味着转账失败。只完成其中一条语句而另一条语句失败的场景是不能、也不允许出现的，这一点就需要定义事务去处理。

3. 事务操作

（1）事务定义

MySQL 数据库的事务分为隐式事务和显式事务两类。

① 隐式事务

MySQL 默认状态下会将当前会话各个操作命令的每条命令看成一个事务且执行后自动提交，即执行 SQL 语句后就会马上执行 COMMIT 操作，这样就是隐式事务的作用。例如，前文介绍的转账操作涉及两个 UPDATE 命令，默认情况下它们就是两个事务，显然这样不符合逻辑。

要将若干相关操作定义到一个事务中，这时就需要进行显式事务的处理。

② 显式事务

显式地开启一个事务就是使用命令 BEGIN 或 START TRANSACTION，或者执行命令 SET AUTOCOMMIT=0，用来禁止使用当前会话的自动提交。

例如，要将转账操作涉及的两个 update 命令定义在一个事务里，可以使用以下两个方法。

```
BEGIN;                          -- 开始一个新事务
UPDATE UAccount SET balance=balance-100 WHERE uno=1;
UPDATE UAccount SET balance=balance+100 WHERE uno=2;
```

或者

```
SET AUTOCOMMIT=0;  -- 关闭自动提交，开始新事务
UPDATE UAccount SET balance=balance-100 WHERE uno=1;
UPDATE UAccount SET balance=balance+100 WHERE uno=2;
```

注意

> 在存储过程中，MySQL 数据库的分析器会自动将 BEGIN 识别为 BEGIN…END，因此用户只能使用 START TRANSACTION 语句来开启一个事务。

（2）事务处理

对 MySQL 隐式事务可以直接用 SET 来改变默认的自动提交模式。命令如下：

```
SET AUTOCOMMIT=0;  -- 禁止自动提交
SET AUTOCOMMIT=1;  -- 开启自动提交
```

对 MySQL 显式事务可以使用 START TRANSACTION、ROLLBACK 和 COMMIT 来实现。其中，START TRANSACTION 表示开始一个事务，ROLLBACK 表示事务回滚结束，COMMIT 表示事务提交结束。掉线重连，没有 COMMIT/ROLLBACK 标识结束的事务都被放弃。也就是说，START TRANSACTION…COMMIT（或 ROLLBACK）是一个显式事务的完整周期。

（3）控制语句

事务操作过程中主要使用下面这些控制语句。

① BEGIN 或 START TRANSACTION：显式地开启一个事务。

② COMMIT：提交事务，并使已对数据库进行的所有修改成为永久性的。

③ ROLLBACK：回滚结束用户的事务，并撤销正在进行的所有未提交的修改。

④ SAVEPOINT <标识>：SAVEPOINT 允许在事务中创建一个标识点，一个事务中可以有多个 SAVEPOINT。

⑤ RELEASE SAVEPOINT <标识>：删除一个事务的指定标识点。当没有指定的标识点时，执行该语句会抛出一个异常。

⑥ ROLLBACK TO <标识>：把事务回滚到指定标识点。

【例 5-24】数据库事务操作。

```
USE jxgl;
CREATE TABLE transaction_test(id int(5)) ENGINE=innodb;  -- 创建数据表
SELECT * FROM transaction_test;-- 无记录
BEGIN;                         -- 开始事务
insert into transaction_test value(5);
insert into transaction_test value(6);
COMMIT;                        -- 提交结束
SELECT * FROM transaction_test;-- 查询到追加的 2 条记录
START TRANSACTION;             -- 开始事务
insert into transaction_test values(7);
ROLLBACK;                      -- 回滚结束
SELECT * FROM transaction_test;  # 因回滚，查询数据没有插入
```

运行结果如图 5-17 所示。其中，3 条 SELECT 语句的输出结果对应结果区 3 个卡片。

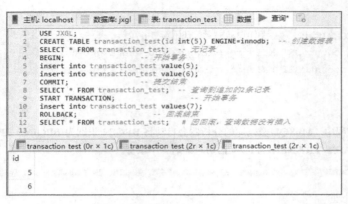

图 5-17 事务操作

5.7.2 事务 ACID 特征

事务有以下这 4 个基本特征。

1. 原子性（Atomicity）

事务开始后的所有操作要么全部做完，要么全部不做，不可能停滞在中间环节。事务执行过程中出错会回滚到事务开始前的状态，所有的操作就像没有发生一样。也就是说，事务是一个不可分割的整体，它就像我们在化学中学过的原子，是物质构成的基本单位。（不可分割）

2. 一致性（Consistency）

事务开始前和结束后，数据库的完整性约束没有被破坏。例如，账户 1 向账户 2 转账，不可能账户 1 扣了钱，账户 2 却没收到。（状态更改一致性）

3. 隔离性（Isolation）

同一时间只允许一个事务请求同一数据，不同的事务彼此没有任何干扰。例如，账户 1 正在从一张银行卡中取钱，账户 1 取钱的过程结束前，账户 2 不能向这张卡转账。（执行过程隔离不可见）

4. 持久性（Durability）

事务完成后，事务对数据库的所有更新会被保存到数据库，不能回滚撤销。（持久生效）

5.7.3 并发控制和锁机制

1. 并发冲突和并发异常

（1）并发冲突

当多个用户/进程/线程同时对数据库进行操作时，会出现 3 种并发冲突情况。

① 读-读（简称 RR）冲突：是指两个事务同时读取同一数据的并发冲突。这种并发冲突不存在任何问题。

② 读-写（简称 RW）冲突：是指两个事务一读一写同一数据的并发冲突。这种并发冲突有隔离性问题，可能遇到脏读和幻读等问题。

③ 写-写（简称 WW）冲突：是指两个事务同时写入同一数据的并发冲突。这种并发冲突可能遇到丢失更新问题。

并发冲突解决不好，就会产生并发异常。

（2）并发异常

如果对事务并发不加以控制，系统会出现以下 4 种异常情况。

① 丢失更新（Lost Update）：当两个或多个事务选择同一行，然后基于最初选定的值更新该行时，由于每个事务都不知道其他事务的存在，就会发生丢失更新问题，即最后的更新覆盖了由其他事务所做的更新。丢失更新属于 WW 冲突。

"丢失更新"分析示例如表 5-7 所示。

表 5-7　　　　　　　　　　　　　"丢失更新"分析示例

时间	事务 A（存款）	事务 B（存款）
T1	开始事务	……
T2	……	开始事务
T3	查询余额（余 1000 元）	……
T4	……	查询余额（余 1000 元）
T5	……	存入 200 元（余 1200 元）
T6	存入 300 元（余 1300 元）	……
T7	……	提交事务
T8	提交事务	……

余额应该为 1500 元才对。发生的异常由 T8 时间点事务 A 的提交覆盖了事务 B 的提交所致。

② 脏读（Dirty Reads）：一个事务正在对一条记录做修改，在这个事务完成并提交前，这条记录的数据就处于不一致状态；这时，另一个事务也来读取同一条记录，如果不加控制，第二个事务读取了这些"脏"数据，并据此做进一步的处理，就会产生未提交的数据依赖关系，这种现象被形象地叫作"脏读"。脏读属于 RW 冲突。

"脏读"分析示例如表 5-8 所示。

表 5-8　　　　　　　　　　　　　"脏读"分析示例

时间	事务 A（存款）	事务 B（取款）
T1	开始事务	……
T2	……	开始事务
T3	……	查询余额（余 1000 元）
T4	……	取出 300（余 700 元）
T5	查询余额（余 700 元）	……
T6	……	撤销事务（余 1000 元）
T7	存入 500 元（余 1200 元）	……
T8	提交事务	……

余额应该为 1500 元才对。请看 T5 时间点，事务 A 此时查询的余额为 700，这个数据就是脏数据。它是事务 B 造成的，很明显是事务没有进行隔离造成的。

③ 不可重复读（Non-Repeatable Reads）：一个事务在读取某些数据后的某个时间，再次读取以前读过的数据，却发现其读出的数据已经发生了改变或某些记录已经被删除了，这种现象就叫作"不可重复读"。不可重复读属于 RW 冲突。

"不可重复读"分析示例如表 5-9 所示。

表 5-9   **"不可重复读"分析示例**

时间	事务 A（查询）	事务 B（取款）
T1	开始事务	……
T2	……	开始事务
T3	……	查询余额（余 1000 元）
T4	查询余额（余 1000 元）	……
T5	……	取出 200 元（余 800 元）
T6	……	提交事务
T7	查询余额（800 元）	……
T8	提交事务	……

事务 A 其实除了查询两次以外，其他什么事情都没做，结果钱就从 100 元变成 800 元了。这种问题就是不可重复读的问题。

④ 幻读（Phantom Reads）：一个事务按相同的查询条件重新读取以前检索过的数据，却发现其他事务插入了满足其查询条件的新数据，这种现象就称为"幻读"。幻读属于 RW 冲突。

"幻读"分析示例如表 5-10 所示。

表 5-10   **"幻读"分析示例**

时间	事务 A（查询）	事务 B（追加或删除）
T1	开始事务	……
T2	……	开始事务
T3	查询交易数（18）	……
T4	……	查询交易数（18）
T5	……	存入或取出（增加一笔，为 19）
T6	查询交易数（19）	……
T7	……	提交事务
T8	提交事务	……

事务 A 连续查询账户所有存取交易数出现不一致情况。原因就在于事务 B 在并发过程中进行存取操作改变了账户的交易记录数，这个过程事务 A 并不"知情"，犹如"幻觉"，数据来去无踪。

2. 并发控制和锁

控制不同的事务对同一份数据的获取是保证数据库一致性的最根本方法。我们如果能够让事务在同一时间对同一资源有着独占的能力，就可以保证操作同一资源的不同事务不会相互影响。

数据库的并发处理主要应用两种机制，即加锁机制和版本并发控制（VCC）机制。

最简单的、应用最广的方法就是加锁机制，即当事务需要对资源进行操作时先获得资源对应的锁，保证其他事务不会访问该资源后，再对资源进行各种操作。

另外，MySQL 的一些存储引擎（如 InnoDB、BDB）除了使用封锁机制外，还同时结合 MVCC 机制，即多版本并发控制（Multi-Version Concurrent Control）机制来实现事务的并发控制，从而使得只读事务不用等待锁，可提高事务的并发性。

（1）读写锁

为了最大化数据库事务的并发能力，数据库中的锁被设计为两种模式，分别是共享锁（Share Lock，简称 S 锁）和排他锁（eXclude Lock，简称 X 锁）。当一个事务获得共享锁之后，它只可以进行读操作，所以共享锁也叫读锁；而当一个事务获得一行数据的排他锁时，就可以对该行数据进行读操作和写操作，所以排他锁也叫写锁。

事务并发控制加锁时，需要经历锁申请、锁获得和锁释放 3 个阶段。申请的锁要依据表 5-11 所示的锁兼容矩阵来判定是否立刻获得锁。"兼容"就获得锁，"不兼容"就只能等待。

表 5-11　　　　　　　　　　　　　　　　　　　锁的兼容矩阵

T2 ＼ T1	X	S	-（不加锁）
X	不兼容	不兼容	兼容
S	不兼容	兼容	兼容
-（不加锁）	兼容	兼容	兼容

（2）三级封锁协议

数据库想要在"合适"的时机锁定数据库操作，那么首先要定义好什么样的时机才算是"合适"，因为各个系统支持的业务千差万别，对数据的实时性和有效性的要求也不同。

针对何时加锁、加什么锁及何时释放锁，数据库理论提出了约定的规则，即封锁协议的概念，对不同的并发要求采用不同的封锁级别。

三级封锁协议包含 3 个封锁协议，其具体内容如下。

一级封锁协议：事务 T 在修改数据 R 之前必须先对其加 X 锁，直到事务结束才释放。事务结束包括正常结束（COMMIT）和非正常结束（ROLLBACK）。一级封锁协议可以防止丢失修改，并保证事务 T 是可恢复的。使用一级封锁协议可以解决丢失修改问题。在一级封锁协议中，如果仅读数据，不对其进行修改，是不需要加锁的，它不能保证可重复读和不读"脏"数据。

二级封锁协议：一级封锁协议加上事务 T 在读取数据 R 之前必须先对其加 S 锁，读完后方可释放 S 锁。二级封锁协议除可以防止丢失修改外，还可以进一步防止读"脏"数据。但在二级封锁协议中，由于读完数据后即可释放 S 锁，因此它不能保证可重复读。

三级封锁协议：一级封锁协议加上事务 T 在读取数据 R 之前必须先对其加 S 锁，直到事务结束才释放。三级封锁协议除可防止丢失修改和不读"脏"数据外，还可以进一步防止不可重复读。三级封锁协议能解决并发控制过程中数据一致性的问题。

（3）两段锁协议

数据库在调度并发事务时遵循两段锁协议（简称 2PL）。两段锁协议是指所有事务必须分两个阶段对数据项进行加锁和解锁。

在扩展阶段，对任何数据项进行读、写之前，要申请并获得该数据项的封锁；在收缩阶段，每个事务中所有的封锁请求必须先于解锁请求。

数学证明，遵循两段锁的调度可以保证调度结果与串行化调度相同。这样的机制可保证数据库并发调度与串行调度的等价。

两段锁协议可解决并发控制过程中并发调度正确性的问题。

（4）MySQL 表级锁和行级锁

相对其他数据库而言，MySQL 的锁机制比较简单，其显著的特点是不同的存储引擎支持不同的锁机制。例如，MyISAM 和 MEMORY 存储引擎采用的是表级锁（table-level locking）；InnoDB 存储引擎既支持行级锁（row-level locking），也支持表级锁，但默认情况下是采用行级锁。

MySQL 两种锁的主要特性如下。

● 表级锁：开销小，加锁快；不会出现死锁；因为 MyISAM 会一次性获得 SQL 所需的全部锁，锁定粒度大，发生锁冲突的概率最高，并发度最低。

- 行级锁：开销大，加锁慢；会出现死锁；锁定粒度最小，发生锁冲突的概率最低，并发度也最高。

考虑上述特点，表级锁适用于并发性不高、以查询为主、少量更新的应用，如小型的 Web 应用；而行级锁适用于高并发环境下，对事务完整性要求较高的系统，如在线事务处理系统。

① MyISAM 表级锁。MySQL 表级锁有两种模式：表共享读锁（Table Read Lock）和表独占写锁（Table Write Lock）。

当 MyISAM 执行查询语句时，会自动给涉及表加读锁；在执行更新操作时，会加写锁。当然，用户也可以用 LOCK TABLE 去显式地加锁。显式加锁一般是应用于需要在一个时间点实现多个表的一致性读取；不然可能读第一个表时，其他表由于还没进行读操作，没有自动加锁，导致数据可能会发生改变。显示加锁后只能访问加锁的表，不能访问其他表。

② InnoDB 行级锁。对于 UPDATE、DELETE 和 INSERT 语句，InnoDB 会自动给涉及数据集加排他锁；对于普通 SELECT 语句，InnoDB 不会加任何锁。

根据需要可以显式地加锁，用 lock in share mode 显式加共享锁，用 for update 显式加排他锁。具体含义和命令格式如下。

共享锁：允许一个事务去读一行，阻止其他事务获得相同数据集的排他锁。

```
SELECT * FROM table_name whERE…lock in share mode
```

排他锁：允许获得排他锁的事务更新数据，阻止其他事务取得相同数据集的共享读锁和排他写锁。

```
SELECT * FROM table_name WHERE…for update
```

需要注意的是，行级锁都是基于索引的。如果一条 SQL 语句用不到索引是不会使用行级锁的，改为使用表级锁。

（5）死锁及死锁处理

死锁是指多个事务在并发加锁过程中因争夺资源而造成的一种互相等待的现象。

MyISAM 存储引擎是没有死锁问题的，因为其会一次性获得所有的锁。InnoDB 存储引擎发生死锁后一般能自动检测到，并使一个事务释放锁且回退、另一个事务获得锁且继续完成事务。

在应用中，我们可以通过如下方式来尽可能避免死锁。

① 如果不同的程序会并发存取多个表，应尽量约定以相同的顺序来访问表，这样可以极大降低产生死锁的概率。

② 在程序以批量方式处理数据时，如果能事先对数据排序，并保证每个线程按固定的顺序来处理记录，这样也可以极大降低出现死锁的可能。

5.7.4 隔离级别

三级封锁协议和两段锁协议反映在实际的数据库系统上，就是四级事务隔离机制。总的来说，四级事务隔离机制就是在逐渐限制事务的自由度，类似提供"套餐"功能以便选择，这样可满足绝大多数的数据库应用对并发处理的控制要求。

1. 隔离级别的内容

SQL 定义有 4 种标准隔离级别来实现不同的隔离程度，满足并发隔离性要求。

（1）READ UNCOMMITTED（未提交读）：可以读取未提交的记录，但会出现脏读。

（2）READ COMMITTED（提交读，简称 RC）：事务中只能看到已提交的修改。不可重复读，否则会出现幻读（在 InnoDB 中会加行锁，但是不会加间隙锁）。该隔离级别是大多数数据库系统的默认隔离级别，但 MySQL 的则是 RR。

（3）REPEATABLE READ（可重复读，简称 RR）：在 InnoDB 中，RR 隔离级别保证对读取到的记录加锁记录锁，同时保证对读取的范围加锁，新的满足查询条件的记录不能够插入（间隙锁），因此不存在幻读现象。但是标准的 RR 只能保证在同一事务中多次读取同样记录的结果是一致的，而无法解决幻读问题。InnoDB 的幻读解决是依靠 MVCC 机制的实现机制做到的。RR 是 MySQL 数据库的默认隔离级别。

（4）SERIALIZABLE（可串行化）：该隔离级别会在读取的每一行数据上都加上锁，退化为基于锁的并发控制，即 LBCC（Lock-Based Concurrent Control）。

2. 隔离级别的作用

事务的隔离级别本质上就是并发控制。设置不同的隔离级别就可以达到不同的并发控制程度，解决并发冲突和异常问题。

不同隔离级别可能会产生不同异常，其对照关系如表 5-12 所示。

表 5-12　　　　　　　　　　　　隔离级别产生异常对照表

隔离级别	脏读	不可重复读	幻读
READ UNCOMMITTED	Yes	Yes	Yes
READ COMMITTED	No	Yes	Yes
REPEATABLE READ（default）	No	No	Yes
SERIALIZABLE	No	No	No

3. 隔离级别的查询和设置

MySQL 数据库的隔离级别可以分为全局和会话两个层次进行查询。

（1）查询全局事务隔离级别，执行命令为：

```
SELECT @@global.tx_isolation;
```

查询结果如图 5-18 所示。可以看到，返回当前的全局隔离级别为 REPEATABLE-READ。

（2）查询会话事务隔离级别，执行命令为：

```
SELECT @@session.tx_isolation;
```

或

```
SELECT @@tx_isolation;
```

查询结果如图 5-19 所示。可以看到，返回当前的会话隔离级别为 REPEATABLE-READ。

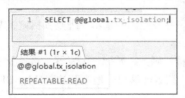

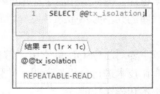

图 5-18　查询全局隔离级别　　　　　　　图 5-19　查询会话隔离级别

MySQL 的 InnoDB 存储引擎提供 SQL:1992 标准所描述的 4 个事务隔离级别。用户可以在服务器配置文件里为所有连接设置默认隔离级别，也可以在会话命令行用--transaction-isolation 选项进行设置。

（1）设置服务器级隔离级别

在 MySQL 服务器配置文件 my.ini 的[mysqld]节区里可以设置有关项。格式如下：

```
transaction-isolation=<隔离级别类别>
```

这里，<隔离级别类别>可以是 READ-UNCOMMITTED、READ-COMMITTED、REPEATABLE-

READ 和 SERIALIZABLE 这 4 个选项之一。

（2）设置会话级隔离级别

用 SET TRANSACTION 语句可以改变单个会话或者所有新连接的隔离级别。格式如下：

```
SET [SESSION | GLOBAL] TRANSACTION ISOLATION LEVEL {READ UNCOMMITTED | READ
COMMITTED | REPEATABLE READ | SERIALIZABLE};
```

主要参数说明如下。

① SESSION | GLOBAL：设置会话或全局类型，默认为会话级。

② {READ UNCOMMITTED | READ COMMITTED | REPEATABLE READ | SERIALIZABLE}：隔离级别选其一。

需要说明的是，使用 GLOBAL | SESSION 设置的是默认隔离级别。GLOBAL 将设置全局默认隔离级别，而 SESSION 将设置本次会话的所有事务的隔离级别并在当前事务中起效。

GLOBAL 和 SESSION 都不用，就是设置本次命令及之后的隔离级别，注意不是默认隔离级别。如果执行了不带 GLOBAL | SESSION 的 SET 命令将设置当前事务的隔离级别，但是如果下一个事务没有使用 SET 设置就会调用默认的隔离级别。

【例 5-25】设置 MySQL 数据库当前会话的隔离级别由默认的 RR 改为 RC。

```
SET SESSION TRANSACTION ISOLATION LEVEL READ COMMITTED;
```

设置完毕，再查看会话的隔离级别，结果如图 5-20 所示。

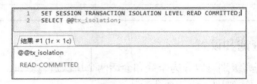

图 5-20　设置和查看会话隔离级别

5.8　小结

索引可以极大加快数据的检索速度、减少检索的数据量，被广泛运用在数据库的物理设计中。索引按照类型不同分为：主键索引、普通索引、唯一索引及组合索引等形式。数据库管理系统在支持通用 SQL 语言的基础上都进行了一定的扩充，增添了流程控制及存储过程、函数和触发器等模块程序设计，极大地拓展了应用面和功能。

数据库的共享必然带来并发异常和并发控制问题。并发控制的基本原理是锁机制，基本单位是事务。

本章主要对 MySQL 的索引、编程基础、存储过程、函数、游标、触发器、事务及锁等数据管理和操作技术进行分析与说明，并且通过示例说明，读者能够更好地理解这些 MySQL 数据库的管理技术和操作技能。

上 机 题

一、索引操作

上机目的：利用 SQL 语言为数据库增添索引内容。

上机步骤：为 PRACTICE 数据库的关联表增加要求的索引。

1. 为 STUDENT 表补充增加(SNAME,SDATE)组合字段普通索引 Index_SS。

2．为 COURSE 表补充增加 CNAME 字段普通索引 Index_CN。

3．删除普通索引 Index_CN。

二、存储过程和用户函数操作

1．创建一个名为 sp1 的无参存储过程及其调用语句，要求查询教师的被选课信息，输出教师名"tname"和学生选课人数"num"两列内容。

2．创建一个名为 sp2 的存储过程及其调用语句，要求该存储过程带一个输入参数，用于接收学生姓名。执行该存储过程时，将根据输入的学生姓名输出该生的姓名和性别信息。（请用"周梅"同学调用验证）

3．创建一个名为 sp3 的函数及其调用语句，要求该函数带两个参数：一个为输入参数，用于接收课程号；另一个为输出参数，用于返回选课表 SC 中对应该课程的平均分。（请用"02"号课程调用验证）

4．创建一个名为 fa1 的无参函数，要求返回平均分最高的课程号信息。

5．创建一个名为 fa2 的有参函数，要求该函数用于接收教师号信息，并依此返回学习该教师所授课的学生中最高分数据。（请用"03"教师调用验证）

三、触发器操作

1．试编写一个触发器 trig，要求实现功能：向 Course 中添加新课（课号和课名）时，第 3 个 Tno 教师号字段值自动填入对应 SC 表中按教师分类且成绩平均分最高的教师编号。

2．请测试追加新课程(04,数据库)的效果。

习　题

一、填空题

1．创建索引通常使用____语句。

2．创建唯一索引时，通常使用的关键字是____。

3．创建普通索引时，通常使用的关键字是____或 KEY。

4．当使用 SELECT 语句返回的结果集中行数很多时，为了便于用户对结果数据的浏览，我们可以使用____子句来限制被 SELECT 语句返回的行数。

5．在 MySQL 中，通常使用____值来表示一个列值没有值或缺值的情况。

6．MySQL 数据库所支持的 SQL 语言主要包含____、____、____和 MySQL 扩展增加的语言要素几个部分。

7．在 MySQL 的安装过程中，若选用"启用 TCP/IP 网络"，则 MySQL 会默认选用的端口号是____。

8．SELECT 语句的执行过程是从数据库中选取匹配的特定____，并将这些数据组织成一个结果集，然后以一张____的形式返回。

9．MySQL 事务的 ACID 属性是指 Atomicity、Consistency、____和 Durability。

10．MySQL 安装包含典型安装、定制安装和____3 种安装类型。

11．在 INSERT 触发器中，可以引用一个名为____的虚拟表，访问被插入的行。

12．在 DELETE 触发器中，可以引用一个名为____的虚拟表，访问被删除的行。

13．计算字段的累加和的函数是____。

二、判断题

1. 如果在排序和分组的对象上建立了索引，可以极大地提高速度。　　　　　　（　　）
2. 建立索引的目的在于加快查询速度及约束输入的数据。　　　　　　　　　　（　　）
3. MySQL 数据库管理系统只能在 Windows 操作系统下运行。　　　　　　　　（　　）
4. LTRIM、RTRIM、TRIM 函数既能删除半角空格，又能删除全角空格。　　　（　　）

三、单项选择题

1. 下列不属于 MySQL 数据库特点的是（　　）。
   A. 免费使用　　　　　　　B. 不能跨平台　　　C. 开源软件　　　　D. 功能强大
2. 结构化程序设计的 3 种结构是（　　）。
   A. 顺序结构、选择结构、转移结构　　　　B. 分支结构、等价结构、循环结构
   C. 多分支结构、赋值结构、等价结构　　　D. 顺序结构、选择结构、循环结构
3. 下列不能用于创建索引的是（　　）。
   A. 使用 CREATE INDEX 语句
   B. 使用 CREATE TABLE 语句
   C. 使用 ALTER TABLE 语句
   D. 使用 CREATE DATABASE 语句
4. 下列关于索引的描述中错误的一项是（　　）。
   A. 索引可以提高数据的查询速度
   B. 索引可以降低数据的插入速度
   C. InnoDB 存储引擎支持全文索引
   D. 删除索引的命令是 DROP INDEX
5. 支持主外键索引及事务的存储引擎为（　　）。
   A. MyISAM　　　　　B. InnoDB　　　　C. MEMORY　　　D. MERGE
6. 下列场景不能用到 INDEX 索引的是（　　）。
   A. SELECT * FROM customer WHERE customer_id=10;
   B. SELECT * FROM customer WHERE LEFT(last_name,4)='SMIT';
   C. SELECT * FROM customer WHERE customer_name LIKE 'SMIT%';
   D. SELECT * FROM customer WHERE customer_id=4 OR customer_id=7;
7. 唯一索引的作用是（　　）。
   A. 保证各行在该索引上的值都不得重复
   B. 保证各行在该索引上的值不得为 NULL
   C. 保证参加唯一索引的各列不得再参加其他的索引
   D. 保证唯一索引不能被删除
8. 关系数据库中，主键是（　　）。
   A. 创建唯一的索引，允许空值　　　　B. 只允许以表中第一字段建立
   C. 允许有多个主键的　　　　　　　　D. 为标识表中唯一的实体
9. 为数据表创建索引的目的是（　　）。
   A. 提高查询的检索性能　　　　　　　B. 归类
   C. 创建唯一索引　　　　　　　　　　D. 创建主键
10. 截取一小段字符串的函数是（　　）。
    A. CONCAT　　　　　B. TRIM　　　　C. SUBSTRING　　D. STRCMP

11. 求小于或等于一个数的最大整数的函数是（　　　　）。

    A．CEILING　　　　　　B．MAX　　　　　　　C．FLOOR　　　　　　D．SQRT

12. 下列对主键的说法中，正确的是（　　　　）。

    A．主键可重复　　　　　　　　　　　　　B．主键不唯一

    C．在数据表中的唯一索引　　　　　　　　D．主键用 FOREIGN KEY 修饰

13. 返回当前日期的函数是（　　　　）。

    A．CURTIME（）　　　B．ADDDATE（）　　C．CURNOW（）　　D．CURDATE（）

14. 拼接字段的函数是（　　　　）。

    A．SUBSTRING（）　　B．TRIM（）　　　　C．SUM（）　　　　D．CONCAT（）

15. 存储过程是一组预先定义并（　　　　）的 SQL 语句。

    A．保存　　　　　　　B．编写　　　　　　　C．编译　　　　　　D．解释

16. 用于将事务处理写到数据库的命令是（　　　　）。

    A．INSERT　　　　　B．ROLLBACK　　　C．COMMIT　　　D．SAVEPOINT

17. 事务的隔离性由数据库系统的（　　　　）来保证。

    A．安全性子系统　　　　　　　　　　　　B．完整性子系统

    C．并发控制子系统　　　　　　　　　　　D．恢复子系统

18. 下列选项中可以用来解决"一个并发调度是否正确"问题的概念是（　　　　）。

    A．串行调度　　　　　　　　　　　　　　B．并发事务的可串行化

    C．并发事务的可并行化　　　　　　　　　D．并发事务的有效调度

19. 下列选项中可以用来声明游标的是（　　　　）。

    A．CREATE CURSOR　　　　　　　　　　B．ALTER CURSOR

    C．SET CURSOR　　　　　　　　　　　　D．DECLARE CURSOR

20. 开始一个新的事务处理可以用（　　　　）。

    A．START TRANSACTION　　　　　　　　B．BEGIN TRANSACTION

    C．BEGIN COMMIT　　　　　　　　　　　D．START COMMIT

21. 事务中能实现回滚的命令是（　　　　）。

    A．TRANSACTION　　B．COMMIT　　　　C．ROLLBACK　　D．SAVEPOINT

四、多项选择题

1. MySQL 中能存储日期（年、月、日）的数据类型有（　　　　）。

    A．YEAR　　　　　　　B．DATE　　　　　　　C．DATETIME　　　D．TIMESTAMP

2. 获得当前日期和时间中天数的函数是（　　　　）。

    A．MONTH　　　　　　B．DAYOFYEAR　　C．DAYOFMONTH D．DAY

3. 能够实现删除一个字符串中的一小段字符串的函数有（　　　　）。

    A．TRIM　　　　　　　B．INSERT　　　　　　C．REPLACE　　　　D．INSTR

4. 统计学生信息表 stuinfo 中地址 address 不为空的学生数量，正确的语句是（　　　　）。

    A．SELECT count(*) AS 学生数量 FROM stuinfo

    B．SELECT count(*) AS 学生数量 FROM stuinfo WHERE address is not null

    C．SELECT count(address) AS 学生数量 FROM stuinfo

    D．SELECT count(address) AS 学生数量 FROM stuinfo WHERE address !=null

5. 事务的特性包括（　　　　）。

    A．一致性　　　　　　B．原子性　　　　　　C．隔离性　　　　　D．再生性

6. 下列的函数中可以处理日期和时间的函数有（　　　）。

　A. ROUND　　　　B. WEEKDAY　　　C. CURDATE　　　D. DAYOFMONTH

7. 触发器是响应以下（　　　）语句而自动执行的一条或一组 MySQL 语句。

　A. UPDATE　　　　B. INSERT　　　　C. SELECT　　　　D. DELETE

8. 关于游标，下列说法正确的是（　　　）。

　A. 声明后必须打开游标以供使用

　B. 结束游标使用时，必须关闭游标

　C. 使用游标前必须声明它

　D. 游标只能用于存储过程和函数

9. 对同一存储过程连续两次执行命令 DROP PROCEDURE IF EXISTS，将会（　　　）。

　A. 第一次执行删除存储过程，第二次产生一个错误

　B. 第一次执行删除存储过程，第二次无提示

　C. 存储过程不能被删除

　D. 最终删除存储过程

五、问答题

1. 请简述 MySQL 中 SELECT 语句的执行顺序并说明其所起作用。

2. 试分析 SQL 与程序设计语言的不同特征和关系。

3. 索引的本质是什么？索引有什么优点？其缺点是什么？

4. 简述哪些情况下需要创建索引，哪些情况下不需要创建索引。

5. 请列举 MySQL 中常用的聚集函数。

6. 什么是存储过程，存储过程的作用是什么？

7. 在数据库 db_test 中创建一个存储过程，用于实现给定表 content 中一个留言人的姓名即可修改表 content 中该留言人的电子邮件地址为一个给定的值。

8. 什么是触发器，请简述触发器的使用场景。

9. 使用触发器可以实现哪些数据的自动维护？

10. 请简述事务的实现原理。

11. 请分别简述 ACID 特性所代表的含义，以及什么业务场景需要支持事务。

12. 试分析数据库中数据冗余的"并发症"有哪些。

13. 如何理解锁的粒度、锁的生命周期与服务器资源之间的关系？

14. 试分析 MySQL 数据库的数据文件构成。

15. 为什么事务非正常结束时会影响数据库数据的正确性。

16. 存储过程和函数如何将运算结果返回给外界。

17. 简述使用游标的主要步骤。

六、综合题

1. 已知 writers 表结构如表 5-13 所示。

表 5-13

writers 表结构

字段名	数据类型	主键	外键	非空	唯一	自增
w_id	SMALLINT(11)	是	否	是	是	是
w_name	VARCHAR(255)	否	否	是	否	否
w_address	VARCHAR(255)	否	否	否	否	否

续表

字段名	数据类型	主键	外键	非空	唯一	自增
w_age	CHAR(2)	否	否	是	否	否
w_note	VARCHAR(255)	否	否	否	否	否

（1）在数据库中创建表 writers，存储引擎为 MyISAM，创建表的同时在 w_id 字段上添加名称为 UniqIdx 的唯一索引。

（2）使用 ALTER TABLE 语句在 w_name 字段上建立名称为 nameIdx 的普通索引。

（3）使用 CREATE INDEX 语句在 w_address 和 w_age 字段上建立名称为 MultiIdx 的组合索引。

（4）使用 CREATE INDEX 语句在 w_note 字段上建立名称为 FTIdx 的全文索引。

（5）删除名为 FTIdx 的全文索引。

2．请为某个表 TScore（score）创建一个 BEFORE、INSERT 触发器和一个 BEFORE、UPDATE 触发器实现检查约束：一名学生某门课程的成绩 score 要求在 0～100 之间取值，否则追加时赋 0，修改时返回原值。

3．请调试运行下面代码并分析结果。

```
#创建带参数的自定义函数
CREATE FUNCTION f2(num1 SMALLINT UNSIGNED,num2 SMALLINT UNSIGNED)
RETURNS FLOAT(8,2)
RETURN (num1+num2)/2;
#调用函数
select f2(10,15);

#创建不带参数的自定义函数
CREATE FUNCTION f1()
RETURNS VARCHAR(30)
RETURN DATE_FORMAT(now(),'%Y年%m月%d天');
SELECT f1();

#创建不带参数的存储过程
CREATE PROCEDURE sp1() SELECT version();
#调用不带参数的存储过程
CALL sp1();

#调用带参数的存储过程
#DELIMITER 使MySQL遇到分号后，不再自动执行
DELIMITER //
CREATE PROCEDURE removeUserById(IN UID INT UNSIGNED)
BEGIN
DELETE FROM USERS WHERE ID=UID;
END//
DELIMITER;
#创建带有IN、OUT参数的存储过程
DELIMITER //
CREATE PROCEDURE removeUserIdAndReturnNums(IN UID INT UNSIGNED,OUT NUMS INT
UNSIGNED)
```

第5章 数据管理

151

```
BEGIN
    DELETE FROM USERS WHERE ID=UID ;
    SELECT COUNT(ID) FROM USERS INTO NUMS;
END//
DELIMITER;
#调用存储过程
CALL removeUserIdAndReturnNums(32,@nums);
SELECT @nums;
```

4. 给定 sch 表结构如表 5-14 所示，sch 表的数据如表 5-15 所示。

表 5-14 　　　　　　　　　 sch 表结构

字段名	数据类型	主键	外键	非空	唯一	自增
id	INT(10)	是	否	是	是	否
name	VARCHAR(50)	否	否	是	否	否
class	VARCHAR(50)	否	否	是	否	否

表 5-15 　sch 表的数据

id	name	class
1	李明	C1
2	小梅	C2

试按照下列设计要求完成操作。

（1）建表 sch 并插入数据。

（2）创建一个存储函数，用来统计表 sch 中的记录数。

（3）创建一个存储过程，通过调用存储函数的方法来获取表 sch 中的记录数和 sch 表中 id 的和。

5. 给定 stud 表结构如表 5-16 所示。试创建一个存储过程 insert_stud_condition_user，利用自定义错误触发条件定义，当插入学生的性别不是"男"或"女"时结束存储过程，并提示"学生性别不正确"。

表 5-16 　　　　　　　　　　　　　　　　 stud 表结构

字段名	数据类型	主键	外键	非空	唯一	自增
sno	CHAR(10)	是	否	是	是	否
sname	VARCHAR(20)	否	否	是	否	否
ssex	CHAR(2)	否	否	是	否	否
Sage	SMALLINT	否	否	是	否	否
Sdept	VARCHAR(30)	否	否	是	否	否
enterdate	DATETIME	否	否	是	否	否

6. 试创建一个存储过程 update_stud_birthyear，在学生表结构（见表 5-16）中添加字段 "birthyear"（出生年份），然后在存储过程中利用游标，通过学生年龄计算出生年份并修改表中对应字段。

6

第 6 章 简单数据库设计与操作

【本章导读】 在第 5 章，我们基于客户端命令行介绍了 MySQL 的各种数据管理和操作技术。可以看出，进行命令行操作一方面需要了解各种命令及其参数用法，效率比较低，另一方面黑底白字的输出环境也显得单调。随着开源的 MySQL 数据库越来越受到用户的青睐，一些第三方图形客户端强势登场，凭借其强大的图形化操作能力成为广大用户学习和操作 MySQL 数据库的重要辅助工具。这其中包括 phpMyAdmin、Workbench、Navicat、SQLyog 及 HeidiSQL 等优秀产品。

本章通过介绍 HeidiSQL 客户端工具来让读者了解和掌握 MySQL 数据库的简单设计和操作，同时对 MySQL 的一些重要概念和操作进行分析与说明。

6.1 数据库设计的总体思路

在使用 MySQL 实现一个数据库应用之前，应该首先进行数据库的概念设计和逻辑设计。设计数据库的基本步骤总结如下。

（1）确定新建数据库的目的：首先要明确需要处理哪些信息，解决哪些问题，并描述数据库应用系统最终生成哪些数据表，同时收集当前用于记录数据的表。

（2）确定该数据库应用系统中需要的表：这是数据库应用系统设计过程中最重要的一个环节。一般来说，最好先在纸上草拟并规划所需数据表结构的详细设计信息。设计数据表时，按以下设计原则对信息进行分类。

① 数据表中不应该包含重复信息，并且信息不应该在数据表之间复制。

② 每个数据表应该只包含关于一个实体的信息。

（3）确定数据表中需要的字段：每一个数据表中都包含关于同一实体的信息，并且数据表中的每个字段包含关于该实体的各个属性。在草拟每个数据表的字段时，请注意以下几点。

① 每个字段直接与表的实体相关。

② 不包含推导或计算的数据（表达式的计算结果）。

③ 包含所需的所有信息。

④ 以最小的逻辑部分保存信息（例如，名字和姓氏分开而不是统一为姓名）。

（4）明确有唯一值的字段：MySQL 为了连接保存在不同数据表中的信息，数据库中的每个数据表必须包含表中唯一确定每个记录的字段或字段集。这种字段或字段集称为主关键字。

（5）确定数据表之间的关系：因为已经将信息分配到各个数据表中，并定义了主关键字字段，所以需要通过某种方式告知系统如何以有意义的方法将相关信息重新结合到一起。如果要实现上述操作，必须事先定义好数据表的外键及表间关系。

（6）优化设计：在设计完成需要的数据表、字段和关系后，就应该检查该设计并找出任何可能存在的错误，且发现得越早越好。

（7）输入数据并新建其他数据库对象：如果确定数据表的结构已达到用户的设计目的，就可以向数据表中添加所有已知的数据，然后新建所需的查询、窗体、报表、宏和模块等其他的数据库对象。

（8）实现设计：选择使用 MySQL 命令行建库建表命令或相关客户端工具来实现数据库应用系统的结构设计。

6.2　HeidiSQL 客户端

"工欲善其事，必先利其器。"HeidiSQL 是一个功能非常强大的数据库客户端软件，它是由德国程序员安斯加尔·贝克尔（Ansgar Becker）和几个 Delphi 程序员开发的一个开源工具。该软件基于 Windows 操作系统，支持 MySQL、MariaDB、PostgreSQL 和微软公司的 SQL Server 等多种不同数据源，操作方便，界面设计合理，功能实用。

通过 HeidiSQL，用户可以创建和管理数据库、数据表、视图、存储过程、函数、触发器和安排日程，同时可以方便地导出结构和数据，实现外部数据的导入和导出功能。

6.2.1　HeidiSQL 下载和安装配置

HeidiSQL 软件可在其官方网站下载。该软件有安装版和解压版两个版本，截至 2022 年 9 月，版本已更新至 HeidiSQL11.3.0.6411。

HeidiSQL 安装版和解压版的安装形式比较简单，正常安装和解压即可。

运行程序涉及登录配置、创建并保存一个连接会话，以实现用户有效地凭证登录到 MySQL 服务器。其具体操作如下。

HeidiSQL 会话
管理器安装

（1）运行程序，打开 HeidiSQL 会话管理器，如图 6-1 所示。

会话管理器分为 3 个区域：左边部分是会话列表，用于保存配置好的连接会话名称，首次打开为空；右边部分有 3 个选项卡，主要配置"设置"选项卡即可；底部提供一些操作按钮，以完成相应功能。

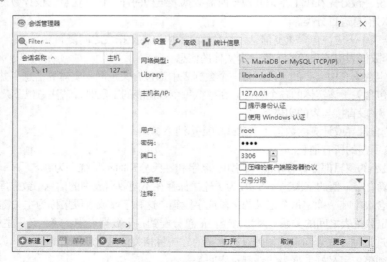

图 6-1　打开 HeidiSQL 会话管理器

（2）单击"新建"按钮，会产生新的会话列表项（暂命名为 Unnamed），同时在右边打开"设置"选项卡，如图 6-2 所示。

这时，可以重命名新建会话的名称，然后进行配置。"设置"选项卡中主要参数说明如下。

① 网络类型：用于选择连接的数据库类型，默认为 MySQL 数据源。

② Library：用于选择合适的编辑库。该下拉列表中主要有 libmariadb.dll（默认）、libmysql.dll 和 libmysql-6.1.dll 3 个选择项。其中，libmariadb.dll 主要适用于 MariaDB 数据库，也适用于 MySQL 数据库；libmysql-6.1.dll 适用于新版 MySQL 的（SSL）连接。

③ 主机名/IP：连接的数据库服务器名称或 IP 地址，如本地（127.0.0.1 或 localhost）或远端服务连接名称等。

④ 用户：输入登录用户名。MySQL 数据库默认用户为 root。

⑤ 密码：输入用户密码。

⑥ 端口：选择输入数据库连接指定的端口号。MySQL 数据库默认端口号为 3306。

⑦ 数据库：指定管理的目标数据库列表，各项之间用分号分隔。若不指定，则管理所有数据库。

⑧ 注释：用于填写必要的注释或说明内容。

图 6-2　HeidiSQL 会话管理窗口中的新建会话

（3）配置完毕，我们可以单击"保存"按钮，保存这个会话。当然，也可以选择某个会话，单击"删除"按钮，删除该会话对应的配置文件。

（4）选择某个会话并单击"打开"按钮或直接双击某个会话则会进入 HeidiSQL 图形窗口。

6.2.2　HeidiSQL 图形式窗口和命令行设置

1. 图形式窗口

HeidiSQL 连接打开 MySQL 数据库的图形式窗口包含 6 个区域，如图 6-3 所示。

HeidiSQL 基本操作

6 个区域的功能说明如下。

（1）菜单和工具栏区：以菜单和工具栏形式提供主要操作命令。经常使用的是工具栏中运行查询的命令按钮，即图 6-4 所示箭头指向位置。

直接单击该命令按钮则运行③区查询界面内的 SQL 命令。单击该命令按钮右侧下拉按钮，则弹出下拉列表，通过其中的命令可以实现多种不同方式运行③区查询界面内的 SQL 命令。

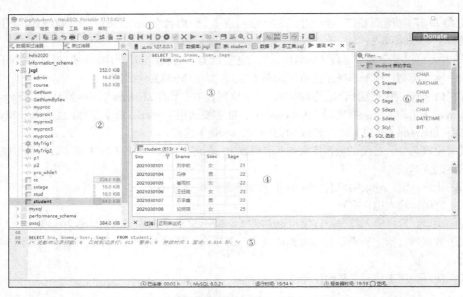

图 6-3　HeidiSQL 图形式窗口的 6 个区域

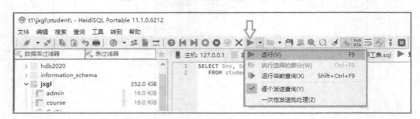

图 6-4　HeidiSQL 图形式窗口中的命令按钮

（2）数据库列表区：以树状结构呈现该会话管理的数据库。选择某个数据库，展开后可以浏览该数据库下创建的各种对象，并且这些对象以不同图标直观呈现。

（3）主要工作区：以选项卡形式提供的不同内容。该工作区用于显示图形式窗口左边数据库列表区中各数据库管理对象的信息。

这里，在左边的数据库列表区中选择会话连接，则工作区对应显示主机选项卡，并提供该会话管理的服务器概括信息；左边的数据库列表区中选择数据库，则工作区对应显示主机和数据库两个选项卡，数据库选项卡提供该数据库管理的对象概括信息；在左边的数据库列表区中选择数据表，则工作区对应显示主机、数据库、数据表及数据 4 个选项卡，数据表选项卡提供表的定义信息，数据选项卡则呈现记录数据。

依据需要，我们可以在工作区选项卡位置随时添加新的查询界面来完成 SQL 命令录入和运行。工作区选项卡呈现出明显的分级分布特点，如图 6-5 所示的红色矩形区域。

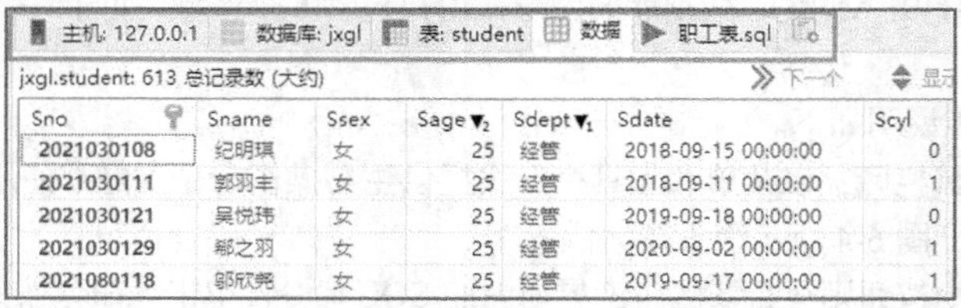

图 6-5　HeidiSQL 图形式窗口中的工作区选项卡分级

（4）结果输出区：输出 SQL 命令的查询结果。

（5）状态区：输出运行 SQL 命令的状态信息，尤其是报错信息需要关注。

（6）辅助区：在查询界面设计 SQL 命令时，辅助区提供查询模板、MySQL 关键字、函数及代码片段的管理，用于提高查询设计效率。

2. 命令行设置

HeidiSQL 软件在提供图形化操作的同时，也提供了方便的 MySQL 命令行操作形式，但需要进行简单配置，具体设置方法如下。

（1）设置路径：在 HeidiSQL 图形式窗口中，单击"工具"菜单，在下拉菜单中选择"首选项"选项，打开"首选项"对话框，如图 6-6 所示；在"MySQL 命令行程序"框右侧单击指示箭头位置的按钮，打开"浏览文件夹"对话框，从中选择 MySQL 系统安装位置的 bin 文件夹即可。

图 6-6　在 HeidiSQL 图形式窗口设置路径

（2）进入命令行：在 HeidiSQL 图形式窗口中，单击"工具"菜单，在下拉菜单中选择"运行命令行"选项，即可进入 MySQL 命令行进行操作，如图 6-7 和图 6-8 所示。

图 6-7　在 HeidiSQL 图形式窗口中选择
"运行命令行"选项

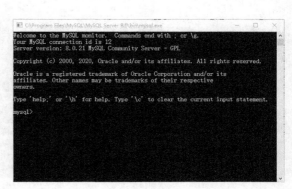

图 6-8　进入 MySQL 命令行

可见，借助 HeidiSQL 软件可以实现 MySQL 数据库的图形化操作和命令行操作，且两种操作形式切换方便。

6.3　数据库操作

本节以案例代码为模板，利用 HeidiSQL 软件进行 jxgl（教学管理）数据库的设计操作。

6.3.1　数据库的创建、查看和选择

1．数据库的创建

在命令行环境或 HeidiSQL 查询界面内可以通过 CREATE DATABASE 来创建数据库。语法格式为：

```
CREATE DATABASE [IF NOT EXISTS] <数据库名> [[DEFAULT] CHARSET <字符集名>][[DEFAULT]
COLLATE <校对规则名>];
```

主要参数说明如下。

（1）IF NOT EXISTS：在创建数据库之前进行判断，只有该数据库目前尚不存在时才能执行操作。此选项可以用来避免数据库已经存在又重复创建的误操作。

（2）<数据库名>：要创建数据库的名称。命名不能以数字开头，且尽量有实际意义。

（3）[DEFAULT] CHARSET：指定数据库的字符集。指定字符集的目的是避免在数据库中存储的数据出现乱码的情况。如果在创建数据库时不指定字符集，就使用系统的默认字符集，常用 UTF-8 字符集。

（4）[DEFAULT] COLLATE：指定字符集默认校对规则，常用 utf8_general_ci 规则。

MySQL 的字符集和校对规则是两个不同的概念。字符集用来定义 MySQL 存储字符串的方式，校对规则用来定义比较字符串的方式。

【例 6-1】创建 jxgl（教学管理）数据库，设置字符集为 UTF8、校对规则为 utf8_general_ci。

```
CREATE DATABASE IF NOT EXISTS jxgl DEFAULT charset UTF8 COLLATE utf8_general_ci;
```

创建数据库也可以直接利用 HeidiSQL 软件的可视化操作完成，具体操作如下。

（1）在图形式窗口下，用鼠标右键单击左边的数据库列表区，在弹出的快捷菜单中选择"创建新的"命令，再从下一级菜单中选择"数据库"命令，如图 6-9 所示。

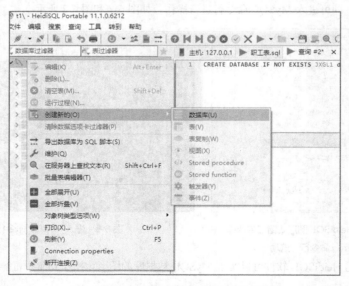

图 6-9　利用 HeidiSQL 图形式窗口创建数据库

（2）在打开的"创建数据库"对话框中，输入要新建数据库的名称和字符校对规则，单击"确定"按钮即可，如图 6-10 所示。

2. 数据库的查看和选择

在命令行环境或 HeidiSQL 查询界面内可以通过 SHOW DATABASES;命令来查看数据库列表、通过 USE <数据库名>;命令来选择当前数据库。

在 HeidiSQL 图形式窗口下，数据库的查看和选择就比较简单了。因为其左侧区域直接就是数据库的列表，选择其中一个数据库作为当前数据库，这时，在右侧工作区就能直观地看到当前数据库的选项卡，如图 6-11 所示。

图 6-10 "创建数据库…"对话框

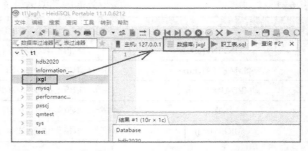

图 6-11 数据库查看和选择

6.3.2 数据库的修改和删除

在命令行环境或 HeidiSQL 查询界面内可以通过 ALTER DATABASE 来修改数据库、通过 DROP DATABASE 来删除数据库。语法格式分别为：

```
ALTER DATABASE <数据库名> [DEFAULT] CHARSET <字符集名> [DEFAULT] COLLATE <校对规则名>;
DROP DATABASE <数据库名>;
```

HeidiSQL 图形式窗口环境下的数据库修改和删除，可以通过分别选择目标数据库后，单击鼠标右键，在弹出的快捷菜单中选择相应的"编辑"命令、"删除"命令来实现，如图 6-12 所示。

6.4 数据表操作

数据库创建完成后，便首先考虑数据表的建立和操作。数据表是重要的数据库对象，它由若干字段构成，被创建时需要考虑其字段要素和存储引擎等内容。

6.4.1 MySQL 字段要素

MySQL 的字段有 3 个要素：字段名称、数据类型和约束控制。字段名称只需按照标识符命名原则处理即可。下面仅介绍数据类型和约束控制。

图 6-12 数据库修改和删除

1. 数据类型

MySQL 数据类型主要包括以下五大类。

整数类型（简称整型）：BIT、BOOL、TINYINT、SMALLINT、MEDIUMINT、INT、BIGINT。

浮点数类型和定点数类型（简称浮点型和定点型）：FLOAT、DOUBLE、DECIMAL。

字符串类型：CHAR、VARCHAR、TINYTEXT、TEXT、MEDIUMTEXT、LONGTEXT、TINY BLOB、BLOB、MEDIUMBLOB、LONGBLOB。

日期和时间类型：DATE、DATETIME、TIMESTAMP、TIME、YEAR。

其他数据类型：BINARY、VARBINARY、ENUM、SET、GEOMETRY、POINT、MULTIPOINT、LINESTRING、MULTILINESTRING、POLYGON、GEOMETRYCOLLECTION 等。

（1）整型

整型数据的类型标识及含义如表 6-1 所示。

表 6-1　　　　　　　　　　　　整型数据的类型标识及含义

MySQL 数据类型	含义（有符号）
TINYINT(m)	1 字节，取值范围为-128～127
SMALLINT(m)	2 字节，取值范围为-32768～32767
MEDIUMINT(m)	3 字节，取值范围为-8388608～8388607
INT(m)	4 字节，取值范围为-2147483648～2147483647
BIGINT(m)	8 字节，取值范围为-9.23×10^{18}～9.23×10^{18}

参数说明如下。

① 取值范围如果加了 UNSIGNED，则最大值翻倍，如 TINYINT UNSIGNED 的取值范围为 0～256。

② INT(m)中的 m 表示 SELECT 查询结果集中的显示宽度，并不影响实际取值范围。

（2）浮点型

浮点型（FLOAT 和 DOUBLE）数据的类型标识及含义如表 6-2 所示。

表 6-2　　　　　浮点型（FLOAT 和 DOUBLE）数据的类型标识及含义

MySQL 数据类型	含义
FLOAT(m,d)	单精度浮点型，8 位精度（4 字节），m 为总个数，d 为小数位
DOUBLE(m,d)	双精度浮点型，16 位精度（8 字节），m 为总个数，d 为小数位

（3）定点型

浮点型在数据库中存放的是近似值，而定点型（DECIMAL）在数据库中存放的是精确值。其格式是 DECIMAL(m,d)，参数 $m<65$ 是总个数，$d<30$ 且 $d<m$ 是小数位。

（4）字符串型

字符串型（CHAR、VARCHAR 和 TEXT）数据的类型标识及含义如表 6-3 所示。

表 6-3　　　　　　　　　　字符串型数据的类型标识及含义

MySQL 数据类型	含义
CHAR(n)	定长字符串，n 为最大字符数，最多 255 个字符
VARCHAR(n)	变长字符串，n 为最大字符数，最多 65535 个字符
TEXT	变长文本，最多 65535 个字符

关于 CHAR 和 VARCHAR 补充说明如下。

① CHAR(n)若存入字符数小于 n，则以空格补于其后，查询时再将空格去掉。所以 CHAR 类型存储的字符串末尾不能有空格，但 VARCHAR 不限于此。

② CHAR(n)固定长度，如 char(4)不管是存入几个字符都将占用 4 字节；varchar 是存入的实际字符数+1 字节（$n \leqslant 255$）或 2 字节（$n > 255$），所以 VARCHAR(4)，存入 3 个字符将占用 4 字节。

③ CHAR 类型的字符串检索速度要比 VARCHAR 类型的字符串检索速度快。

关于 VARCHAR 和 TEXT 补充说明如下。

① VARCHAR(n)可指定 n，TEXT 不能指定；内部存储 VARCHAR 是存入的实际字符数+1 字节（$n \leqslant 255$）或 2 字节（$n > 255$），TEXT 是实际字符数+2 字节。

② TEXT 类型不能有默认值。

③ VARCHAR 可直接创建索引，TEXT 创建索引要指定前多少个字符。VARCHAR 查询速度快于 TEXT，在都创建索引的情况下，TEXT 的索引似乎不起作用。

（5）二进制数据

二进制数据（BLOB）是一个二进制的对象，用来存储可变数量的数据，如存储图片、音频信息等。BLOB 类型分为 4 种：TINYBLOB、BLOB、MEDIUMBLOB 和 LONGBLOB，它们可容纳值的最大长度不同。

（6）日期和时间类型

日期和时间类型数据的类型标识及含义如表 6-4 所示。

表 6-4　　　　　　　　　　日期和时间类型数据的类型标识及含义

MySQL 数据类型	含义
DATE	日期 '2021-1-26'
TIME	时间 '12:25:36'
DATETIME	日期和时间 '2021-1-26 22:06:44'
TIMESTAMP	自动存储记录修改时间（时间戳）

若定义一个字段为 TIMESTAMP，这个字段里的时间数据会随其他字段修改时自动刷新，所以这个数据类型的字段可以存放这条记录最后被修改的时间。

（7）其他类型

① ENUM 枚举类型

ENUM 是一个字符串对象，值为表创建时某个字段规定枚举的一列值。其语法格式为：

`<字段名> ENUM('值1', '值2',……, '值n')`

这里，<字段名>是指将要定义的字段；"值 n"是指枚举列表中第 n 个值。

ENUM 类型的字段在取值时能在指定的枚举列表中获取，而且一次只能取一个。如果创建的成员中有空格，尾部的空格将自动被删除。

ENUM 值在内部用整数表示，每个枚举值均有一个索引值；列表值所允许的成员值从 1 开始编号，MySQL 存储的就是这个索引编号，枚举最多可以有 65535 个元素。

例如，定义 ENUM 类型的列('first','second','third')，该列可以取的值和每个值的索引如表 6-5 所示。

表 6-5 ENUM 取值和索引对照表

值	索引
NULL	NULL
"	0
first	1
second	2
third	3

ENUM 值依照列索引顺序排列，并且空字符串排在非空字符串前，NULL 值排在其他所有枚举值前。

> **注意**
>
> **ENUM 列总有一个默认值。如果 ENUM 列被声明为 NULL，NULL 值则为该列的一个有效值，并且默认值为 NULL。如果 ENUM 列被声明为 NOT NULL，其默认值为允许值列表的第 1 个元素。**

② SET 类型

SET 也是一个字符串的对象，其可以有 0 个或多个值。SET 列最多可以有 64 个成员，值为表创建时规定的列值。指定包括多个 SET 成员的 SET 列值时，各成员之间用逗号隔开，语法格式为：

`SET('值1', '值2',……, '值n')`

与 ENUM 类型相同，SET 值在内部也是用整数表示，列表中每个值都有一个索引编号。当创建表时，SET 成员值的尾部空格将自动删除。

但与 ENUM 类型不同的是，SET 类型的列可从定义的列值中选择多个字符的联合，而 ENUM 类型的字段只能从定义的列值中选择一个值插入。

> **注意**
>
> **如果插入 SET 字段中的列值有重复，则 MySQL 自动删除重复的值；插入 SET 字段值的顺序并不重要，MySQL 会在存入数据库时按照定义的顺序显示；如果插入了不正确的值，默认情况下，MySQL 将忽视这些值并给出警告。**

2. 约束控制

约束控制就是定义字段时施加在字段上的约束，控制该字段的某些特征。字段约束关键字及含义参见表 6-6。

表 6-6 字段约束关键字及含义

MySQL 关键字	含义
NULL	数据列可包含 NULL 值
NOT NULL	数据列不允许包含 NULL 值
DEFAULT	默认值
PRIMARY KEY	主键
AUTO_INCREMENT	自动递增，适用于整数类型
UNSIGNED	无符号
CHARACTER SET name	指定一个字符集

6.4.2　存储引擎

数据库存储引擎是数据库底层软件组件，数据库管理系统使用存储引擎进行创建、查询、更新和删除数据操作。不同的存储引擎提供不同的存储机制、索引技巧、锁定水平等功能，以及特定的功能。

1. 存储引擎的特点

MySQL 支持多种类型的存储引擎，它们可分别根据各个存储引擎的功能和特性为不同的数据库处理任务提供不同的适应性和灵活性的功能，例如处理事务安全表的存储引擎和处理非事务安全表的存储引擎。MySQL 不需要在整个服务器中使用同一种存储引擎，即它可以针对具体的要求，对每一个表使用不同的存储引擎。MySQL 插件式存储引擎体系结构如图 6-13 所示。

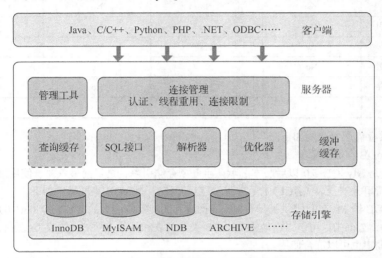

图 6-13　MySQL 插件式存储引擎体系结构

2. 存储引擎的查看和分类

MySQL 数据库可以使用命令 SHOW ENGINES;来查看该版本数据库支持的存储引擎。执行该命令后，结果输出如图 6-14 所示。

```
1    SHOW ENGINES;
```

Engine	Support	Comment	Transactions	XA	Savepoints
MEMORY	YES	Hash based, stored in memory, useful for temp...	NO	NO	NO
MRG_MYISAM	YES	Collection of identical MyISAM tables	NO	NO	NO
CSV	YES	CSV storage engine	NO	NO	NO
FEDERATED	NO	Federated MySQL storage engine	(NULL)	(NULL)	(NULL)
PERFORMANCE_SCHEMA	YES	Performance Schema	NO	NO	NO
MyISAM	YES	MyISAM storage engine	NO	NO	NO
InnoDB	DEFAULT	Supports transactions, row-level locking, and f...	YES	YES	YES
BLACKHOLE	YES	/dev/null storage engine (anything you write to...	NO	NO	NO
ARCHIVE	YES	Archive storage engine	NO	NO	NO

图 6-14　查询 MySQL 数据库支持的存储引擎

由图 6-14 可看出，当前的 MySQL 版本支持 MEMORY、MGR_MYISAM、CSV、FEDERATED、

PERFORMANCE_SCHEMA、MyISAM、InnoDB、BLACKHOLE、ARCHIVE 等多种存储引擎。这里，Support 列的值表示某种存储引擎是否能使用，YES 表示可以使用，NO 表示不可以使用，DEFAULT 表示该存储引擎为当前默认的存储引擎，在这里可以看出 InnoDB 为当前默认存储引擎；Commnet 是描述说明；Transactions 则说明是否支持事务。

不同存储引擎的区别如表 6-7 所示。

表 6-7　　　　　　　　　　　　　　不同存储引擎的区别

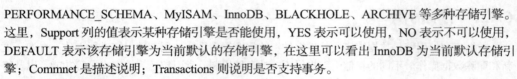

存储引擎 / 功能	InnoDB	MyISAM	MEMORY	ARCHIVE
存储限制	64TB	256TB	RAM	None
支持事务	Yes	No	No	No
支持全文索引	No	Yes	No	No
支持树索引	Yes	Yes	Yes	No
支持数列索引	No	No	Yes	No
支持数据缓存	Yes	No	No	No
支持外键	Yes	No	No	No

4 种主要存储引擎介绍如下。

（1）InnoDB 存储引擎

InnoDB 是 MySQL 5.0 以后版本的默认事务型存储引擎，是目前最重要、使用最广泛的存储引擎。它支持事务安全表（ACID）、支持行锁定和外键。InnoDB 主要特性如下。

① InnoDB 给 MySQL 提供了具有提交、回滚和崩溃恢复能力的事务安全（ACID 兼容）存储引擎。在 SQL 查询中，可以自由地将 InnoDB 类型的表和其他 MySQL 的表类型混合起来，甚至在同一个查询中也可以混合使用。

② InnoDB 是为处理巨大数据量的最大性能设计。其 CPU 效率较其他基于磁盘的关系数据库存储引擎都要高。

③ InnoDB 存储引擎完全与 MySQL 服务器整合，InnoDB 存储引擎为在主内存中缓存数据和索引而维持它自己的缓冲池。InnoDB 将它的表和索引放在一个逻辑表空间中，表空间可以包含数个文件（或原始磁盘文件）。

④ InnoDB 支持外键完整性约束，存储表中的数据时，每张表都按主键顺序存放。如果没有显示在表定义时指定主键，InnoDB 会为每一行生成一个 6 字节的 ROWID，并以此作为主键。

⑤ InnoDB 被用在众多需要高性能的大型数据库站点上。

使用 InnoDB 存储引擎创建数据表，MySQL 新建的数据库将在 MySQL 数据目录下创建一个同名文件夹，文件夹里存放该数据库新建的数据表等对象，每个表对应一个文件（扩展名为.ibd）存放数据。例如，新建的 jxgl 数据库对应的文件夹和里面的文件结构如图 6-15 所示。

（2）MyISAM 存储引擎

MyISAM 存储引擎基于 ISAM 存储引擎，是对其的扩展。它是 MySQL 早期版本的默认存储引擎，具有较高的插入、查询速度，但不支持事务和外键。

MyISAM 主要特性如下。

① 支持大文件（达到 63 位文件长度）的文件系统和操作系统。

② 每个 MyISAM 表最大索引数是 64。

③ BLOB 和 TEXT 列可以被索引，支持 FULLTEXT 类型的索引，而 InnoDB 不支持这种类型的索引。

④ NULL 被允许在索引的列中，这个值占每个键的 0~1 字节。

⑤ 可以把数据文件和索引文件放在不同目录。

与 InnoDB 存储引擎的文件构成不同，使用 MyISAM 存储引擎创建数据表时将产生两个文件（8.0 版本多一个.sdi 文件）。文件的名称以表的名称开始，文件扩展名分别是.MYD（MYData，文件存储数据）和.MYI（MYIndex，文件存储索引）。例如，pxscj 数据库对应的文件夹和里面的.MYD 及.MYI 文件结构如图 6-16 所示。

图 6-15　InnoDB 存储引擎数据文件构成　　　　图 6-16　MyISAM 存储引擎数据文件构成

（3）MEMORY 存储引擎

MEMORY 存储引擎将表中的数据存储到内存中，为查询和引用其他表数据提供快速访问。MEMORY 存储引擎默认使用散列（Hash）索引，其速度比使用 B+树型要快，但也可以使用 B 树型索引。这种存储引擎所存储的数据保存在内存中，数据具有不稳定性。

（4）ARCHIVE 存储引擎

ARCHIVE 是归档的意思。归档后对很多高级功能就不再支持了，仅支持最基本的插入和查询两种功能。在 MySQL 5.5 以前的版本中，ARCHIVE 不支持索引，但是在 MySQL 5.5 以后的版本开始支持索引。

3. 存储引擎的设置和查询

存储引擎设置更改分为以下两种情况。

（1）更改默认存储引擎

默认存储引擎，顾名思义就是建库建表过程中不指定具体存储引擎而自动发挥作用的一种存储引擎机制。它主要通过 MySQL 的服务器配置文件（my.ini）进行设置，作用范围是整个 MySQL 服务器，又称服务器级存储引擎。

例如，要设置 InnoDB 为默认引擎，我们就是在配置文件 my.ini 的[mysqld]节区内加入 default-storage-engine=InnoDB 语句，并重启服务器。要确认默认存储引擎，我们只需利用前文介绍的 SHOW ENGINES;命令，在打开的图 6-14 所示界面中找到"Support"列为"DEFAULT"值的项核实即可。

（2）更改当前存储引擎

如果只是临时更改当前会话环境下建表的存储引擎，我们可以通过设置会话级和表级存储引擎来实现。注意，这种方式更改的存储引擎不会影响服务器级的默认存储引擎设置。

① 设置更改会话级存储引擎：通过使用 SET 命令为当前客户端会话设置@@storage_engine 系统变量即可；设置完后，该会话窗口下新建的数据表都会使用该命令指定的存储引擎。命令格式为：

```
SET @@storage_engine=<存储引擎>;
```
　　② 设置更改数据表级存储引擎：通过命令行或图形式窗口可以直接修改表的存储引擎。命令格式为：
```
ALTER TABLE <表名> ENGINE=<存储引擎>;
```
【例6-2】设置 stud 数据表的存储引擎为 InnoDB。
```
ALTER TABLE stud ENGINE='InnoDB';
```
　　在 HeidiSQL 图形式窗口中，可以在左边的数据库列表区单击目标库和表，再从工作区对应数据表选项卡下的二级选项卡内，选择存储引擎设置项（见表 6-17），并从给定存储引擎下拉列表中选择"保存"即可。

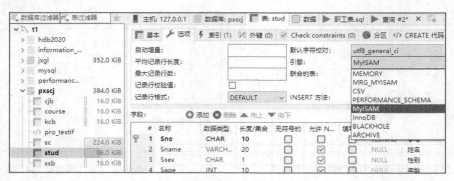

图 6-17　更改数据表的存储引擎

　　此外，也可以通过创建新表指定存储引擎。命令格式为：
```
CREATE TABLE <表名>(<字段定义>) ENGINE=<存储引擎>;
```
　　查询一个数据库下各个数据表的存储引擎信息可以通过命令获取。命令格式为：
```
SELECT table_name, `engine` FROM information_schema.tables WHERE table_schema
=<库名>;
```
【例6-3】返回 pxscj 数据库中各个数据表的存储引擎信息。
```
SELECT table_name, `engine` FROM information_schema.tables WHERE table_schema
='pxscj';
```
　　输出结果如图 6-18 所示。在该图中可以直观地看出表的存储引擎状态。

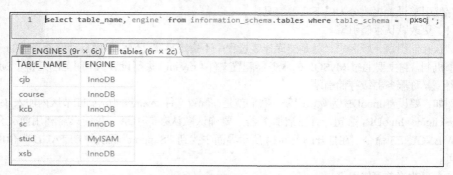

图 6-18　数据库各表存储引擎信息命令查询

　　在 HeidiSQL 图形式窗口中，通过在左边数据库列表区中单击目标数据库或数据表，在右边工作区选择对应数据库选项卡或数据表选项卡就能直观地看见该数据库或数据表的存储引擎信息，如图 6-19 所示。

图 6-19　数据库各表存储引擎信息查询

6.4.3　设计器创建表

设计器创建表

MySQL 数据表的创建既可以用 MySQL 命令行或图形式窗口查询界面输入 CREATE TABLE 命令来进行，也可以使用工具设计器方便地实现。

MySQL 数据库创建数据表的命令结构与 4.2 节介绍的通用 SQL 的定义形式大体相当，主要变化如下。

（1）MySQL 定义表的字段类型和约束控制更加明确。

（2）MySQL 定义表的结构中增加了存储引擎、字符集和自动递增类型的一些参数。

例如，manager 表的创建语句如下。

```
CREATE TABLE manager(
     id INT(11) NOT NULL AUTO_INCREMENT,    -- 定义ID字段为自动递增型,基数为100
     name VARCHAR(25) NOT NULL,
     sex VARCHAR(1) NOT NULL,
     PRIMARY KEY(id)
)ENGINE=InnoDB AUTO_INCREMENT=100 DEFAULT CHARSET=UTF8;
```

有关参数说明如下。

① ENGINE=InnoDB：设置表的存储引擎为 InnoDB。

② AUTO_INCREMENT=100：设置上面自动递增型字段的基数为 100。

③ DEFAULT CHARSET=UTF8：设置数据表的默认字符集为 UTF-8。

使用 HeidiSQL 图形式窗口的表设计器来创建数据表要更加直观和简洁，具体操作如下。

（1）在 HeidiSQL 图形式窗口下左边的数据库列表区选择目标数据库 jxgl，单击鼠标右键打开快捷菜单，从中选择"创建新的"命令并进入下一级菜单选择"表"命令，如图 6-20 所示，即可进入表设计器。

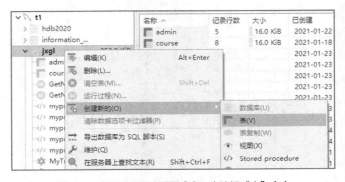

图 6-20　在 HeidiSQL 图形式窗口中选择"表"命令

（2）在打开的图 6-21 所示的表设计器界面中进行数据表的整体设计。

① 在"名称"文本框中输入新建数据表名称，这里输入"Student"。

② 在"注释"文本框中根据需要输入注释或说明内容。

③ 在"字段"栏，利用"添加"按钮可以新增字段，利用"删除"按钮可以删除选定的字段，利用"向上"按钮和"向下"按钮可以上、下移动选定字段的位置。

④ 在新建字段行的各个位置进行必要的设置。主要设置内容如下："名称"处设置字段名称；"数据类型"处选择对应字段类型；"长度/集合"处设置字段长度；"无符号的"处设置无符号数据（只针对数字类型）；"允许 NULL"处设置空值约束；"填零"处设置数字 0（只针对数字类型）；"默认"处设置默认值约束；"注释"处设置字段注释或说明内容；"校对规则"处设置字符比较的规则。

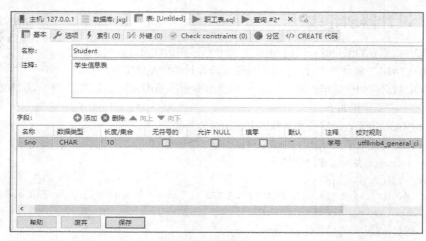

图 6-21　打开的表设计器界面

按照同样的处理办法，就可以设计完成表的所有字段及类型和约束设置。

⑤ 主键和索引设置。表设计器中主键和索引设置有两种方法：一是选择目标字段直接设置为主键或索引的方法；二是先创建主键和索引对象，再选择目标字段进行绑定的方法。

● 选择目标字段直接设置为主键或索引。

在字段列表界面，选择一个或多个目标字段，单击鼠标右键打开快捷菜单，选择"创建新索引"命令，进入下一级菜单，从不同主键和索引列表中选择合适的即可，如图 6-22 所示。

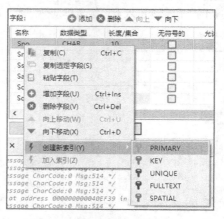

图 6-22　主键或索引直接设置法

- 选择目标字段绑定主键或索引。

首先在主工作区切换至"索引"选项卡，进入主键和索引对象创建界面，如图 6-23 所示。在该界面中可以通过"添加"按钮新增索引对象，通过"删除"按钮删除选择的索引，通过"向上"按钮和"向下"按钮移动选定的索引对象。

对新建的索引对象可以在"名称"处重命名索引对象名称，在"类型/长度"处选择某种确定的索引类型（包括主键），如图 6-23 所示。

图 6-23　主键或索引绑定设置法

选择索引类型后，用鼠标右键单击新建的索引，在快捷菜单中选择"增加字段"命令进行字段绑定。这时会在该索引下自动绑定第一个字段，如图 6-24 所示。

根据实际情况，在字段项后，利用下拉字段列表可以选择对应的绑定字段，如图 6-25 所示。这里，添加绑定一个字段的索引是单索引，绑定多个字段的索引是复合索引。

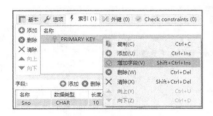

图 6-24　添加索引绑定字段行

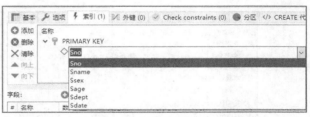

图 6-25　选择索引的绑定字段

用同样方法就可以创建新建表的所有索引内容。至此，一个完整的 Student 数据表结构就创建完成了，但还只是空表，没有记录数据。我们可以通过 INSERT 追加查询及后面的导入功能来进行记录数据的加载。

实际上利用 HeidiSQL 图形式窗口，在数据表的浏览状态下就可以直接进行简单记录数据的增、删、改处理，具体操作如下。

选择进入新建的数据表，在右边主工作区单击"数据"选项卡，进入数据表的浏览界面，如图 6-26 所示。在空白记录区单击鼠标右键打开快捷菜单，选择"插入记录行"命令，就可以为数据表新增一条记录，然后直接输入各个字段值保存即可。

6.4.4　加载和运行查询文件创建表

查询文件（.sql）本质上是一种存储 SQL 命令的文件，常作为数据库的备份/还原或导入/导出的技术运用。当然，利用建好的查询文件通过加载和运行也可以快速搭建数据环境，如建库建表和插入数据、设置约束和索引。

图 6-26　数据表浏览界面中的操作

本书用例数据就是以查询文件（jxgl.sql）形式提供，部分内容如图 6-27 所示。

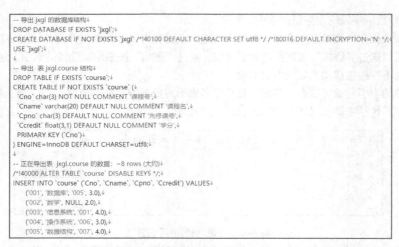

图 6-27　jxgl 用例查询文件（局部）

HeidiSQL 图形式窗口环境下，加载和运行查询文件的方法是：选择目标数据库作为当前库，在工作区打开一个查询界面。在"文件"菜单中选择"加载 SQL 文件"选项可以加载查询文件，选择"运行 SQL 文件"选项可以执行查询文件，如图 6-28 所示。

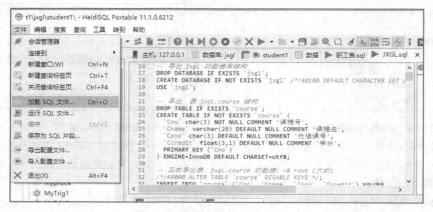

图 6-28　选择"加载 SQL 文件"选项

查询文件加载时会先将相关 SQL 文件加载到查询界面，进行浏览与检查，并根据需要选择执行；查询文件运行则省去加载步骤，选择 SQL 文件直接执行。

此外，也可以在查询界面中加载查询文件，即用鼠标右键单击，在打开的快捷菜单中选择"加载 SQL 文件"命令，将选定的查询文件加载进来。

通过对示例查询文件（jxgl.sql）的加载和运行，可以快速搭建起所需的数据库环境，如教学管理 jxgl 数据库及其学生表 Student、课程表 Course 和选课表 SC，且可一并完成所有表的约束、索引设置和记录的追加操作。

6.4.5　数据表的修改和删除

数据表的修改和删除既可以按照通用 SQL 语言的方法在命令行或查询界面中通过 ALTER TABLE 和 DROP TABLE 命令去完成，也可以通过在 HeidiSQL 图形式窗口环境下选择左边对象列表中的目标表并单击鼠标右键打开快捷菜单来选择"编辑"命令或"删除"命令完成。

6.5　数据表关联

关系数据库中关联表之间通过外键产生联系并实现参照完整性。不同的外键约束方式将可以使两张表紧密地结合起来，特别是修改或者删除的级联操作将使日常的维护工作更加轻松。

分析可知，jxgl 数据库的 3 个关联表之间存在两组外键关联：Student（Sno）-SC（Sno）和 Course（Cno）-SC（Cno）。

6.5.1　外键定义

MySQL 数据库常用的两种存储引擎中，InnoDB 支持外键，而 MyISAM 不支持。

MySQL 的外键定义格式为：

```
[CONSTRAINT <外键名称>] FOREIGN KEY [索引名] (字段,…)
REFERENCES 主表名(字段,…)
[ON DELETE 选项]
[ON UPDATE 选项]
```

这里，CONSTRAINT <外键名称>用于定义外键名称，是可选项，且一个表中不能有相同名称的外键；选项是指 RESTRICT | CASCADE | SET NULL | NO ACTION。

如果子表试图创建一个在父表中不存在的外键值，InnoDB 会拒绝任何插入或更新操作。如果父表试图更新、删除任何子表中存在或匹配的外键值，最终动作取决于外键约束定义中的 ON UPDATE 和 ON DELETE 选项。

InnoDB 支持 4 种不同的选项，如果没有指定 ON DELETE 或者 ON UPDATE，默认的动作为 RESTRICT。主要选项说明如下。

（1）RESTRICT：拒绝删除或者更新父表。指定 RESTRICT（或者 NO ACTION）和忽略 ON DELETE 或者 ON UPDATE 选项的效果是一样的。

（2）CASCADE：父表中删除或更新对应的行，子表中会自动删除或更新匹配的行。

（3）SET NULL：父表中删除或更新对应的行，子表中的外键列会自动设为空。注意，这些在外键列没有被设置为 NOT NULL 时才有效。

（4）NO ACTION：InnoDB 拒绝删除或者更新父表。

外键约束使用得最多的两种级联组合情况如下。

（1）父表更新时子表也更新；父表删除时如果子表有匹配的项，删除失败。在外键定义中，使用 ON UPDATE CASCADE ON DELETE RESTRICT。

（2）父表更新时子表也更新；父表删除时子表匹配的项也删除。在外键定义中，使用 ON UPDATE CASCADE ON DELETE CASCADE。

6.5.2　利用命令创建外键

MySQL 外键有直接创建、添加和删除 3 种命令操作。

（1）创建表时直接设置外键，格式为：

```
CREATE TABLE <表名>(字段定义,[ADD CONSTRAINT <外键名>] FOREIGN KEY (字段名)
REFERENCES 主表(主表主键名)) [选项];
```

【例 6-4】设计选课表 SC 参照学生表 Student 的外键，并实施级联更新。

```
CREATE TABLE SC(…,ADD CONSTRAINT FK-SC-S FOREIGN KEY(Sno) REFERENCES Student(Sno)
ON UPDATE CASCADE ON DELETE RESTRICT;
```

（2）修改表再添加外键，格式为：

```
ALTER TABLE <表名> ADD CONSTRAINT <外键名>FOREIGN KEY(字段名)REFERENCES 主表(主表主键名) [选项];
```

【例 6-5】补充设计选课表 SC 参照课程表 Course 的外键，并实施级联更新和级联删除。

```
ALTER TABLE SC ADD CONSTRAINT FK-SC-C FOREIGN KEY(Cno) REFERENCES Student(Sno)
ON UPDATE CASCADE ON DELETE CASCADE;
```

（3）删除外键，格式为：

```
ALTER TABLE <表名> DROP <外键名>;
```

6.5.3　利用图形式窗口创建外键

图形窗口创建外键

MySQL 外键的创建可以使用 HeidiSQL 图形式窗口方便地实现，具体操作如下。

在 HeidiSQL 图形式窗口中选择外键目标选课表 SC，单击右边工作区"外键"选项卡，打开外键设计区，如图 6-29 所示。

图 6-29　HeidiSQL 图形式窗口的外键设计区

进入外键设计区，单击"添加"按钮可创建外键行，单击"删除"按钮可删除选择的外键，单击"清除"按钮可删除所有外键行。

选择新增的外键行，进行参数设置。其中，在"键名"处重命名外键，"字段"处选择设置子表外键字段，"关联表"处选择设置主表，"外联字段"处选择设置参照的主表字段，"UPDATE 时"处选择设置级联更新动作，"DELETE 时"处选择设置级联删除动作。

设置完毕，确定无误后保存即可。这时，我们可以通过"外键"选项卡右侧的"CREATE 代码"选项卡查验用图形式窗口创建外键后系统自动生成的 DDL 代码，如图 6-30 所示。对比发现，与前面的设计基本一致。

```
CREATE TABLE `sc` (
    `Sno` CHAR(10) NOT NULL COMMENT '学号' COLLATE 'utf8_general_ci',
    `Cno` CHAR(3) NOT NULL COMMENT '课程号' COLLATE 'utf8_general_ci',
    `Score` INT(10) NULL DEFAULT NULL COMMENT '分数成绩',
    PRIMARY KEY (`Sno`,`Cno`) USING BTREE,
    INDEX `Cno` USING BTREE,
    CONSTRAINT `FK-SC-C` FOREIGN KEY (`Cno`) REFERENCES `jxgl`.`course` (`Cno`) ON UPDATE CASCADE ON DELETE CASCADE,
    CONSTRAINT `FK-SC-S` FOREIGN KEY (`Sno`) REFERENCES `jxgl`.`student` (`Sno`) ON UPDATE CASCADE ON DELETE NO ACTION
)
COLLATE='utf8_general_ci'
ENGINE=InnoDB
;
```

图 6-30　用 HeidiSQL 图形窗口创建外键后系统生成的代码

6.6 其他库级操作

6.6.1 备份与还原数据库

数据库的备份与还原功能是数据库管理系统的一个重要组成部分。在数据库表丢失或损坏的情况下，备份数据库是很重要的。如果发生系统崩溃，备份与还原数据库能够使表尽可能丢失最少的数据恢复到崩溃发生前的状态。

MySQL 数据库实现数据备份与还原主要有 3 种方法：一是使用 cmd 命令 mysqldump 实现；二是使用图形式窗口的相关功能实现；三是直接复制数据库相关物理文件。其中，第一种、第二种方法一般均使用查询文件（扩展名为.sql）作为备份交换格式。

1. 利用 mysqldump 命令进行备份与还原

mysqldump.exe 是 MySQL 系统提供的一个重要客户端工具。其作用就是实现数据库的备份与还原功能。

（1）生成 SQL 脚本备份

在 cmd 命令行使用 mysqldump 命令可以生成指定数据库的脚本文件，但要注意脚本文件中只包含数据库的内容，而不会存在创建数据库的语句。所以在恢复数据时，还需要自己手动创建一个数据库后再去恢复数据。相关命令格式分别如下所示。

① 导出整个数据库。

```
Mysqldump -u<用户名> -p<密码> <数据库名> > <脚本文件>
```

② 导出一个表（包括数据结构及数据）。

```
Mysqldump -u<用户名> -p<密码> <数据库名> <表名> > <脚本文件>
```

③ 导出一个数据库结构（无数据，只有结构）。

```
Mysqldump -u<用户名> -p<密码> -d --add-drop-table <数据库名> > <脚本文件>
```

主要参数说明如下。

- <用户名>：合法数据库用户名。
- <密码>：用户密码。
- <数据库名>和<表名>：要备份的数据库或数据表的名称。
- <脚本文件>：备份文件，一般带盘符路径。
- -d：没有数据。
- --add-drop-table：在每个 CREATE 语句之前增加一个 DROP TABLE。

注意

mysqldump 命令在 Windows 控制台下执行，无须登录 MySQL。

【例 6-6】分别将 jxgl 数据库、student 表和 jxgl 数据库表结构备份至 mydb 脚本文件。

```
mysqldump -ucsy -p jxgl > mydb.sql
mysqldump -ucsy -p jxgl student > mytb.sql
mysqldump -ucsy -p -d --add-drop-table jxgl > mydb.sql
```

（2）执行 SQL 脚本还原

登录 MySQL，然后进入指定数据库，才可以执行 SQL 脚本还原。命令格式为：

```
SOURCE <脚本文件>;
```

> **注意**
>
> 在执行脚本时需要先行核查当前数据库中的表是否与脚本文件中的语句有冲突。如果脚本文件中存在 **CREATE TABLE a** 的语句，而当前数据库中已经存在 **a** 表，就会出错。

此外，还可以通过下面的 cmd 命令 mysql 配合管道"<"来执行脚本还原。命令格式为：

```
mysql.exe -u<用户名> -p<密码> <数据库名> < <脚本文件>
```

2. 利用图形式窗口进行备份与还原

利用 HeidiSQL 图形式窗口进行数据库备份的主要操作如下。

（1）在 HeidiSQL 图形式窗口下选择左边备份的目标数据库，单击鼠标右键，在打开的快捷菜单中选择"导出数据为 SQL 脚本"命令，打开"表工具"对话框，如图 6-31 和图 6-32 所示。

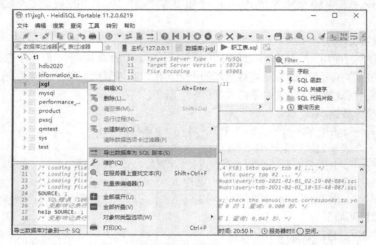

图 6-31　在 HeidiSQL 图形式窗口中选择"导出数据库为 SQL 脚本"命令

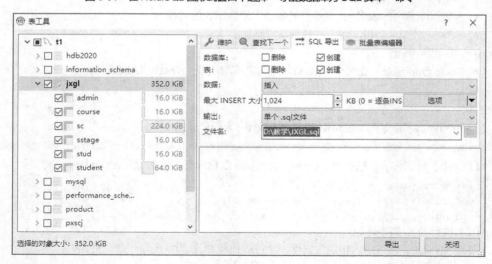

图 6-32　打开的"表工具"对话框

（2）在"表工具"对话框的左边列表中可以分级选择备份的数据库或数据表，然后在右边"SQL 导出"选项卡进行导出参数设置：在"数据库"和"表"处通过复选框设置，设置脚本中对于库表的初始化操作；在"数据"处设置实录数据的处理形式；在"输出"处设置备份是以单个.sql 文件还是以多个.sql 文件进行；在"文件名"处设置备份文件的盘符路径和文件名。确定无误，单击"导出"按钮即可。

用图形式客户端进行数据库还原实际上就是加载和运行 SQL 脚本文件。具体操作方式参见 6.4.4 小节的内容。

3．直接文件备份与还原

这种方法简单明了，就是直接对数据库物理数据文件进行复制以实现备份，但前提条件是操作之前需要关闭 MySQL 服务器引擎。同时，备份和还原两方的 MySQL 数据库版本要保持一致。

6.6.2　复制与清空数据库

数据库复制就是在本地或远端服务器对目标数据库重新做一个复制版本，复制的数据库内部可以按照需要部分或全部保留对象内容；数据库清空则是清除数据库内部的所有对象，成为一个空的数据库。

1．数据库复制

在创建新数据库的条件下，用户可以使用 mysqldump 及 mysql 组合管道命令来实现数据库的复制操作。下面举例说明操作过程。

【例 6-7】将 jxgl 数据库复制到新建的 jxgl_bk 数据库。

（1）创建新的数据库

```
mysql -uroot -p1234
CREATE DATABASE 'jxgl_bk' DEFAULT CHARSET UTF8;
```

（2）使用 mysqldump 及 mysql 组合管道命令

复制到本地 MySQL 服务器上操作：

```
mysqldump jxgl -uroot -p1234 | mysql jxgl_bk -uroot -p1234
```

复制到远端 MySQL 服务器（假设 IP 地址为 10.1.1.5）上操作：

```
mysqldump jxgl -uroot -p1234 | mysql -h 10.1.1.5 jxgl_bk -uroot -p1234
```

这里用到了 cmd 命令行的管道"|"输出技术。

在图形式窗口下也可以使用相关功能来进行数据表的复制，具体操作如下。

（1）建好一个空的目标数据库，这里假设是 jxgl_bk。

（2）在图形式窗口下左侧数据库列表中选择源数据库下的目标表，例如 jxgl 库中的 student 表。单击鼠标右键，打开快捷菜单后，从中选择"创建新的"命令，在子菜单中选择 "表复制"命令，如图 6-33 所示，进入"复制表"对话框。

（3）在打开的"复制表"对话框中可以进行表复制的参数设置，如图 6-34 所示。

在数据库列表位置可以选择复制的目标数据库，这里选择"jxgl_bk"。

在数据表名称位置输入复制后的表名称，这里保持源库的"student"表名。

在创建元素的区域可以选择数据表复制的具体内容，例如要复制的字段、索引及是否复制记录。

操作完毕，由选项元素组织的表会复制到目标库的指定表中。

这样，重复上面的操作方式就可以实现将某个源数据库下的所有数据表复制到目标数据库。

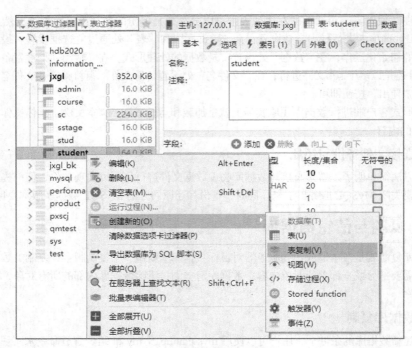

图 6-33　图形式窗口数据表的复制命令

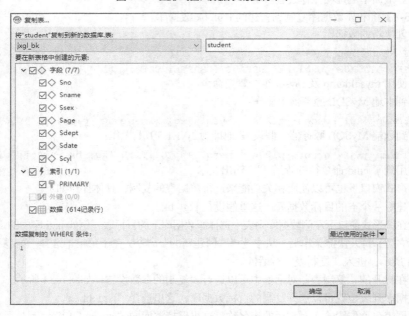

图 6-34　"复制表"对话框

2. 数据库清空

有时需要把数据库中的所有表删除，只保留数据库，此时可以用 MySQL 命令实现。

这里我们以 jxgl 数据库为例说明操作过程。

（1）以 root 身份登录数据库：mysql -uroot -p。

（2）用 SELECT 语句将 jxgl 数据库中的所有表名及 DROP 语句串联后显示出来。

```
SELECT concat('DROP TABLE IF EXISTS jxgl.', table_name, ';') FROM information_schema.
tables WHERE table_schema = 'jxgl';
```

输出结果如图 6-35 所示。

```
tables (6r × 1c)
concat('DROP TABLE IF EXISTS jxgl.', table_name, ';')
DROP TABLE IF EXISTS jxgl.admin;
DROP TABLE IF EXISTS jxgl.course;
DROP TABLE IF EXISTS jxgl.sc;
DROP TABLE IF EXISTS jxgl.sstage;
DROP TABLE IF EXISTS jxgl.stud;
DROP TABLE IF EXISTS jxgl.student;
```

图 6-35　输出结果

（3）将上面的命令整理并粘贴到命令行或查询界面，即可完成目标数据库下所有表的删除。

数据库清空也可以通过在图形式窗口（客户端）选中目标数据库，再手动一个个地删除其所属的数据表等对象来实现。

6.6.3　导入与导出

数据的导入与导出主要是为了实现不同数据源之间的数据交换。MySQL 数据库的导入与导出主要有 3 种方法：一是利用 6.6.1 小节介绍的数据库备份和还原方式来实现查询脚本文件（.sql）的导入和导出；二是利用 LOAD DATA 和 SELECT…INTO OUTFILE 实现文本文件（.txt 或.csv）的导入和导出；三是利用图形式窗口的相关功能实现文件的导入和导出。

第一种方法参阅前面的说明，下面介绍第二种和第三种方法。

1. 利用 LOAD DATA 和 SELECT…INTO OUTFILE 实现导入和导出

有时，为了更快速地插入大批量数据或交换数据，需要从文本中导入数据或导出数据到文本。
导入命令格式为：

```
LOAD DATA LOCAL INFILE <文本文件>
INTO TABLE 表名(字段列表)
FIELDS TERMINATES BY '字段分隔符'
ENCLOSED BY '字符串限定符'
LINES TERMINATES BY '记录换行符';
```

导出命令格式为：

```
SELECT <字段列表> INTO OUTFILE <文本文件> LINES TERMINATED BY <行结束符> FROM
<表名>;
```

下面举例说明具体用法。

（1）建立测试表，准备数据

首先建立一个用于测试的表示雇员信息的表，字段有 ID、姓名、年龄、城市、薪水（ID 和姓名不能为空）。定义结构如下。

```
CREATE TABLE Employee(
    id INT NOT NULL AUTO_INCREMENT,
    name VARCHAR(40) NOT NULL,
```

```
        age INT,
        city VARCHAR(20),
        salary INT,
        PRIMARY KEY(id)
)ENGINE=InnoDB CHARSET=UTF8;
```

（2）设计一个文本文件

设计一个用于导入的文本文件 data.txt，注意结构要与新建的 Employee 表一致。

data.txt 文件内容如下。

```
张三 31 北京 3000
李四 25 杭州 4000
王五 45  \N  4500
小明 29 天津 \N
```

注意

　　每一项按"Tab"键进行分隔；如果该字段为 NULL，则用\N 表示。

（3）导入数据

在命令行或查询界面输入以下命令，进行数据导入。

```
LOAD DATA LOCAL INFILE "D:/data.txt" INTO TABLE Employee(name,age,city,salary);
```

注意

　　操作之前要确保文本文件的编码和导入表的编码一致。这里，Employee 表的编码定义为 UTF-8，则文本文件的编码也要调整为 UTF-8，否则会报乱码错误。

（4）导出数据

将 Employee 表导出为文本文件 D:\data_out.txt，执行以下命令。

```
SELECT name,age,city,salary INTO OUTFILE "D:/data_out.txt" LINES TERMINATED
BY "\r\n" FROM Employee;
```

注意

　　如果操作报错，我们需要查询和配置系统的 secure_file_priv 参数。

2. 利用图形式窗口的相关功能实现导入和导出

图形式窗口（客户端）提供了文本文件的导入和导出功能，下面举例说明利用图形式窗口导入和导出数据的方法。

（1）导入

在图形式窗口（客户端）打开连接，选择"工具"菜单中的"导入 CSV 文件"命令（见图 6-36）打开"导入文本文件"窗口。

在打开的"导入文本文件"窗口中进行导入参数的配置，如图 6-37 所示。主要设置如下。

① 在"文件名"文本框中输入文本文件（.csv 或.txt）的带路径文件名。

② 在"编码"下拉列表中设置导入文件的编码。

③ 在"选项"栏控制文本文件忽略前几行的导入。

④ 在"控制字符"栏设置各个位置的控制符，如字段分隔符、行分隔符等。

⑤ 在"冲突记录的处理"栏设置导入数据的操作。

⑥ 在"目标"栏设置导入目标的库表和字段。

图 6-36　导入 CSV 文件命令

图 6-37　"导入文本文件"窗口

（2）导出

在图形式窗口（客户端）选择目标库表，并进入数据表的浏览状态。选择"工具"菜单中的"导出表格的行"命令（见图 6-38）打开"导出表格的行"对话框。

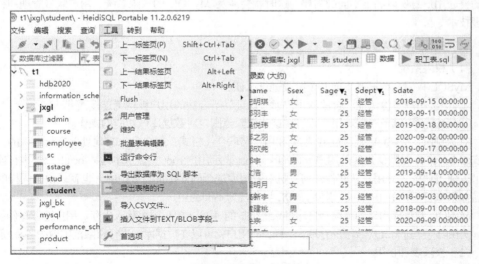

图 6-38　导出表格的行命令

在打开的"导出表格的行"对话框中进行导出参数的配置，如图 6-39 所示。主要设置如下。

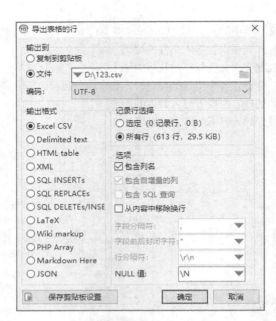

图 6-39 "导出表格的行"对话框

① 在"输出到"栏设置目标表数据导出到剪贴板或导出到指定的文件，并可选定输出编码。

② 在"输出格式"栏设置导出文件的格式。

③ 在"记录行选择"栏设置导出表格是选定行还是所有行。

④ 在"选项"栏设置列名是否输出、NULL 值处理及各类控制符。

6.6.4 用户和权限

MySQL 数据库在实际应用中除了使用默认的 root@localhost 超级用户身份外，还需要创建更多的普通用户身份以满足不同的需要。这时就会涉及 MySQL 的权限系统、用户账号管理和权限管理技术。

1. 权限系统及权限表

（1）权限系统

MySQL 权限系统通过下面两个阶段进行认证。

① 连接用户身份认证。合法的用户通过认证、不合法的用户被拒绝连接。

② 合法用户赋予权限。用户可以在这些权限范围内对数据库做相应的操作。

对于身份，MySQL 是通过 IP 地址和用户名联合（格式：用户名@IP 地址）进行确认的，例如安装 MySQL 时默认创建的用户 root@localhost 表示用户 root 只能从本地（localhost）进行连接才可以通过认证，此用户从其他任何主机对数据库进行的连接都会被拒绝。也就是说，同样的用户名如果来自不同的 IP 地址，则 MySQL 将其视为不同的用户。

MySQL 数据库启动的时候会自动将系统维护的 4 个主要权限表载入内存。用户通过身份认证后，就在内存中进行相应权限的存取，这样，此用户就可以在数据库中进行权限范围内的各种操作。

（2）权限表和权限

MySQL 中的权限表都存放在 MySQL 系统数据库中。MySQL 5.6 以前，权限相关的表有 user表、db 表、host 表、tables_priv 表、columns_priv 表、procs_priv 表（存储过程和函数相关的权限）。

从 MySQL 5.6 开始，host 表被取消。

可以说，MySQL 的权限系统主要就是围绕这些权限表进行的。有关权限表的一些说明如下。

① 权限表从属 MySQL 系统库，可以查阅浏览，不建议修改。

② 权限表内存储数据库用户和对应不同层级的权限等相关信息。

③ 依据 DCL 命令及图形式窗口完成的用户和权限操作结果均会自动存入不同权限表。

④ 不同权限表对应不同层级权限管理，从高到低为：user 表（服务器级权限表）→db 表（数据库级权限表）→tables_priv 表（表级权限表）→columns_priv 表（字段级权限表）。MySQL 4 个主要权限表的管理内容如表 6-8 所示。

表 6-8 MySQL 4 个主要权限表的管理内容

	user 表	db 表	tables_priv 表	columns_priv 表
用户/名称列	Host User Password	Host Db User	Host Db User Table_name	Host User Table_name Column_name
权限列	Select_priv Insert_priv Update_priv Delete_priv Create_priv Drop_priv Grant_priv References_priv Index_priv Alter_priv Create_tmp_table_priv Lock_tables_priv Create_view_priv Show_view_priv Create_routine_priv Alter_routine_priv Execute_priv Event_priv Trigger_prit Create_tablespace_priv Show_db_priv Reload_priv Shutdown_priv Process_priv File_priv Super_priv Repl_slave_priv Replclient-priv Create_user_priv	Select_priv Insert_priv Update_priv Delete_priv Create_priv Drop_priv Grant_priv References_priv Index_priv Alter_priv Create_tmp__table_priv Lock_tables_priv Create_view_priv Show_view_priv Create_routine_priv Alter_routine_priv Execute_priv Event_priv Trigger_priv	Table_priv Column_priv	Column_priv
安全列	Ssl_type Ssl_cipher x509_issuer x509_subiect	—	—	—
资源列	max_questions max_updates max_connections max_user_connections	—	—	—
杂项列	plugin authentication_string password_expired		Grantor Timestamp	Timestamp

这几个表中用得最多的是 user 表。user 表主要分为以下几个部分：用户/名称列、权限列、安全列、资源列及杂项列，其中最需要关注的是用户列和权限列。

需要说明的是，从 user 表到 db 表，再到 tables_priv 表，最后到 columns_priv 表，它们的权限是逐层细化的。user 表中的普通权限是针对所有数据库的，例如在 user 表中的 select_priv 为 Y，则对所有数据库都有 select 权限；db 表是针对特定数据库中所有表的，如果只有 test 数据库中有 select 权限，那么 db 表中就有一条记录 test 数据库的 select 权限为 Y，这样对 test 数据库中的所有表都有 select 权限，而此时 user 表中的 select 权限就为 N；tables_priv 表也一样，其权限是针对特定表中所有列的权限；columns_priv 表中权限则是针对特定列的权限。

对已经通过身份合法性验证用户的权限读取和分配机制如下。

① 读取 uesr 表，看看 user 表中是否有对应为 Y 的权限列，有则分配。

② 读取 db 表，看看 db 表中是否有哪个数据库分配了对应的权限。

③ 读取 tables_priv 表，看看哪些表中有对应的权限。

④ 读取 columns_priv 表，看看对哪些具体的列有相应的权限。

2. 用户账号管理

连接数据库的第一步要从创建用户账号开始。用户管理主要包括用户账号的创建、修改和删除、浏览用户等相关操作。

（1）创建用户账号

MySQL 中有以下 3 种方法可以用来创建用户账号。

① 在命令行窗口或图形式窗口查询界面中直接使用 CREATE USER 命令创建。

② 在命令行窗口或图形式窗口查询界面中使用 GRANT 命令授权时一并创建。

③ 在图形式窗口查询界面中利用用户管理功能创建。该方法为推荐方法，操作简单，出错概率小。

直接创建数据库用户账号的命令格式如下。

```
CREATE USER <用户名>@<主机名> IDENTIFIED BY <密码>;
```

主要参数说明如下。

① <用户名>：创建的用户名。

② <主机名>：MySQL 服务器 IP 地址或域名，指定该用户在哪个主机上可以登录。如果是本地用户，可用 localhost；如果想让该用户从任意远程主机登录，可以使用通配符%。

> **注意**
>
> 上面的<用户名>和<主机名>两个部分合并起来构成一个完整的 MySQL 数据库用户账号，标识为"<用户名>@<主机名>"形式；单纯的<用户名>没有意义。

③ <密码>：该用户的登录密码，密码可以为空。如果密码为空则该用户不需要提供密码即可登录服务器。

【例 6-8】创建用户账号 csy（密码：1234），要求可以分别从本机、指定 IP 地址和远程任意地址进行连接。

```
CREATE USER 'csy'@'localhost' IDENTIFIED BY '1234';
CREATE USER 'csy'@'192.168.1.101_' IDENDIFIED BY '1234';
CREATE USER 'csy'@'%' IDENTIFIED BY '1234';
```

此外，也可以利用 GRANT 命令直接进行权限设置，并自动创建相关用户账号。

【例6-9】创建并授权一个用户账号 csy（密码：1234），要求可以对本地数据库的所有的库、所有的表做所有操作。

```
GRANT all on *.* to 'csy'@'localhost' identified by '1234';
```

最简单、直观的方法是利用图形式窗口对应的用户管理功能来进行用户账号的创建和管理。其具体操作步骤如下。

① 单击图形式窗口中的"管理用户权限"图标（见图6-40），打开"用户管理"窗口。

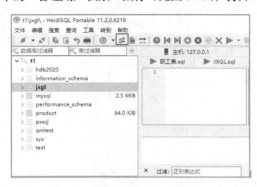

图 6-40　图形窗口中的用户管理功能

② 在打开的"用户管理"窗口中，单击"添加"按钮可以创建用户账号，单击"克隆"按钮可以复制用户账号结构，单击"删除"按钮可以删除选定的用户账号，如图 6-41 所示。

图 6-41　"用户管理"窗口

对添加的新用户账号可以在右边区域设置连接参数，主要设置有：在"用户名"文本框中输入新建用户名；在"来自主机"下拉列表中选择登录位置；在"密码"文本框和"重输密码"文本框中输入一致的密码。设置完毕，保存即可。此时，新建的用户账号会呈现在左边列表中。

用户账号创建完后，如果不赋予相关权限，即使连接到目标服务器，主要数据库信息也会被"屏蔽"，不能操作。例如，在图形式窗口下重新建立一个"t2"的连接来实现 csy 用户的登录，成功连接进入后，在左边数据库列表中可看到"information_schema"数据库的信息，而与之对应，上面以 root 用户身份登录的"t1"连接则在列表中显示出该服务器的所有系统数据库和用户数据库，如图 6-42 所示。

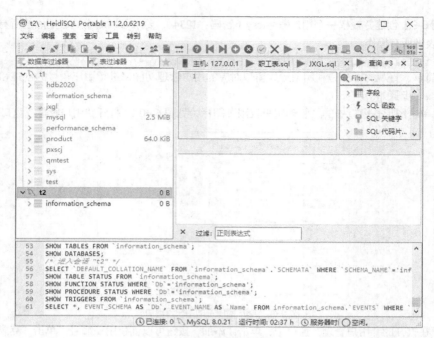

图 6-42　普通用户连接数据库

（2）修改和删除用户账号

MySQL 可以使用 ALTER USER 等命令来修改用户账号（密码），使用 DROP USER 命令来删除用户账号。

① 修改用户账号密码

MySQL 修改用户账号密码可使用两种方法：ALTER USER 和 SET PASSWORD。

【例 6-10】使用 ALTER USER 修改用户账号密码，操作如下。

修改 csy 用户账号的密码为 5678，执行如下命令。

```
ALTER USER csy IDENTIFIED BY '5678';
```
修改当前登录用户账号的密码为 5678，执行如下命令。

```
ALTER USER user() IDENTIFIED BY '5678';
```
使密码过期，执行如下命令。

```
ALTER USER csy IDENTIFIED BY '5678' password expire;
```
使密码从不过期，执行如下命令。

```
ALTER USER csy IDENTIFIED BY '5678' password expire never;
```
按默认设置过期时间，执行如下命令。

```
ALTER USER csy IDENTIFIED BY '5678' password expire default;
```
指定密码的过期间隔，执行如下命令。

```
ALTER USER csy IDENTIFIED BY '5678' password expire interval 90 day;
```
【例 6-11】使用 SET PASSWORD 修改用户账号密码，操作如下。

修改 csy 用户账号的密码为 5678，执行如下命令。

```
SET PASSWORD FOR csy@localhost='5678';
```
修改当前连接用户账号的密码为 5678，执行如下命令。如果是更改自己的密码，可以省略 for 语句。

```
SET PASSWORD='5678';
```

② 删除用户账号

要彻底删除用户账号，同样也有 3 种方法：使用 DROP USER 命令、进行图形式窗口用户列表操作和修改权限表（不建议使用）。

DROP USER 命令格式如下。

```
DROP USER <用户1> [, <用户2>]…
```

【例 6-12】将 csy@localhost 用户账号删除。

```
DROP USER csy@localhost;
```

（3）浏览用户

除了可以通过图形式窗口的"用户管理"窗口方便地浏览数据库用户，也可以使用相关命令进行查询，具体命令格式如下。

```
SELECT current_user();        -- 显示当前连接用户
SELECT user,host,authentication_string FROM mysql.user;  -- 显示所有用户信息
```

3. 权限管理

创建好的用户账号必须授权才能正常使用，同时授出的权限还可以根据需要修改或回收回来。

（1）用户账号授权

MySQL 数据库的用户账号授权主要有 3 种方法：一是使用 GRANT 命令在命令行或查询界面进行；二是利用图形式窗口的用户管理授权机制进行；三是直接在权限表中进行，但该方法有风险，不推荐使用。

GRANT 命令的格式如下。

```
GRANT 权限 1[(字段列表 1)][,权限 2[(字段列表 2)]] … ON <对象> TO 用户 1[,用户 2] …
[WITH GRANT OPTION]
```

主要参数说明如下。

① 权限：针对不同类型数据库对象设置的操作权限，ALL PRIVILEGES 表示所有权限。

② 字段列表：定义授权字段。

③ 对象：设置授权大小，*.*表示服务器级权限，<db_name>.*表示数据库级权限。

④ 用户 1,用户 2…：授权用户。

⑤ WITH GRANT OPTION：可选项，允许用户将获得的授权转授其他用户。

下面分析一些用户账号授权的实例。

【例 6-13】为本地用户账号 csy 授权，要求可以在所有数据库上执行所有权限。

```
GRANT ALL PRIVILEGES ON *.* TO csy@localhost;         -- 服务器级授权
```

*.*的服务器级授权信息会保存在 user 权限表。查询可以发现，除了 Grant_priv 权限，user 权限表中 csy 用户账号对应权限都是"Y"，如图 6-43 所示。

mysql.user: 6 总记录数（大约）											
Host	User	Select_priv	Insert_priv	Update_priv	Delete_priv	Create_priv	Drop_priv	Reload_priv	Shutdown_priv	Process_priv	File_priv	Grant_priv	Referen
%	root	Y	N	N	N	N	N	N	N	N	N	N	N
localhost	csy	Y	Y	Y	Y	Y	Y	Y	Y	Y	Y	N	N
localhost	mysql.infoschema	Y	N	N	N	N	N	N	N	N	N	N	N
localhost	mysql.session	N	N	N	N	N	N	Y	Y	N	N	N	N
localhost	mysql.sys	N	N	N	N	N	N	N	N	N	N	N	N
localhost	root	Y	Y	Y	Y	Y	Y	Y	Y	Y	Y	Y	Y

图 6-43 设置用户服务器级权限

【例 6-14】在例 6-13 基础上，增加对 csy 的授权。

```
GRANT ALL PRIVILEGES ON *.* TO csy@localhost WITH GRANT OPTION;
```

【例 6-15】在例 6-14 基础上，设置密码为 5678。

```
GRANT ALL PRIVILEGES ON *.* TO csy@localhost IDENTIFIED BY '5678' WITH GRANT
OPTION;
```

【例 6-16】创建新用户账号 cgg，要求可以从任何 IP 进行连接，权限为对 jxgl 数据库里的所有表进行 SELECT、UPDATE、INSERT 和 DELETE 操作，初始密码为 1234。

```
GRANT SELECT,INSERT,UPDATE,DELETE ON jxgl.* TO 'cgg'@'%' IDENTIFIED BY '123
4'; -- 数据库级
```

jxgl.*的数据库级授权信息会保存在 db 权限表。查询可以发现，user 权限表中 cgg 用户账号的权限都是"N"，而 db 权限表中该用户账号增加的记录权限则都是"Y"。

需要指出的是，MySQL 数据库的 user 权限表中 host 值为%或者空，表示所有外部 IP 都可以连接，但是不包括本地服务器 local。因此，如果要包括本地服务器，我们必须单独为 local 赋予权限。

【例 6-17】授予 SUPER、PROCESS、FILE 权限给用户账号 csy@%。

```
GRANT SUPER,PROCESS,FILE ON *.* TO 'csy'@'%';
```

由于这几个权限都属于管理权限，因此不能指定给某个数据库；on 后面必须跟"*.*"。

与命令操作授权相比，利用图形式窗口相关用户管理功能授权要简单得多。下面以 csy@localhost 用户账号的授权进行说明，设计该用户账号权限分配信息如表 6-9 所示。

表 6-9   用户账号权限分配信息

对象	权限	权限等级	涉及权限表
数据库 test	ALL	数据库级	db
数据库 jxgl，表 student	SELECT、UPDATE	表级	tables_priv
数据库 jxgl，表 course，字段 Cname、Ccredit	SELECT	字段级	columns_priv

授权过程如下。

① 在图形式窗口下打开"用户管理"窗口，并选择左边目标用户账号 csy，如图 6-44 所示。

图 6-44 在"用户管理"窗口选择目标用户

② 在"允许访问"栏进行授权操作。单击"全局权限"左侧的箭头，可以打开权限列表，从中选择一项或多项就可以设置该用户账号的服务器级操作权限；此外，也可以直接单击"全局权限"左侧的复选框以选择所有权限。本例 csy 用户账号没有直接涉及服务器级权限分配。

③ 在"允许访问"栏继续进行授权操作。单击该区域右上角"添加对象"按钮，参照上面权限分配表的设计来进行相关数据库级、表级和字段级的内容设置。

④ 展开数据库列表，分级选择数据库 test、数据表 student 和字段 Cname、Ccredit，单击"确

定"按钮，如图 6-45 所示，就能将对应选项添加到操作区域。

⑤ 在图 6-46 所示库、表和字段 3 个选项中分别单击左侧箭头，从列表中选择相应的分配权限类型。如果要分配所有权限，用户也可以直接选中左侧复选框。

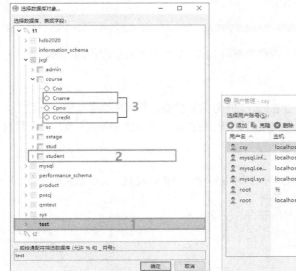

图 6-45　库、表、字段三级授权内容　　　　图 6-46　库、表、字段三级授权组织

权限分配完后的结果如图 6-47 所示。

图 6-47　库、表、字段三级授权结果

> **注意**
>
> 　　授权结果列表中，根节点位置复选框是以打钩形式显示的，表明其选项全部被选中；复选框是以黑块形式显示的，表明其选项部分选中。

　　用户账号权限分配必须刷新才能生效，否则要重启 MySQL 服务才可以起作用。刷新命令为 flush privileges;。

　　（2）查看和更改用户账号权限

　　创建完用户账号后，时间长了可能就会忘记分配的权限而需要查看用户账号权限，也可能会在经过一段时间后需要更改以前的用户账号权限。下面介绍查看用户账号权限和更改用户账号权限这两种操作。

　　① 查看用户账号权限

　　用户账号创建好后，通过命令 SHOW GRANT 可以查看用户账号权限。命令格式如下：

```
SHOW GRANTS FOR <用户名>@<主机名>;
```

　　【例 6-18】 查询 csy@localhost 用户账号所获得的权限。

```
SHOW GRANTS FOR csy@localhost;
```

　　查询用户账号结果如图 6-48 所示。

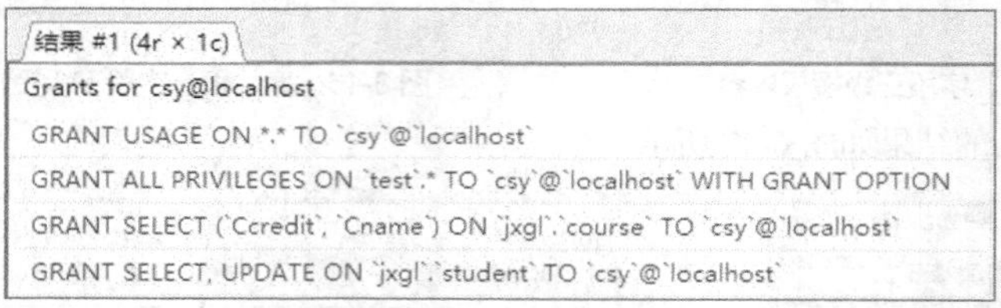

结果 #1 (4r × 1c)
Grants for csy@localhost
GRANT USAGE ON *.* TO `csy`@`localhost`
GRANT ALL PRIVILEGES ON `test`.* TO `csy`@`localhost` WITH GRANT OPTION
GRANT SELECT (`Ccredit`, `Cname`) ON `jxgl`.`course` TO `csy`@`localhost`
GRANT SELECT, UPDATE ON `jxgl`.`student` TO `csy`@`localhost`

图 6-48　查询用户权限

　　此外，利用图形式窗口的用户管理功能也可以快速查询到指定用户账号的各类权限信息（具体方法参阅前面授权操作）。

> **提示**
>
> 　　MySQL 数据库用户账号在创建的时候就会被赋予 USAGE 权限，但这个权限很小。该用户账号只具有连接数据库和查询 information_schema 的权限，且无法被回收。

　　② 更改用户账号权限

　　在 MySQL 数据库中还可以进行权限的新增和回收。与用户账号创建一样，权限变更也有 3 种方法：一是使用 GRANT（新增）和 REVOKE（回收）命令；二是利用图形式窗口的用户权限管理功能；三是直接更改权限表，但该方法存在风险，不推荐使用。

　　与用户账号授权的语法完全一样，GRANT 可以直接增加用户账号。其实 GRANT 语句在执行的时候，如果权限表中不存在目标用户账号，则会创建用户账号；如果已经存在，则执行权限新增。

　　实际应用中，可以使用 REVOKE 命令回收已经授予的权限，具体命令格式如下。

```
REVOKE 权限 1[(字段列表 1)][,权限 2[(字段列表 2)]] … ON 对象 FROM 用户 1 [, 用户 2] …
```

　　参数说明请参阅 GRANT 命令的相关说明。

　　【例 6-19】 收回 csy@localhost 用户账号在 Student 表上的 SELECT 和 UPDATE 权限。

```
REVOKE SELECT,UPDATE ON jxgl.student FROM csy@localhost;
```

6.6.5 日志管理

日志文件在数据库故障恢复中有着重要的作用。利用日志文件，我们可以在数据库发生事务、系统和介质等不同类型故障时，分析操作日志记录，撤销或重做相关命令来达到数据库恢复的目的。

MySQL 服务器支持 6 种日志类型：错误日志、查询日志、慢查询日志、二进制日志、事务日志和中继日志。其中，前 4 种类型的日志需要重点了解和掌握。

1. 错误日志

错误日志主要用于记录 MySQL 运行过程中较为严重的警告和出错提示信息，以及 MySQL 每次启动和关闭的详细信息，该文件为可读文件。在 MySQL 数据库中，错误日志功能是默认开启的。

（1）查询错误日志路径

开启的错误日志是以文件的形式记录出错提示信息。错误日志文件的路径可以通过命令获得，其命令格式为：SHOW VARIABLES LIKE 'log_error%'; 。

【例 6-20】查询当前 MySQL 数据库错误日志文件的路径，输出结果如图 6-49 所示。

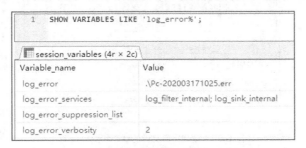

图 6-49　错误日志文件的路径查询

结果表明，错误日志文件是 ".\Pc-202003171025.err"。这里使用的是相对路径，即该路径是相对服务器配置中的 data 文件夹而言的。例如，经查 data 文件夹路径是 "C:\ProgramData\MySQL\MySQL Server 8.0\Data"，则错误日志文件的路径就是 "C:\ProgramData\MySQL\MySQL Server 8.0\Data\Pc-202003171025.err"。

注意

服务器 my.ini 配置文件中默认的错误日志文件名是 "服务器名.err" 的形式。根据需要，用户可以在配置文件中更改其默认文件名称，否则就会取当前 MySQL 服务器的名称。例如，图 6-49 所示的错误日志文件名（Pc-202003171025.err）中，"Pc-202003171025" 就是默认的服务器名称。查询日志、慢查询日志和二进制日志的名称都会有类似情况出现，读者请注意理解。

（2）配置错误日志

要开启错误日志，我们需要编辑服务器配置文件 my.ini，在[mysqld]节区配置修改 log-error 参数即可。具体格式如下：

```
#错误日志文件配置
xlog-error=[路径][文件名.err]
```

定义错误日志文件，作用范围为全局或会话级别。这里，[路径]为错误日志文件的路径（可以是绝对路径，也可以是相对路径）；[文件名]为错误日志的文件名，文件扩展名一般为.err。

（3）查看错误日志

错误日志文件为可读文件。一般服务器错误日志文件只有一个，其可以使用任何文本编辑器来打开阅读。

2. 查询日志

查询日志又称通用日志，其中记录所有客户端连接和查询（DDL 和 DML）操作，该文件为可读文件。该类型日志可以存放到文本文件或者表中，所有连接和语句被记录到该日志文件或表中，默认情况下日志是关闭的。

服务器重新启动和日志刷新不会产生新的查询日志文件。由于开启查询日志会占用大量磁盘 I/O 和磁盘存储空间，因此如非出于调试目的，不建议开启查询日志。

（1）查看查询日志的状态和路径

开启的查询日志是以文件的形式记录查询信息。查询日志文件的状态和路径可以通过命令获得，其命令格式为：SHOW VARIABLES LIKE 'general_log%';。

【例 6-21】查看当前 MySQL 数据库查询日志文件的状态和路径，输出结果如图 6-50 所示。

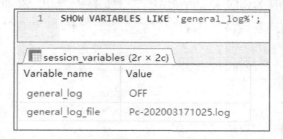

图 6-50　查询日志文件的状态和路径查询

结果表明，当前查询日志为关闭（OFF）状态，默认的查询日志文件是 "Pc-202003171025.log"。这里使用的是相对路径，即该路径是相对服务器配置中的 data 文件夹而言的。例如，查得 data 文件夹路径是 "C:\ProgramData\MySQL\MySQL Server 8.0\Data"，则开启查询日志后，该日志文件的路径就是 "C:\ProgramData\MySQL\MySQL Server 8.0\Data\Pc-202003171025.log"。

（2）配置查询日志

要开启查询日志，我们可以编辑服务器配置文件 my.ini，在[mysqld]节区修改 general-log 参数为 1 或 ON（1 或 ON 为开启，0 或 OFF 为关闭），同时设定 log-output 参数（日志输出类型）和 general_log_file 参数（查询日志路径）。具体格式如下：

```
#查询日志文件配置
log-output=FILE              #日志输出类型为 FILE（文件），其可设置为 FILE 和 TABLE
general-log=1                #查询日志开启
general_log_file=[路径][文件名.log]
```

保存 my.ini 更改，重启 MySQL 服务。这里，[路径]为查询日志文件的路径（可以是绝对路径，也可以是相对路径）；[文件名]为查询日志的主文件名，文件扩展名一般为.log。

此外，也可以在 MySQL 命令行或图形式窗口的查询界面中进行动态设置。采用这两种方式不需要重启 MySQL 服务，只需要刷新连接即可。命令格式如下：

```
SET GLOBAL log_output='FILE';
SET GLOBAL general_log=1;
SET GLOBAL general_log_file=[路径][文件名.log];
```

（3）查看查询日志

查询日志文件为可读文件。一般服务器查询日志文件只有一个，其可以使用任何文本编辑器来打开阅读。

3．慢查询日志

慢查询日志用于记录在 MySQL 中响应时间超过阈值的语句，这里具体是指运行时间超过 long_query_time 值的 SQL 语句会被记录到慢查询日志中。long_query_time 的默认值为 10，其表示运行 10s 以上的语句。

默认情况下，MySQL 数据库并不自动启动慢查询日志，我们需要手动设置相应参数。当然，如果不是调优需要，一般不建议设置该参数，因为开启慢查询日志会或多或少带来一定的性能影响。慢查询日志支持将日志记录写入文件，也支持将日志记录写入数据库表。

（1）查看慢查询日志的状态和路径

开启的慢查询日志是以文件的形式记录查询信息。慢查询日志文件的状态和路径可以通过命令获得，其命令格式为：SHOW VARIABLES LIKE 'slow_query_log%';。

【例 6-22】查看当前 MySQL 数据库慢查询日志文件的状态和路径，输出结果如图 6-51 所示。

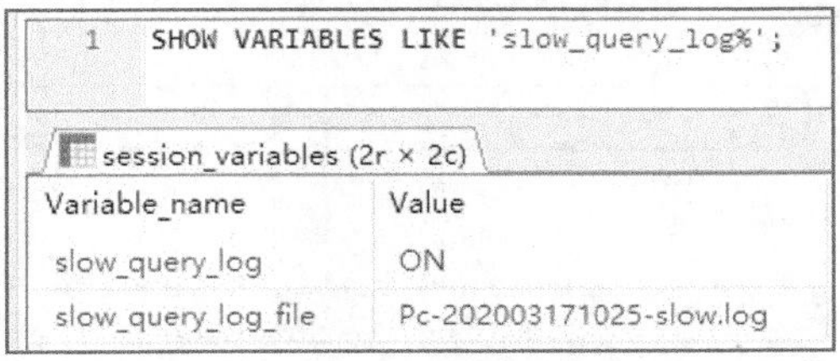

图 6-51　慢查询日志文件的状态和路径查询

结果表明，当前慢查询日志为开启（ON）状态，默认的查询日志文件是 "Pc-202003171025-slow.log"。这里使用的是相对路径，即该路径是相对服务器配置中的 data 文件夹而言的。例如，经查 data 文件夹路径是 "C:\ProgramData\MySQL\MySQL Server 8.0\Data"，则开启慢查询日志后，该日志文件的路径就是 "C:\ProgramData\MySQL\MySQL Server 8.0\Data\Pc-202003171025-slow.log"。

（2）配置慢查询日志

要开启慢查询日志，我们同样需要编辑服务器配置文件 my.ini，在[mysqld]节区修改 slow_query_log 参数为 1 或 ON（1 或 ON 为开启，0 或 OFF 为关闭），同时设定 log-output 参数（日志输出类型）、slow-query-log_file 参数（慢查询日志路径）和 long_query_time 参数。具体格式如下：

```
#慢查询日志文件配置
log-output=FILE          #日志输出类型为 FILE（文件），其可设置为 FILE 或 TABLE
slow_query_log=1         #慢查询日志开启
slow_query_log_file=[路径][文件名-slow.log]
long_query_time=秒数      #慢查询日志的时长（单位为 s），其可以精确到小数点后 6 位（μs）
```

保存 my.ini 更改，重启 MySQL 服务。这里，[路径]为慢查询日志文件的路径（可以是绝对路径，也可以是相对路径）；[文件名]为慢查询日志的主文件名，文件扩展名一般为.log。

此外，也可以在 MySQL 命令行或图形式窗口的查询界面中进行动态设置。这两种方式不需要重启 MySQL 服务，只需要刷新连接即可。命令格式如下：

```
SET GLOBAL log_output='FILE';
SET GLOBAL slow_query_log=1;
SET GLOBAL slow_query_log_file=[路径][文件名.log];
SET GLOBAL long_query_time=秒数;
```

（3）查看慢查询日志

慢查询日志文件为可读文件。一般服务器慢查询日志文件只有一个，其可以使用任何文本编辑器来打开阅读。

4. 二进制日志

MySQL 的二进制日志（Binary Log）是二进制文件，它主要用于记录修改数据或有可能引起数据变更的 MySQL 语句。二进制日志中记录了对 MySQL 数据库执行更改的所有操作，并且记录了语句执行时间、执行时长、操作数据等其他信息，但是它不记录 SELECT、SHOW 等那些不修改数据的 SQL 语句。

二进制日志主要用在数据库恢复、主从复制，以及审计（Audit）操作等方面。

（1）查看二进制日志文件的状态和路径

二进制日志文件的状态和路径可以通过命令获得，其命令格式为：

```
SHOW VARIABLES LIKE 'log_bin%';
```

【例 6-23】查看当前 MySQL 数据库二进制日志文件的状态和路径，输出结果如图 6-52 所示。

1	SHOW VARIABLES LIKE 'log_bin%';

session_variables (5r × 2c)

Variable_name	Value
log_bin	ON
log_bin_basename	C:\ProgramData\MySQL\MySQL Server 8.0\Data\Pc-202003171025-bin
log_bin_index	C:\ProgramData\MySQL\MySQL Server 8.0\Data\Pc-202003171025-bin.index
log_bin_trust_function_creators	OFF
log_bin_use_v1_row_events	OFF

图 6-52　二进制日志状态和路径查询

结果表明，当前二进制日志为开启（ON）状态；二进制日志文件的基本文件名为"Pc-202003171025-bin"，实际文件名会在此基础上添加 6 位的数字编号；二进制日志索引文件为"Pc-202003171025-bin.index"。相关日志文件均保存在服务器配置中的 data 文件夹内。

（2）配置二进制日志

要开启二进制日志，我们需要编辑服务器配置文件 my.ini，在[mysqld]节区修改 log-bin 参数的值即可。具体格式如下：

```
#二进制日志文件配置
log-bin=[路径][文件名]
```

保存 my.ini 文件的更改，重启 MySQL 服务器。这里，[路径]为二进制日志文件的路径（可以是绝对路径，也可以是相对路径）；[文件名]为二进制日志的基本文件名，实际二进制文件会补充 6 位数字编号的扩展名，索引文件补充文件扩展名.index。实际二进制日志文件如图 6-53 所示。

实际配置中，还可以通过变量 max_binlog_size 来设定二进制日志文件上限。该变量的值单位为字节，最小值为 4KB，最大值为 1GB，默认为 1GB。

图 6-53　实际二进制日志文件

（3）查看二进制日志文件

在 MySQL 中，我们需要通过专用命令或技术才能查看二进制日志文件内容。查看二进制日志文件内容的主要方法如下。

① 查看所有的二进制文件信息

使用命令 show binary logs;可以查询所有二进制文件的信息。

【例 6-24】查询当前 MySQL 数据库二进制日志文件的基本信息，结果如图 6-54 所示。列表中显示出所有二进制日志文件的文件名、大小和加密状态。

② 查看当前正在使用的二进制文件

使用命令 show master status;可以查询当前正在使用的二进制文件信息。

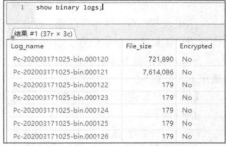

图 6-54　查询二进制日志文件的基本信息

【例 6-25】查询 MySQL 数据库当前使用的二进制日志文件信息，结果如图 6-55 所示。列表中显示出当前二进制日志文件（当前最后一个编号的文件）的文件名和位置等信息。

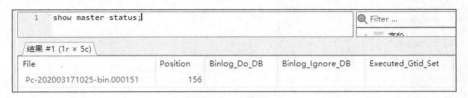

图 6-55　查询当前使用的二进制日志文件信息

③ 二进制日志滚动

二进制日志文件数量不唯一，它是会滚动变化的。当 MySQL 服务进程启动、当前二进制日志文件的大小已经超过规定上限、执行刷新日志（FLUSH LOG）命令 3 种情况出现之一时，MySQL 就会顺势创建一个新的二进制日志文件，其文件名数字编号会增加 1。该文件将作为当前二进制日志来记录最新的更新操作。

刷新日志命令格式为：flush logs;。

（4）查看日志详细内容

查看二进制日志（binlog）主要有两种方式：一是使用 show binlog events 命令获取当前及指定 binlog 的日志；二是使用 cmd 命令 mysqlbinlog 来查看具体内容。

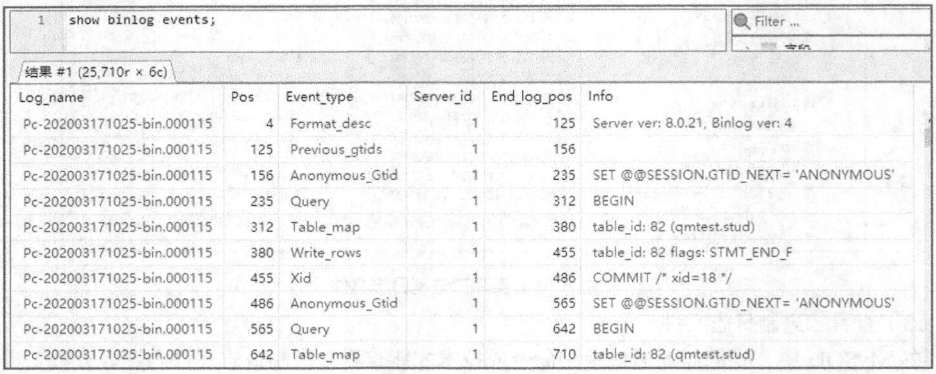

① show binlog events 方式

- 只查看第一个 binlog 文件的内容。命令格式为：show binlog events;。

【例 6-26】查询 MySQL 数据库第一个二进制日志文件的明细信息，结果如图 6-56 所示。

```
1    show binlog events;
```

结果 #1 (25,710r × 6c)

Log_name	Pos	Event_type	Server_id	End_log_pos	Info
Pc-202003171025-bin.000115	4	Format_desc	1	125	Server ver: 8.0.21, Binlog ver: 4
Pc-202003171025-bin.000115	125	Previous_gtids	1	156	
Pc-202003171025-bin.000115	156	Anonymous_Gtid	1	235	SET @@SESSION.GTID_NEXT= 'ANONYMOUS'
Pc-202003171025-bin.000115	235	Query	1	312	BEGIN
Pc-202003171025-bin.000115	312	Table_map	1	380	table_id: 82 (qmtest.stud)
Pc-202003171025-bin.000115	380	Write_rows	1	455	table_id: 82 flags: STMT_END_F
Pc-202003171025-bin.000115	455	Xid	1	486	COMMIT /* xid=18 */
Pc-202003171025-bin.000115	486	Anonymous_Gtid	1	565	SET @@SESSION.GTID_NEXT= 'ANONYMOUS'
Pc-202003171025-bin.000115	565	Query	1	642	BEGIN
Pc-202003171025-bin.000115	642	Table_map	1	710	table_id: 82 (qmtest.stud)

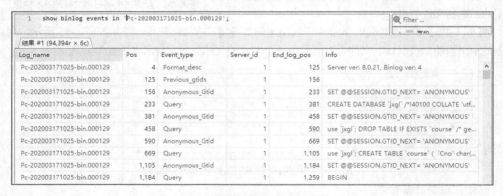

图 6-56　查询第一个二进制日志文件的明细信息

结果表明，当前数据库的第一个二进制日志文件名为“Pc-202003171025-bin.000115”；表格每行显示出该日志记录的位置、事件类型、服务器 ID、结束位置和操作信息等明细内容。

- 查看指定 binlog 文件的内容。命令格式为：show binlog events in <指定日志文件> [from <指定 pos 位置>];。

【例 6-27】查询 MySQL 数据库二进制日志文件“Pc-202003171025-bin.000129”的明细信息。

执行如下命令。

```
show binlog events in 'Pc-202003171025-bin.000129';
```

结果如图 6-57 所示。其中详细显示了该日志记录的每个操作的明细信息。

```
1    show binlog events in 'Pc-202003171025-bin.000129';
```

结果 #1 (94,394r × 6c)

Log_name	Pos	Event_type	Server_id	End_log_pos	Info
Pc-202003171025-bin.000129	4	Format_desc	1	125	Server ver: 8.0.21, Binlog ver: 4
Pc-202003171025-bin.000129	125	Previous_gtids	1	156	
Pc-202003171025-bin.000129	156	Anonymous_Gtid	1	233	SET @@SESSION.GTID_NEXT= 'ANONYMOUS'
Pc-202003171025-bin.000129	233	Query	1	381	CREATE DATABASE `jxgl` /*!40100 COLLATE 'utf...
Pc-202003171025-bin.000129	381	Anonymous_Gtid	1	458	SET @@SESSION.GTID_NEXT= 'ANONYMOUS'
Pc-202003171025-bin.000129	458	Query	1	590	use `jxgl`; DROP TABLE IF EXISTS `course` /* ge...
Pc-202003171025-bin.000129	590	Anonymous_Gtid	1	669	SET @@SESSION.GTID_NEXT= 'ANONYMOUS'
Pc-202003171025-bin.000129	669	Query	1	1,105	use `jxgl`; CREATE TABLE `course` (`Cno` char(...
Pc-202003171025-bin.000129	1,105	Anonymous_Gtid	1	1,184	SET @@SESSION.GTID_NEXT= 'ANONYMOUS'
Pc-202003171025-bin.000129	1,184	Query	1	1,259	BEGIN

图 6-57　查询指定二进制日志文件的明细信息

② mysqlbinlog 命令行

Mysqlbinlog.exe 为 cmd 命令行的外部命令文件，该文件在 MySQL 服务器安装目录下的 bin 文件夹中。mysqlbinlog 命令主要用于进行 MySQL 二进制日志文件的操作。

- 查看 binlog 文件。

查看指定的 binlog 日志，例如查看日志 Pc-202003171025-bin.000149 的内容，执行如下命令。

```
mysqlbinlog Pc-202003171025-bin.000149
```

按时间查看二进制日志，例如分别查看日志 Pc-202003171025-bin.000149 的内容，分 2021-2-2 17:00:00 开始、2021-2-2 19:00:00 截止和 2021-2-2 17:00:00 到 2021-2-2 19:00:00 时间范围 3 种情况查询，执行如下命令。

```
mysqlbinlog Pc-202003171025-bin.000149 --start-datetime="2021-2-2 17:00:00"
mysqlbinlog Pc-202003171025-bin.000149 --stop-datetime="2021-2-2 19:00:00"
mysqlbinlog Pc-202003171025-bin.000149 --start-datetime="2021-2-2 17:00:00"
--stop-datetime="2021-2-2 19:00:00"
```

按位置数查看二进制日志，例如分别查看日志 Pc-202003171025-bin.000149 的内容，分 pos=458 开始、pos=1419 截止和 pos=458 到 pos=1419 范围 3 种情况查询，执行如下命令。

```
mysqlbinlog Pc-202003171025-bin.000149 --start-position=458
mysqlbinlog Pc-202003171025-bin.000149 --stop-position=1419
mysqlbinlog Pc-202003171025-bin.000149 --start-position=458 --stop-position=1419
```

- 查看 binlog 并输出。

配合使用 cmd 命令行管道命令（>）可以实现 binlog 日志的查看和文件输出。例如：

```
mysqlbinlog Pc-202003171025-bin.000149 > d:\binlog.txt
```

提取指定 position 位置的 binlog 并输出到压缩文件。例如：

```
mysqlbinlog Pc-202003171025-bin.000149 --start-position=458 --stop-position=
1419 |gzip > d:\binlog.gz
```

提取指定 position 位置的 binlog 导入数据库并重新执行。例如：

```
mysqlbinlog Pc-202003171025-bin.000149 --start-position=458 --stop-position=1419
| mysql -uroot -p1234
```

熟练掌握以上这种方法可以方便地实现借助二进制日志文件的数据库恢复操作。

提取指定开始时间的 binlog 文件并输出到查询文件。例如：

```
mysqlbinlog Pc-202003171025-bin.000149 --start-datetime="2021-2-2 17:00:00"
--result-file=binlog.sql
```

提取指定位置的多个 binlog 文件。例如：

```
mysqlbinlog Pc-202003171025-bin.000149 --start-position=458 --stop-position=1419
Pc-202003171025-bin.000150 | more
```

提取指定数据库 binlog 文件并转换字符集到 UTF-8。例如：

```
mysqlbinlog --database=JXGL --set-charset=UTF8 Pc-202003171025-bin.000149
Pc-202003171025-bin.000150 > test.sql
```

远程提取日志，指定结束时间。例如：

```
mysqlbinlog -uroot -p -h192.168.1.8 -P3306 --stop-datetime="2021-2-2 20:30:23"
--read-from-remote-server Pc-202003171025-bin.000149 | more
```

远程提取使用 row 格式的 binlog 并输出到本地文件。例如：

```
mysqlbinlog -uroot -p -P3306 -h192.168.1.8 --read-from-remote-server -vv
Pc-202003171025-bin.000141 > row.sql
```

（5）清除二进制日志

清除二进制日志可以通过多种方法来完成。

① 清除所有日志（不存在主从复制关系）

命令格式为：RESET MASTER;

② 清除指定日志之前的所有日志

命令格式为：PURGE MASTER LOGS TO 'Pc-202003171025-bin.000149';

③ 清除某一时间点前的所有日志

命令格式为：

```
PURGE MASTER LOGS BEFORE '2021-2-1 00:00:00';
```

④ 清除 10 天前的所有日志

命令格式为：

```
PURGE MASTER LOGS BEFORE CURRENT_DATE - INTERVAL 10 DAY;
```

⑤ 利用 expire_logs_days 配置参数来定义有效期

定义有效期主要通过服务器 my.ini 配置文件中有关二进制日志文件有效期 expire_logs_days 参数的配置来实现。该参数用于指定二进制日志的有效天数，据此 MySQL 会自动删除过期的二进制日志。expire_logs_days 参数设置在服务器启动或者 MySQL 切换二进制日志时生效，因此，如果二进制日志没有增加和切换，服务器不会清除旧条目。

具体配置时只需要在 my.ini 文件的[mysqld]节区补充设置 expire_logs_days 项和值即可。命令格式为：

```
#设置二进制日志的有效天数为 10 日
expire_logs_days=10
```

注意

鉴于二进制日志的重要性，请用户仅在确定不再需要将要被删除的二进制文件、已经对二进制日志文件进行归档备份或已经进行数据库备份的情况下，才进行删除操作。

最后，提供一个上述 4 种主要日志的完整 my.ini 配置代码。4 种日志被定义保存在 D:\mysql 路径下的不同文件夹里，请参阅分析。

```
[mysqld]
#日志配置 ===============================
#1.错误日志（log_error）
log-error=D:/mysql/logs/err.log
#2.查询日志（general_log）
log_output=FILE    #不启用的话会存在数据表中
general_log=on
general_log_file=D:/mysql/logs/query.log
#3.慢查询日志（slow_query_log）
slow_query_log=on
long_query_time=2  #慢于 2s 的会被记录
slow_query_log_file=D:/mysql/logs/slowquery.log
#4.二进制日志（log_bin）
server-id=1
log_bin=D:/mysql/log_bin/binlog-bin    #二进制文件名 binlog-bin.xxxxxx（x 代表数字）
log_bin_index=D:/mysql/log_bin/binlog #索引文件名 binlog.index
#============================================
```

5. 事务日志

出于性能和故障恢复的考虑，MySQL 服务器不会立即执行事务，而是先将事务记录在日志里面，这样可以将随机 I/O 转换成顺序 I/O，从而提高 I/O 性能。

事务日志通常是一组（至少为两个固定大小的）文件。当其中一个写满时，MySQL 会将事务日志写入另一个日志文件（先清空原有内容）。MySQL 从崩溃中恢复时，会读取事务日志，将其中已经提交的事务写入数据库，没有提交的事务回滚。

事务日志由存储引擎（InnoDB）管理，一般不需要手动干预。

6. 中继日志

中继日志用于主从复制架构中的从服务器，服务器的 Slave 进程从主服务器处获取二进制日志的内容并写入中继日志，然后由 I/O 进程读取并执行中继日志中的语句。

6.7 小结

数据库系统设计的基本思路是在需求分析基础之上，进行数据库的概要设计和逻辑设计，进而选择合适的数据库管理系统加以实现。数据库设计主要包括数据库、数据表、表间关联的定义和管理等操作及数据库的备份和还原、复制和清空、导入和导出等其他操作，还涉及用户权限和日志的操作管理。

本章主要基于 HeidiSQL 图形式客户端介绍 MySQL 数据库的简单设计思路和重要操作内容，如建库建表方法及数据类型选择、存储引擎分析、主要约束控制和表间级联关系。在分析 MySQL 数据库 4 个权限表的基础上，对 MySQL 数据库的用户账号管理、权限管理及不同权限分配方法进行总结。最后介绍 MySQL 的 4 种日志文件，总结这些日志的开启、配置和查阅方法，其中重点分析了二进制日志文件的配置使用。

上 机 题

一、查询文件加载、运行及设置存储引擎

上机目的：加载和运行查询文件，搭建数据环境并更改表的存储引擎。

上机步骤：

1. 利用 HeidiSQL 客户端创建数据库 sample，设置其为当前数据库。
2. 加载和运行查询文件"第 2 篇第 6 章上机题材料.sql"来搭建数据环境。
3. 将 Teacher 表的存储引擎更改为 MyISAM 类型。

二、外键设置和级联操作

上机目的：设置关联表的外键属性并配置级联参数。

上机步骤：

1. 分析 STUDENT、COURSE、SC 和 TEACHER 这 4 个表的关系，设置其中的所有外键属性。

> 注意
>
> **MyISAM 存储引擎的数据表不支持外键约束。**

2. 设置 STUDENT、COURSE 和 SC 这 3 个表之间的级联删除。
3. 设置 COURSE 和 TEACHER 两表间的级联更新。

三、数据备份和还原

上机目的：利用 mysqldump（.exe）命令和 mysql（.exe）命令分别进行 MySQL 数据库表的

备份和还原。

上机步骤：

1. 使用 mysqldump 命令将前面创建的 sample 数据库备份到磁盘文件，将文件命名为 samp_bk.dat。

2. 在 HeidiSQL 客户端删除 sample 数据库。

3. 使用 mysql 命令将备份的 samp_bk.dat 文件数据还原至 MySQL 服务器的 sample 数据库。

注意

还原操作之前需要先创建空白数据库 **sample**，再进行复原。

四、数据导入和导出

上机目的：利用 SQL 查询文件实现数据导入和导出功能。

上机步骤：

1. 使用 HeidiSQL 客户端的"导出数据库为 SQL 脚本"功能将 sample 数据库中的 STUDENT、COURSE 和 SC 这 3 个表导出到 samp.sql 文件。

2. 删除 sample 数据库中的 STUDENT、COURSE 和 SC 这 3 个表。

3. 在 HeidiSQL 客户端中加载和运行 samp.sql 查询文件，向 sample 数据库导入 STUDENT、COURSE 和 SC 这 3 个表。

习 题

一、填空题

1. 在 CREATE TABLE 语句中，通常使用_____关键字来指定主键。

2. bool 型数据用于存储逻辑值，它只有两种状态，即_____和_____。

3. 在如下的建表语句中，设置外键 sno 参照于 xs(sno)、外键 kno 参照于 kc(kno)，并都在更新、删除数据时设置 cascade 策略。

```
CREATE TABLE xs_kc(
id INT NOT NULL AUTO_INCREMENT PRIMARY KEY,
sno CHAR(6) NOT NULL,
kno CHAR(3) NOT NULL,
chengji TINYINT(1) NULL,
____
)
```

4. MySQL 安装成功后，在系统中会默认建立一个_____用户。

5. 使用_____工具可以在业务不中断时把表结构和数据从表中备份出来形成 SQL 语句的文件。

6. 当所查询的表不在当前数据库时，可用_____格式来指出表或视图对象。

7. 语句 SELECT '1+2';的显示结果是_____。

8. SELECT '2.5a' +3;的结果为_____。

9. 创建数据表的命令语句是_____。

10. _____语句可以修改表中各列的先后顺序。

11. 当某字段要使用 AUTO_INCREMENT 的属性时，该字段必须是_____类型的数据。

12. 当某字段要使用 AUTO_INCREMENT 的属性时，除了该字段必须是指定的类型外，该字段还必须是_____。

13. Table 'a1' already exists 这个出错提示信息的含义是_____。

14. 一个超过 200 个汉字的内容应用一个_____型的字段来存放。

15. SMALLINT 数据类型占用的字节数分别为_____。

16. 查看当前数据库中表名语句是_____。

17. 删除表命令是_____。

18. SELECT 'Abc'='abc';的结果为_____。

19. SELECT -2.0*4.0;的结果为_____。

20. TINYINT 数据类型占用的字节数为_____。

21. 补全语句 SELECT vend_id,count(*) FROM products WHERE prod_price>=10 GROUP BY vend_id _____ count(*)>=2; 。

二、判断题

1. 主键被强制定义成 NOT NULL 和 UNIQUE。 (   )

2. 逻辑值的"真"和"假"可以用逻辑常量 TRUE 和 FALSE 表示。 (   )

3. 对于字符串型数据，空字符串就是 NULL；对于数值型数据 0 就是 NULL。 (   )

4. NULL 和 Null 都代表空值。 (   )

5. !=和<>都代表不等于。 (   )

6. 所创建的数据库和表的名称都可以使用中文。 (   )

7. 在 C/S 模式中，客户端不能与服务器端安装在同一台机器上。 (   )

8. 字符串"2008-8-15"和整数 20080815 都可以代表 2008 年 8 月 15 日。 (   )

9. 所有 TIMESTAMP 列在插入 NULL 值时，自动填充为当前日期和时间。 (   )

10. 为了让 MySQL 较好地支持中文，安装 MySQL 时应该将数据库服务器的默认字符集设定为 gb2312。 (   )

11. 只能将表中的一个列定义为主键，不能将多个列定义为复合的主键。 (   )

三、单项选择题

1. 创建数据库使用的语句是（   ）。

   A．CREATE mytest   B．CREATE TABLE mytest

   C．DATABASE mytest   D．CREATE DATABASE mytest

2. 查找数据库中所有的数据表使用的语句是（   ）。

   A．SHOW DATABASE   B．SHOW TABLES

   C．SHOW DATABASES   D．SHOW TABLE

3. 若要在基本表 S 中增加一列 CN（课程名），可用（   ）。

   A．ADD TABLE S ALTER CN CHAR(8))

   B．ALTER TABLE S ADD CN CHAR(8))

   C．ADD TABLE S(CN CHAR(8))

   D．ALTER TABLE S ADD CN CHAR(8)

4. 下列 SQL 语句中不是数据定义语句的是（   ）。

   A．CREATE TABLE   B．GRANT

   C．CREATE VIEW   D．DROP VIEW

5. 假设数据库中有 A 表，该表包括学生、学科、成绩和序号 4 个字段。A 表数据库结构如表 6-10 所示。

表 6-10 A 表数据库结构

学生	学科	成绩	序号
张三	语文	60	1
张三	数学	100	2
李四	语文	70	3
李四	数学	80	4
李四	英语	80	5

（1）上述 A 表中可以作为主键列的是（　　　）。

　A. 学生　　　　　　B. 学科　　　　　　C. 成绩　　　　　　D. 序号

（2）统计每个学科的最高分可以使用（　　　）。

　A. SELECT 学生,MAX(成绩) FROM A GROUP BY 学生;

　B. SELECT 学生,MAX(成绩) FROM A GROUP BY 学科;

　C. SELECT 学生,MAX(成绩) FROM A ORDER BY 学生;

　D. SELECT 学生,MAX(成绩) FROM A GROUP BY 成绩;

6. 一个表的主键个数为（　　　）。

　A. 至多 3 个　　　　B. 没有限制　　　　C. 至多 1 个　　　　D. 至多 2 个

7. 定义表的一个字段，要求能表示 4 位整数和 2 位小数数值，下列定义正确的是（　　　）。

　A. CHAR(6)　　　B. VARCHAR(6)　C. DECIMAL(4,2) D. DECIMAL(6,2)

8. 将浮点数 8.625 保留 2 位小数可以使用的函数是（　　　）。

　A. RAND　　　　　B. ROUND　　　　　C. FLOOR　　　　　D. CEIL

9. 表中 sex 列存储的是用户性别，适宜的数据类型定义是（　　　）。

　A. CHAR(2)　　　　B. VARCHAR(10)　C. ENUM('男', '女') D. TEXT

10. 定义存储电话号码（座机、手机）的数据类型使用（　　　）。

　A. CHAR(11)　　　B. INT　　　　　　C. DOUBLE　　　　　D. BIGINT

11. 一种存储引擎，其将数据存储在内存当中，数据的访问速度快，计算机关机后数据丢失，它具有临时存储数据的特点。该存储引擎是（　　　）。

　A. MyISAM　　　　B. InnODB　　　　C. MEMORY　　　D. CHARACTER

12. 使用 SELECT 语句随机地从表中挑出指定数量的行，可以使用的方法是（　　　）。

　A. 在 LIMIT 子句中使用 RAND( )函数指定行数，用 ORDER BY 子句定义排序规则

　B. 只要使用 LIMIT 子句定义指定的行数即可，不使用 ORDER BY 子句

　C. 只要在 ORDER BY 子句中使用 RAND( )函数，不使用 LIMIT 子句

　D. 在 ORDER BY 子句中使用 RAND( )函数，并用 LIMIT 子句定义行数

13. MySQL 与其他关系数据库（SQL Server/Oracle）架构上最大的区别是（　　　）。

　A. 连接层　　　　　B. SQL 层　　　　　C. 存储引擎层　　　D. 应用层

14. 在 MySQL 内部有 4 种常用日志，其中不能使用文本编辑器直接查阅日志内容的是（　　　）。

　A. 错误日志（error-log）　　　　　　　B. 二进制日志（bin-log）

　C. 通用日志（general-log）　　　　　　D. 慢查询日志（slow-log）

15. 在事务场景下，数据库默认使用的存储引擎是（　　　）。

 A．MyISAM 　　　　 B．InnoDB 　　　　 C．MEMORY 　　　　 D．ndbCluster

16. MySQL 默认事务隔离级别是（　　　）。

 A．read uncommitted 　 B．read committed 　 C．repeatable read 　 D．serializable

17. 在 MySQL 中，指定一个已有数据库作为当前工作数据库通常使用的语句是（　　　）。

 A．USING 　　　　 B．USED 　　　　 C．USES 　　　　 D．USE

18. 下列选项不是 MySQL 中常用数据类型的是（　　　）。

 A．INT 　　　　 B．VAR 　　　　 C．TIME 　　　　 D．CHAR

19. MySQL 中预设的、拥有最高权限的超级用户名为（　　　）。

 A．test 　　　　 B．Administrator 　 C．DA 　　　　 D．root

20. MySQL 中不包含的约束是（　　　）。

 A．检查约束 　　　 B．默认约束 　　　 C．非空约束 　　　 D．唯一约束

21. UNIQUE 索引的作用是（　　　）。

 A．保证各行在该索引上的值都不得重复

 B．保证各行在该索引上的值不得为 NULL

 C．保证参加唯一索引的各列不得再加入其他的索引

 D．保证唯一索引不能被删除

22. 以下操作能够实现实体完整性的是（　　　）。

 A．设置唯一键 　 B．设置外键 　 C．减少数据冗余 　 D．设置主键

23. 以下操作能够实现参照完整性的是（　　　）。

 A．设置唯一键 　 B．设置外键 　 C．减少数据冗余 　 D．设置主键

24. 若用如下的 SQL 语句创建了一个表 SC：

```
CREATE TABLE SC(S# CHAR(6) NOT NULL,C# CHAR(3) NOT NULL,SCORE INTEGER, NOTE
CHAR(20));
```

则向 SC 表插入以下选项中的行时，可以被插入的是（　　　）。

 A．(NULL,'103',80, '选修') 　　　　 B．('200823','101',NULL,NULL)

 C．('201132',NULL,86,'') 　　　　 D．('201009','111',60,必修)

25. 删除用户账号的命令是（　　　）。

 A．DROP USER 　　　　 B．DROP TABLE USER

 C．DELETE USER 　　　　 D．DELETE FROM USER

26. 在 MySQL 中，建立数据库用（　　　）。

 A．CREATE TABLE 命令 　　　　 B．CREATE TRIGGER 命令

 C．CREATE INDEX 命令 　　　　 D．CREATE DATABASE 命令

27. 以下操作不会触发触发器自动执行的事件是（　　　）。

 A．SELECT 　　　 B．INSERT 　　　 C．DELETE 　　　 D．UPDATE

28. 以下语句不正确的是（　　　）。

 A．SELECT * FROM emp;

 B．SELECT ename,hiredate,sal FROM emp;

 C．SELECT * FROM emp ORDER deptno;

 D．SELECT * FROM WHERE deptno=1 AND sal<300;

29. DELETE FROM employee 语句的作用是（　　　）。

 A．删除当前数据库中整个 employee 表，且包括表结构

B. 删除当前数据库中 employee 表内的所有行

C. 由于没有 WHERE 子句，因此不删除任何数据

D. 删除当前数据库中 employee 表内的当前行

30. 有关系 S(S#,SNAME,SAGE)、C(C#,CNAME)、SC(S#,C#,GRADE)。其中 S#是学生号，SNAME 是学生姓名，SAGE 是学生年龄，C#是课程号，CNAME 是课程名称。要查询选修 "ACCESS" 课的年龄不小于 20 的全体学生姓名的 SQL 语句是 SELECT SNAME FROM S,C,SC WHERE 子句。这里 WHERE 子句的内容是（　　）。

A. SAGE>=20 and CNAME='ACCESS'

B. S.S#=SC.S# and C.C#=SC.C# and SAGE in>=20 and CNAME in 'ACCESS'

C. SAGE in>=20 and CNAME in 'ACCESS'

D. S.S#=SC.S# and C.C#=SC.C# and SAGE>=20 and CNAME='ACCESS'

31. 条件 IN(20,30,40)表示（　　）。

A. 年龄在 20 到 40 之间   B. 年龄在 20 到 30 之间

C. 年龄是 20、30 或 40   D. 年龄在 30 到 40 之间

32. 关系数据库中，主键是（　　）。

A. 创建唯一的索引，允许空值   B. 只允许以表中第一字段建立

C. 允许有多个主键的   D. 为标识表中唯一的实体

33. 进入要操作的数据库 TEST 用（　　）。

A. IN TEST   B. SHOW TEST   C. USER TEST   D. USE TEST

34. 下列对主键的说明，正确的是（　　）。

A. 主键可重复   B. 主键不唯一

C. 在数据表中的唯一索引   D. 主键用 FOREIGN KEY 修饰

35. 数据库服务器、数据库和表的关系，正确的说法是（　　）。

A. 一个数据库服务器只能管理一个数据库，一个数据库只能包含一个表

B. 一个数据库服务器可以管理多个数据库，一个数据库可以包含多个表

C. 一个数据库服务器只能管理一个数据库，一个数据库可以包含多个表

D. 一个数据库服务器可以管理多个数据库，一个数据库只能包含一个表

四、多项选择题

1. 关于关键字，下列说法中正确的是（　　）。

A. 关键字只能由单个的属性组成

B. 在一个关系中，关键字的值不能为空

C. 一个关系中的所有候选关键字均可以被指定为主关键字

D. 关键字是关系中能够用来唯一标识元组的属性

2. 关于数据类型，下列说法中正确的是（　　）。

A. 字符型数据既可被单引号也可被双引号引起来

B. 字符型的 87398143 不参与计算

C. 87398143 不能声明为数值型

D. 数值型的 87398143 将参与计算

3. 关于主键，下列说法中正确的是（　　）。

A. 可以是表中的一个字段   B. 是确定数据库中表记录的唯一标识字段

C. 该字段不可以为空，也不可以重复   D. 可以是由表中的多个字段组成的

4. MySQL 支持的逻辑运算符有（　　　）。

  A. &&   B. || C. NOT   D. AND

5. 以下不属于浮点型的是（　　　）。

  A. SMALLINT   B. MEDIUMINT C. FLOAT   D. INT

6. 下列正确的命令是（　　　）。

  A. SHOW TABLES;

  B. SHOW COLUMNS;

  C. SHOW COLUMNS FROM customers;

  D. SHOW DATABASES;

7. 下面对 UNION 的描述中，正确的是（　　　）。

  A. UNION 只连接结果集完全一样的查询语句

  B. UNION 可以连接结果集中数据类型个数相同的多个结果集

  C. UNION 是筛选关键词，对结果集进行操作

  D. 任何查询语句都可以用 UNION 来连接

8. 下列逻辑运算符的优先级排列不正确的是（　　　）。

  A. AND NOT OR   B. NOT AND OR

  C. OR NOT AND   D. OR AND NOT

9. 对某个数据库进行筛选后（　　　）。

  A. 可以选出符合某些条件组合的记录

  B. 不能选择出符合条件组合的记录

  C. 可以选出符合某些条件的记录

  D. 只能选择出符合某一条件的记录

10. 下列关于关系的叙述中，正确的是（　　　）。

  A. 行在表中的顺序无关紧要

  B. 表中任意两行的值不能相同

  C. 列在表中的顺序无关紧要

  D. 表中任意两列的值不能相同

11. 下列系统中属于关系数据库管理系统的是（　　　）。

  A. MS_SQL SERVER B. Oracle   C. IMS   D. DB2

12. 下列为 MySQL 比较运算符的是（　　　）。

  A. !=   B. <>   C. ==   D. >=

13. 下列关于 DELETE 和 TRUNCATE TABLE 的说法中，正确的是（　　　）。

  A. 两者都可以删除指定条目的记录

  B. 前者可以删除指定条目的记录，后者不能

  C. 两者都返回被删除记录的数量

  D. 前者返回被删除记录数量，后者不返回

14. 下列说法正确的是（　　　）。

  A. 在 MySQL 中，不允许有空表存在，即一张数据表中不允许没有字段

  B. 在 MySQL 中，对于存放在服务器上的数据库，用户可以通过任何客户端进行访问

  C. 数据表的结构中包含字段名、类型、长度、记录

  D. 字符型数据的常量标志是单引号和双引号，且两种符号可以混用

15. 下面数据库名称合法的是（　　　　）。

    A．db1/student   B．db1．student   C．db1_student   D．db1&student

16. 下列为数值型的是（　　　　）。

    A．DOUBLE   B．INT   C．SET   D．FLOAT

17. 下面检索结果一定不是一行的命令是（　　　　）。

    A．SELECT DISTINCT * FROM orders;   B．SELECT * FROM orders LIMIT 1,2;

    C．SELECT top 1 * FROM orders;   D．SELECT * FROM orders LIMIT 1;

18. 以下是 MySQL 数据类型的是（　　　　）。

    A．BIGINT   B．TINYINT   C．INTEGER   D．INT

19. 在数据库系统中，主要的逻辑模型有（　　　　）。

    A．实体-联系模型   B．关系模型   C．网状模型   D．层次模型

20. 关于 CREATE 语句，下列说法正确的是（　　　　）。

    A．CREATE TABLE　表名(字段名 1 字段类型,字段名 2 字段类型,…)

    B．CREATE TABLES　表名(字段类型,字段名 1 字段类型,字段名 2,…)

    C．CREATE TABLES　表名(字段名 1 字段类型,字段名 2 字段类型,…)

    D．CREATE TABLE　表名(字段类型,字段名 1 字段类型,字段名 2,…)

21. 以下说法正确的是（　　　　）。

    A．一个服务器只能有一个数据库

    B．一个服务器可以有多个数据库

    C．一个数据库只能建立一个数据表

    D．一个数据库可以建立多个数据表

22. 下列说法中正确的是（　　　　）。

    A．一个数据表一旦建立完成，是不能修改的

    B．在 MySQL 中，用户在单机上操作的数据就存放在单机中

    C．在 MySQL 中，可以建立多个数据库，但也可以通过限定，使用户只能建立一个数据库

    D．要建立一个数据表，必须先建数据表的结构

23. "SHOW DATABASES LIKE 'student%'" 命令可以显示出的数据库是（　　　　）。

    A．student_my   B．studenty   C．mystudent   D．student

24. 下列选项中为关系数据库基本特征的是（　　　　）。

    A．与列的次序无关

    B．不同的列应有不同的数据类型

    C．不同的列应有不同的列名

    D．与行的次序无关

25. 下列为字符型数据的是（　　　　）。

    A．中国   B．"1+2"   C．"can't"   D．"张三-李四"

26. 关于语句 LIMIT 5,5，下列说法中正确的是（　　　　）。

    A．表示检索出第 5 行开始的 5 条记录

    B．表示检索出行 6 开始的 5 条记录

    C．表示检索出第 6 行开始的 5 条记录

    D．表示检索出行 5 开始的 5 条记录

27. 在算术运算符、比较运算符和逻辑运算符这 3 种运算中，它们的优先级排列不正确的是（　　　　）。

数据库原理与应用（MySQL 微课版 第 4 版）

    A. 算术　逻辑　比较　　　　　　　　　B. 比较　逻辑　算术

    C. 比较　算术　逻辑　　　　　　　　　D. 算术　比较　逻辑

28. 创建数据表时，下列宽度可以省略的类型是（　　）。

    A. DATE　　　　　　B. INT　　　　　　C. CHAR　　　　　　D. TEXT

29. 关于主键，下列说法中正确的是（　　）。

    A. 主键的值对用户而言没有什么意义

    B. 主键的主要作用是将记录和存放在其他表中的数据进行关联

    C. 主键用于唯一标识一个表的每一记录

    D. 主键是不同表中各记录之间的简单指针

30. 对于显示操作，下列说法中正确的是（　　）。

    A. SHOW DATABASE;用于显示所有数据库

    B. SHOW TABLE;用于显示所有表

    C. SHOW TABLES;用于显示所有表

    D. SHOW DATABASES;用于显示所有数据库

31. 关系模型的优点有（　　）。

    A. 结构简单　　　　　　　　　　B. 有标准语言

    C. 适用于集合操作　　　　　　　D. 可表示复杂的语义

32. 在字符串比较中，下列不正确的是（　　）。

    A. 所有标点符号比数字大

    B. 所有数字都比汉字大

    C. 所有英文比数字小

    D. 所有英文字母都比汉字小

33. 数据库信息运行安全采取的主要措施有（　　）。

    A. 备份与恢复　　　B. 应急　　　C. 风险分析　　　D. 审计跟踪

五、问答题

1. 请列举两个常用的 MySQL 客户端管理工具。

2. 试简述 MySQL 中 CHAR 和 VARCHAR 的区别，并说明 VARCHAR(50)和 CHAR(50)代表的含义。

3. 显示当前系统所有数据库，将 MySQL 设置为默认数据库，并显示 MySQL 数据库中的所有表。

4. 创建"选课"数据库并设置数据库的编码字符集为 UTF-8，将该数据库设置为当前数据库。

5. 请分别解释 AUTO_INCREMENT、默认值和 NULL 值的用途。

6. 试分析 MySQL 支持的约束条件有哪些。

7. 请简述游标在存储过程中的作用。

8. 给 XS 表增加一个列"备注"，数据类型为 TEXT，不允许为空。

9. 试简单介绍 MySQL 数据库存储引擎，并总结 InnoDB 存储引擎和 MyISAM 存储引擎的区别。

10. 请使用 SELECT INTO…OUTFILE 语句备份数据库 db_test 中表 content 的全部数据到 C 盘 BACKUP 目录下一个名为 backupcontent.txt 的文件中，要求字段值如果是字符则用双引号标注，字段值之间用逗号隔开，每行以问号为结束标志。

11. 试简述登记日志文件时必须遵循的两条规则。

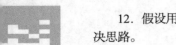
12. 假设用户执行某些 SQL 语句发现 MySQL 响应速度非常慢，请谈谈如何解决该问题及解决思路。

13. 登记日志文件时，为什么必须先写日志文件后写数据库?

14. 数据库转储的意义是什么?

六、综合题

1. 试按下列要求完成设计。

（1）创建一个表 student，其包含 ID（学生学号）、sname（学生姓名）、gender（性别）、credit（信用卡号）4 个字段。要求：ID 为主键，且值自动递增；sname 为可变长字符类型；gender 为枚举类型；credit 为可变长字符类型。

（2）在上面的 student 表中增加一个名为 class_id 的外键，外键引用 class 表的 cid 字段并实施级联更新和级联删除。

（3）向 student 表新增一条数据（ID 为 1、学生姓名为 alex、性别为女），修改 ID 为 1 的学生姓名为 wupeiqi，然后删除该数据。

（4）查询 student 表中每个班级的学生数。

（5）修改 credit 字段为 unique 属性。

（6）请使用命令在本地数据库中增加一个用户，并给该用户授予创建表的权限。

（7）请使用 mysqldump 命令备份 student 表。

（8）创建一个名为 student_insert_log 的表，要求：每次插入一条新数据到 student 表时都向 student_insert_log 表中插入一条记录，记录 student_id 和 insert_time;。

（9）创建一个名为 student_update_log 的表，要求：每次更新 student 表中的记录时都向 student_update_log 表中插入一条记录，记录 student_id 和 update_time;。

2. 已知 writers 表结构如表 6-11 所示。

表 6-11　　　　　　　　　　　　　writers 表结构

字段名	数据类型	主键	外键	非空	唯一	自增
w_id	SMALLINT(11)	是	否	是	是	是
w_name	VARCHAR(255)	否	否	是	否	否
w_address	VARCHAR(255)	否	否	否	否	否
w_age	CHAR(2)	否	否	是	否	否
w_note	VARCHAR(255)	否	否	否	否	否

（1）在数据库中创建表 writers，存储引擎为 MyISAM，创建表的同时在 w_id 字段上添加名称为 UniqIdx 的唯一索引。

（2）使用 ALTER TABLE 语句在 w_name 字段上建立 nameIdx 的普通索引。

（3）使用 CREATE INDEX 语句在 w_address 和 w_age 字段上建立名称为 MultiIdx 的组合索引。

（4）使用 CREATE INDEX 语句在 w_note 字段上建立名称为 FTIdex 的全文索引。

（5）删除名为 FTIdx 的全文索引。

3. 有一个关于商品供应及顾客订单的数据库，其中包括 5 个表，表中信息如下。

① 厂商表 ent(id,name,eaddress)

说明：id 为供应厂商编号；name 为供应厂商名称；eaddress 为厂商地址。

② 供应表 apply(id,sid,price)

说明：id 为供应厂商编号；sid 为商品编号；price 为商品价格。

③ 顾客表 customers(gid,gname,address,balance)

说明：gid 为顾客编号；gname 为顾客姓名；address 为地址；balance 为余额。

④ 订单表 orders(sid,gid,sdate)

说明：sid 为商品编号；gid 为顾客编号；sdate 为订单日期。

⑤ 商品表 goods(sid,sname,count)

说明：sid 为商品编号；sname 为商品名称；count 为商品数量。

试按以下要求完成 SQL 语言设计。

（1）分析各个表之间的关系（主外键引用关系），并创建 5 个表。

（2）从厂商表中查询厂商名称倒数第三个字是"达"的基本信息。

（3）从顾客表中查询地址在长春的顾客编号、顾客姓名及余额。

（4）从商品表中查询以"可乐"两个字结尾的商品名称及数量，并按数量降序排列。

（5）从订单表中查询购买商品编号为"101"商品的顾客编号及订单日期。

（6）从商品表中查询有最多商品数量和最少商品数量的商品记录信息。

（7）查询 2021-1-31 这日的顾客订单信息，要求包括顾客姓名、商品名称及订单日期。

（8）向商品表中追加一条记录(204,可口可乐,900）。

（9）将商品表中商品编号为 204 的商品名称更改为"百事可乐"。

（10）将顾客表中余额不足 1000 元的订单日期延后 10 天。

（11）删除订单表中商品编号为"102"的订单记录。

（12）将商品表中没有顾客订购的商品信息删除。

4. 给定 product 数据库的 3 个表，请执行下面代码搭建该数据库环境。

```
SET FOREIGN_KEY_CHECKS=0;
-- ----------------------------
-- Table structure for 'pros'
-- ----------------------------
DROP TABLE IF EXISTS 'pros';
CREATE TABLE 'pros' (
  '产品编号' VARCHAR(20) NOT NULL,
  '产品名称' VARCHAR(50) NOT NULL,
  '价格' DECIMAL(10,2) NOT NULL,
  '库存量' INT(11) DEFAULT NULL,
  PRIMARY KEY('产品编号')
) ENGINE=InnoDB DEFAULT CHARSET=UTF8;


-- ----------------------------
-- Records of pros
-- ----------------------------
INSERT INTO 'pros' VALUES ('0001', '风筝', '18.80', '1024');
INSERT INTO 'pros' VALUES ('0002', '杯子', '9.90', '800');
INSERT INTO 'pros' VALUES ('0003', '帽子', '19.80', '980');
INSERT INTO 'pros' VALUES ('0004', '项链', '9868.99', '266');
INSERT INTO 'pros' VALUES ('0005', '钻戒', '18999.68', '520');
INSERT INTO 'pros' VALUES ('0112358', '洗发露', '20.59', '420');
INSERT INTO 'pros' VALUES ('0112478', '毛巾', '6.50', '210');
INSERT INTO 'pros' VALUES ('0112568', '棉被', '200.86', '300');
INSERT INTO 'pros' VALUES ('0112690', '墨水', '5.50', '800');
```

```
INSERT INTO 'pros' VALUES ('0112691', '钢笔', '86.99', '128');
INSERT INTO 'pros' VALUES ('0112965', '毛笔', '35.48', '480');
INSERT INTO 'pros' VALUES ('0221545', '枕头', '63.68', '520');


-- ----------------------------
-- Table structure for 'pro_sal'
-- ----------------------------
DROP TABLE IF EXISTS 'pro_sal';
CREATE TABLE 'pro_sal' (
  '销售日期' DATE NOT NULL COMMENT '销售产品的日期',
  '产品编号' VARCHAR(20) NOT NULL,
  '销售商编号' VARCHAR(20) NOT NULL,
  '数量' INT(11) NOT NULL,
  '销售额' DECIMAL(10,0) NOT NULL,
  PRIMARY KEY('产品编号', '销售商编号'),
  KEY '销售商编号' ('销售商编号'),
  CONSTRAINT '销售商编号' FOREIGN KEY ('销售商编号') REFERENCES 'saler' ('销售商
编号'),
  CONSTRAINT '产品编号' FOREIGN KEY ('产品编号') REFERENCES 'pros' ('产品编号')
) ENGINE=InnoDB DEFAULT CHARSET=UTF8;


-- ----------------------------
-- Records of pro_sal
-- ----------------------------
INSERT INTO 'pro_sal' VALUES ('2013-02-06', '0112358', '000061', '120', '5890');
INSERT INTO 'pro_sal' VALUES ('2013-02-18', '0112690', '037102', '50', '9853');
INSERT INTO 'pro_sal' VALUES ('2013-02-04', '0112691', '087412', '15', '1421');
INSERT INTO 'pro_sal' VALUES ('2013-03-18', '0112691', '037102', '15', '1421');


-- ----------------------------
-- Table structure for 'saler'
-- ----------------------------
DROP TABLE IF EXISTS 'saler';
CREATE TABLE 'saler' (
  '销售商编号' VARCHAR(20) NOT NULL,
  '销售商名称' VARCHAR(50) NOT NULL,
  '地区' VARCHAR(10) NOT NULL COMMENT '销售商所有地',
  '负责人' VARCHAR(10) DEFAULT NULL,
  '电话' VARCHAR(20) DEFAULT NULL,
  PRIMARY KEY('销售商编号')
) ENGINE=InnoDB DEFAULT CHARSET=UTF8;


-- ----------------------------
-- Records of saler
-- ----------------------------
INSERT INTO 'saler' VALUES ('000061', '山东日用', '华中', '刘冬冬', '11111111111');
INSERT INTO 'saler' VALUES ('000145', '北京日化', '华北', '王茜', '12222222222');
INSERT INTO 'saler' VALUES ('000165', '河北日新', '华北', '胡少勇', '13333333333');
```

```
INSERT INTO 'saler' VALUES ('001547', '广州尼斯', '华南', '李总', '14444444444');
INSERT INTO 'saler' VALUES ('037102', '天津商贸', '华北', '牛亮', '15555555555');
INSERT INTO 'saler' VALUES ('059741', '武汉天利', '华中', '陈总', '16666666666');
INSERT INTO 'saler' VALUES ('087412', '甘肃新华', '西部', '陆永华', '17777777777');
INSERT INTO 'saler' VALUES ('089412', '新环宇', '华南', '赵总', '18888888888');
-- --------------------------
```

试按照要求，用 SQL 语句完成查询设计。

（1）查询产品的销售日期、产品编号和销售额，并将销售额增加 10%后设置别名为"增长额"。

（2）查询华中、华北、东南地区的销售商名称和地区。

（3）查找销售商名称的第二个字符是"环"且只有 3 个字符的销售商编号和名称。

（4）查询有电话的销售商信息。

（5）查询销售额在 2000～6000 且数量大于 100 的产品编号和销售日期。

（6）求销售产品的销售商总数。

（7）求产品编号为"0112690"的产品平均销售额、最高销售额、最低销售额。

（8）查询销售产品种类超过 2 的销售商编号和种类数，并按购买种类数从大到小排序。

（9）查询销售商的销售商编号和名称、销售的产品编号和数量。

（10）查询至少销售过 1 次"0112191"号产品的销售商编号和购买次数，并按购买次数的多少降序排列。

（11）查询与"河北日新"在同一地区的销售商名称、地区和负责人。

（12）查询销售商的销售情况，要求包括销售了产品的销售商和没有销售的销售商，显示他们的销售商编号、销售商名称、产品编号、销售日期。

（13）查询销售额小于平均销售额的产品编号、产品名称和价格、销售额。

（14）查询没被销售商销售过的产品信息。

（15）查询销售了"0112691"号产品但没有销售"0112690"号产品的销售商编号和产品编号。

第3篇

数据库编程开发基础

【本篇导读】数据库应用系统通常要通过前端（Client 端），从用户界面获取并确认数据，提交给后端（Server 端），然后依据应用系统的功能和前端用户的需求，系统后端将加工后的数据提供并展现给前端的用户。前端程序代码主要由浏览器解释、执行，如 HTML、CSS、JavaScript、XML、JSON 语言代码；后端程序代码主要由应用服务器和数据库服务器解释、执行，如 PHP 语言代码和 SQL 语言代码。因此，本书第 3 篇共 2 章，分别介绍数据库应用前端开发技术和后端开发技术。

7

第 7 章　前端开发及工具

【**本章导读**】随着互联网浏览器标准的不断提高，前端开发涉及 HTML、HTML5、CSS、XML、JavaScript、AJAX、jQuery、JSON 等技术。掌握这些技术并专门开发各种用户界面的开发人员，统称为前端工程师。本章将介绍用于前端数据展现的工具（HTML 和 CSS）和前端数据管理工具（数据描述和数据交换工具 XML 及 JSON）。

学习 Web 前端开发基础技术首先需要掌握 HTML、CSS 和 JavaScript 语言。HTML 是网页内容的载体，内容就是网页制作者放在页面上想要让用户浏览的信息，如文字、图片、视频等。CSS是一种样式表现，如标题字体、颜色变化或为标题加入背景图片、边框等。这些用来改变内容外观的语言称为样式表现。JavaScript 是用来实现网页上的动态效果的，如鼠标指针滑过弹出下拉菜单、鼠标指针滑过表格时背景颜色改变等。可以这么理解：有动画和交互的地方一般都是要用JavaScript 来实现。

7.1　互联网基础

万维网（World Wide Web）是一个以超文本（Hypertext）方式进行信息传递、展现和查询的工具。它通过 HTML 进行超文本信息传输，形成统一的资源定位方式（统一资源定位符）、统一的资源访问方式（超文本传输协议）、统一的信息组织方式（超文本标记语言）。

URL 是通过域名访问机制获取应用服务器提供的信息服务的。我们进行互联网访问的时候，首先要在浏览器中输入域名，浏览器将域名发送给域名解析服务器（Domain Name System，DNS），解析得到相应 Web 服务器的 IP 地址，从而建立访问连接。浏览器将域名信息发送给 Web 服务器，Web 服务器通过匹配预先设置的"主机头"来确认浏览器请求的是哪个网站。

IP 地址与域名的关系是一对多的关系。一个 IP 地址可以对应多个域名，但是一个域名只能对应一个 IP 地址。IP 地址是由数字组成的，不方便记忆；通过域名可以方便地找到 IP 地址。

通过上述机制，浏览器访问到应用服务器之后，就可以获取服务器上以 HTML、CSS、JavaScript等标准的文本所提供的信息和相关的数据应用服务了。如果没有找到相应的服务器或网页，浏览器会提示 404 错误。

7.2　HTML

超文本标记语言（HyperText Markup Language，HTML）不是一种编程语言，而是一种标记语言（Markup Language）。标记语言是一套标记标签（Markup Tag）。通过这些标签，可以将后台数据库提供的内容展现在网络上，并实现格式规整，使分散的 Internet 资源连接为一个逻辑整体。

图 7-1 所示为中国国际模型博览会设计的媒体单位注册会员后台通过审核后，系统自动发送邮件显示页面 HTML 代码的样例。

```
1   <p style="line-height:33px">
2       <span style="font-size:20px;font-family:undefined微软雅黑undefined,sans-serif">尊敬的媒体朋友{$users_attrib48}: </span>
3   </p>
4   <p style="line-height:33px">
5       <span style="font-size:20px;font-family:undefined微软雅黑undefined,sans-serif"> </span>
6   </p>
7   <p style="text-indent:40px;line-height:33px">
8       <span style="font-size:20px;font-family: undefined微软雅黑undefined,sans-serif">通过对您所提交的有关媒体注册资料的审核，我们
        很荣幸地通知您获得了本届展览会免费注册媒体的资格。</span>
9   </p>
10  <p style="text-indent:40px;line-height:33px">
11      <span style="font-size:20px;font-family: undefined微软雅黑undefined,sans-serif">您的展览会媒体账户已经注册成功，欢迎登录该账
        户检索展商和产品信息，优惠预定主办方推荐展期酒店。我们期待您亲临现场参观报道，建议选择展会首日（专业观众日）到场优先采集报道本届展
        览会的最新资讯。</span>
12  </p>
13  <p style="text-indent:40px;line-height:33px">
14      <span style="font-size:20px;font-family:undefined微软雅黑undefined,sans-serif"> </span>
15  </p>
16  <p style="text-indent:40px;line-height:33px">
17      <span style="font-size:20px;font-family:undefined微软雅黑undefined,sans-serif">           
                                         
                               </span><span
        style="font-size:20px;font-family:undefined微软雅黑undefined,sans-serif">中国模型展组委会</span>
18  <p>
19      <br/>
20
21  </p>
```

图 7-1　HTML 代码样例

图 7-2 所示为 HTML 代码显示的浏览器页面（模拟显示）。

尊敬的媒体朋友{$users_attrib48}:

　　通过对您所提交的有关媒体注册资料的审核，我们很荣幸地通知您获得了本届展览会免费注册媒体的资格。

　　您的展览会媒体账户已经注册成功，欢迎登录该账户检索展商和产品信息，优惠预定主办方推荐展期酒店。我们期待您亲临现场参观报道，建议选择展会首日（专业观众日）到场优先采集报道本届展览会的最新资讯。

中国模型展组委会

图 7-2　HTML 代码显示的浏览器页面

注意

　　邮件内容抬头部分的{$users_attrib48}在 PHP 程序调用模板发送邮件的时候，会自动替换为指定的用户信息，如单位名称或联系人姓名。

这个例子可以让读者理解到，通过 HTML 文件的应用，数据库应用系统可以将需要呈现给用户的内容，用 HTML 代码进行规范化以兼容不同的浏览器，再以统一的样式呈现给客户。

7.2.1　HTML 文档的结构

HTML 文档是一个纯文本文件，扩展名为.html，文件内容以<html>开头、以</html>结束。文件内部又分为头部分和内容部分，分别用下列标签表示：<head>这是我的标题</head>、<body>这是我的网页内容</body>。

HTML 源代码与页面

7.2.2　HTML5

HTML5 是新一代 HTML，具有很多新的特性。例如，具有用于绘画的 canvas 元素、用于多媒体

回放的 video 元素和 audio 元素、新的特殊内容元素和表单控件等及对本地离线存储有更好的支持。

HTML5 将 Web 带入一个成熟的应用平台。在这个平台上，视频、音频、图像、动画及与设备的交互操作都进行了规范化。HTML5 在飞速发展，而 Flash 在逐渐没落。

1. 智能表单

表单是实现用户与页面后台交互的主要组成部分，HTML5 在表单的设计上功能非常强大。input 类型和属性的多样性极大地增强了 HTML 可表达的表单形式，再加上新增加的一些表单标签，使得原本需要 JavaScript 来实现的控件可以直接使用 HTML5 的表单来实现；一些如内容提示、焦点处理、数据验证等功能也可以通过 HTML5 的智能表单属性标签来完成。

2. 绘图画布

HTML5 的 canvas 元素可以实现画布功能。该元素通过自带的 API 结合使用 JavaScript 脚本语言在网页上绘制图形或进行处理，拥有实现绘制线条/弧线/矩形、用样式和颜色填充区域、书写样式化文本及添加图像的方法，且使用 JavaScript 可以控制每一个像素。HTML5 的 canvas 元素使浏览器无须 Flash 或 Silverlight 等插件就能直接显示图形或动画图像。

3. 多媒体

HTML5 的最大特色之一就是支持音频、视频，网页制作者可以通过增加<audio>和<video>两个标签来实现对多媒体中音频、视频使用的支持。也就是说，只要在 Web 网页中嵌入这两个标签，无须第三方插件（如 Flash）就可以实现音视、视频的播放功能。HTML5 对音频、视频文件的支持使浏览器可以摆脱对插件的依赖，加快页面的加载速度，扩展互联网多媒体技术的发展空间。

4. 地理定位

现今移动网络备受青睐，用户对实时定位的应用要求越来越高。HTML5 引入 Geolocation 的 API 可以通过 GPS 或网络信息实现用户的定位功能，定位更加准确、灵活。通过 HTML5 进行定位，除了可以取得自己的位置，还可以在他人对你开放信息的情况下获得他人的定位信息。

5. 数据存储

HTML5 较传统的数据存储有自己的存储方式，允许在客户端实现较大规模的数据存储。为了满足不同的需求，HTML5 支持 DOM Storage 和 Web SQL Database 两种存储机制。其中，DOM Storage 适用于具有 key/value 对的基本本地存储；Web SQL Database 是适用于关系数据库的存储方式，开发者可以使用 SQL 语句对这些数据进行查询、插入等操作。

6. 多线程

HTML5 利用 Web Worker 将 Web 应用程序从原来的单线程中解放出来，通过创建一个 Web Worker 对象就可以实现多线程操作。JavaScript 创建的 Web 程序处理事务都是在单线程中执行的，响应时间较长，而当 JavaScript 过于复杂时还有可能出现死锁的局面。HTML5 增加了一个 Web Worker API，用户可以创建多个在后台的线程，将耗费较长时间的处理交给后台，不影响用户界面和响应速度，这些处理不会因用户交互而运行中断。使用后台线程不能访问页面和窗口对象，但后台线程可以与页面进行数据交互。

子线程与子线程之间的数据交互大致步骤如下：①创建发送数据的子线程；②执行子线程任务，把要传递的数据发送给主线程；③在主线程接收到子线程传递回的消息时创建接收数据的子线程，然后把发送数据的子线程中返回的消息传递给接收数据的子线程；④执行接收数据子线程中的代码。

7.2.3 HTML 统一标签

将基础的 HTML 标签和扩展后的 HTML 标签统一规范后，获得的国际主流浏览器兼容的标签集合统称为 HTML 统一标签。标签包括基础标签、格式标签、表单标签、框架标签、图像标签、音频/视频标签、链接标签、列表标签、表格标签、样式/节标签、元信息标签和编程标签。

作为前端开发工具，需要通过标签代码编程，进行数据的录入、修改、提交、显示待呈现的页面布局和前端交互功能设计。

例如，一个用户注册管理界面的浏览器页面与 HTML 代码对照，如图 7-3 所示。

图 7-3　用户注册管理界面的浏览器页面与 HTML 代码对照

通过使用浏览器的代码工具，我们可以看到几乎全部的 HTML 标签代码。这是因为前端开发工具的代码为了实现对不同浏览器的兼容性，大部分采用明文方式在客户端和服务器端进行传输。

在上面的表单填写完成后，单击"提交"按钮时，前台程序可以触发表单提交功能，通过$_GET 或$_POST 这样的全局变量将前台的数据以 URL 调用的方式传递给 PHP 程序，以进行后台业务操作。有关详细内容请参见本书第 8 章。

7.3　CSS

7.3.1　什么是 CSS

层叠样式表（Cascading Style Sheets）是一种用来修饰 HTML 或 XML 等内容样式的语言。CSS 不仅可以静态地修饰网页，还可以配合各种脚本语言动态地对网页各元素进行格式化。CSS 能够对网页中元素位置进行像素级精确控制，支持几乎所有的字体、字号样式，具有对网页对象和模型进行样式编辑的能力。

7.3.2　CSS 的特点

CSS 为 HTML 提供了一种样式描述，它定义其中元素的显示方式。利用它可以实现修改一个小的样式，从而更新与之相关的所有页面元素。

总体来说，CSS 具有以下特点。

1. 丰富的样式定义

CSS 提供了丰富的文档样式外观，以及设置文本和背景属性的功能；此外，还允许为任何元素创建边框、设置元素边框与其他元素间的距离及元素边框与元素内容间的距离，也允许随意改变文本的大小写方式、修饰方式及其他页面效果。

2. 易于使用和修改

CSS 可以将样式定义在 HTML 元素的 style 属性中，也可以将其定义在 HTML 文档的 head 部分，还可以将样式声明在一个专门的 CSS 文件中以供 HTML 页面引用。总之，CSS 可以将所有的样式声明统一存放，进行统一管理。另外，可以将相同样式的元素进行归类并使用同一个样式进行定义，也可以将某个样式应用到所有同名的 HTML 标签中，还可以将一个 CSS 样式指定到某个页面元素中。如果要修改样式，我们只需要在样式列表中找到相应的样式声明进行修改。

3. 多页面应用

CSS 可以单独存放在一个 CSS 文件中，这样我们就可以在多个页面中使用同一个 CSS。CSS 理论上不属于任何页面文件，但在任何页面文件中都可以引用它，这样就可以实现多个页面风格的统一。

4. 层叠

简单地说，层叠就是对一个元素多次设置同一个样式，使用最后一次设置的属性值。例如，对一个站点中的多个页面使用同一套 CSS，而对某些页面中的某些元素想使用其他样式，就可以针对这些页面中的这些元素再单独定义一套 CSS。这些后来定义的样式会对前面的样式设置进行重写，在浏览器中看到的会是最后面设置的样式效果。

5. 页面压缩

在使用 HTML 定义页面效果的网站中，往往需要大量或重复的表格和 font 元素构成各种规格的文字样式，这样做的后果就是会产生大量的 HTML 标签，从而使页面文件的大小增加。而将样式的声明单独放到 CSS 中可以极大减小页面文件的大小，这样在加载页面时使用的时间也会极大减少。另外，CSS 的复用更大程度地缩减页面文件的大小，减少下载的时间。

总之，CSS 简化了网页的格式代码，外部的样式表还会被浏览器保存在缓存中，加快下载显示的速度，也减少了需要上传的代码数量。只要修改保存着网站格式的 CSS 文件就可以改变整个站点的风格、特色，这样在修改页面数量庞大的站点时，可避免一个个网页的修改，极大减少工作量。

7.3.3　CSS3

CSS3 的语法是建立在 CSS 原先版本基础上的，特别是高级选择器，可以实现干净的、轻量级的标签，使得结构与表现更好地分离；它允许在标签中指定特定的 HTML 元素而不必使用多余的 class、ID 或 JavaScript，让设计师可更方便地维护样式表。

1. 减少开发成本与维护成本

在 CSS3 出现之前，开发人员为了实现一个圆角效果，往往需要添加额外的 HTML 标签，用一张或多张图片来完成。在 CSS3 中只需要一个标签，利用 border-radius 属性就能完成。这样，CSS3 技术能把开发人员从绘图、切图和优化图片的工作中解放出来。如果后续需要调整这个圆角的弧度或者圆角的颜色，使用 CSS2.1 需要从头绘图、切图才能实现，而使用 CSS3 只需修改

border-radius 属性值就可快速完成。CSS3 提供的动画特性可让开发人员在先实现一些动态按钮或者动态导航时远离 JavaScript，不需要耗费大量的时间去写脚本或者寻找合适的脚本来适配一些动态网站效果。

2. 提高页面性能

很多 CSS3 技术通过提供相同的视觉效果而成为图片的"替代品"。换句话说，在进行 Web 开发时，减少多余的标签嵌套及图片的使用数量，意味着用户要下载的内容会更少，页面加载速度也会更快。另外，更少的图片、脚本和 Flash 文件能够减少用户访问 Web 站点时的 HTTP 请求数，这样是提升页面加载速度的理想方法之一。使用 CSS3 制作图形化网站无须大量图片，极大地减少 HTTP 的请求数量，并且能提升页面的加载速度，例如，CSS3 的动画效果能够减少对 JavaScript 和 Flash 文件的 HTTP 请求，但可能会要求浏览器执行很多的工作来完成这个动画效果的渲染，这样有可能导致浏览器响应缓慢。

7.3.4　CSS 样式的定义

在 HTML 中预定义 div 结构和类别 class，在 CSS 中定义对应结构和类别的样式。

代码调试方法演示

【例 7-1】一个简单的 user.html 文件，代码示例如下。

```
<div>
  <h2>待处理</h2>
  <ul>
    <li>待办任务 1</li>
    <li>待办任务 2</li>
    <li>待办任务 3</li>
    <li>待办任务 4</li>
    <li>待办任务 5</li>
  </ul>
</div>
<div>
  <h2>已完成</h2>
  <ul>
    <li class="completed">完成任务 1</li>
    <li class="completed">完成任务 2</li>
    <li class="completed">完成任务 3</li>
  </ul>
</div>
```

由于没有引用 CSS 样式，我们先用浏览器打开【例 7-1】的显示效果，如图 7-4 所示。

图 7-4　没有引用 CSS 的 HTML 文件显示效果

【例 7-2】在 user.html 文件中增加 CSS 样式引用，代码示例如下。

```
<!DOCTYPE html>
<html>
    <head> <meta charset="UTF-8"><title>CSS 样式定义</title>
        <style tpye ="text/css">
            ul {          /*定义 ul 结构的样式*/
                list-style: none;
                color: #fff;
```

```
            font-size: 20px;
            border: 3px solid #000;
            padding: 1rem 2rem;
            min-height: 200px;
            margin: 15px 2rem 0 0;
            background: #323232;
            box-shadow: 0 1px 4px rgba(0, 0, 0, 0.6);
            border-radius: 8px;
        }
        li {                      /*定义 li 结构的样式*/
            padding: 0.3rem 0;
        }
        li::before {              /*定义 li 结构文字前的添加内容及样式*/
            content: "□ ";
            color: aqua;
        }
        li.completed::before {/*定义 li 结构 class 为 completed 文字前的添加
内容及样式*/
            content: "✔ ";
            text-decoration: none;
            color: greenyellow;
        }
        li.completed {           /*定义 li 结构 class 为 completed 的样式*/
            text-decoration: line-through;
            color: #bdbdbd;
        }
    </style>
</head>
    <body>
        <div>
                <h2>待处理</h2>
                <ul>
                    <li>待办任务 1</li>
                    <li>待办任务 2</li>
                    <li>待办任务 3</li>
                    <li>待办任务 4</li>
                    <li>待办任务 5</li>
                </ul>
        </div>
        <div>
                <h2>已完成</h2>
                <ul>
                    <li class="completed">完成任务 1</li>
                    <li class="completed">完成任务 2</li>
                    <li class="completed">完成任务 3</li>
                </ul>
        </div>
    </body>
</html>
```

引用 CSS 样式后的显示效果如图 7-5 所示。

7.3.5 div+CSS 布局的优点

div+CSS 布局的优点有如下几点。

（1）结构清晰明了，内容与样式和行为分离，可带来足够好的可维护性。

（2）布局更加灵活多样，能通过样式选择满足界面设置方面的更多要求。

（3）布局改版方便，通常只需要更换对应的 CSS 样式就可以将网页变成另外一种风格。

（4）内容信息等集中管理，便于搜索引擎抓取，搜索的准确率极大提升。

（5）提高网页打开速度，改进用户体验。

7.3.6 CSS 样式的引用

CSS 样式的引用方式大致有 4 种：行内式、嵌入式、外链式和导入式。行内式相当于在 HTML 文件中用到样式的地方直接编写代码，这种引用方式没有体现出 CSS 独立出来的意义，我们不予推荐。导入式是指一个 CSS 文件引用（导入）另外一个 CSS 样式文件，实际上较少应用。因此，我们重点介绍嵌入式和外链式两种引用方式。

图 7-5 引用 CSS 样式后的显示效果

1. 嵌入式

嵌入式代码格式为：

```
<style type="text/css">要写的样式</style>
```

【例 7-3】嵌入式 CSS 样式，代码示例如下。

```
<!DOCTYPE html>
<html>
    <head> <meta charset="UTF-8"><title>嵌入式 CSS</title>
        <style tpye ="text/css">
            h1 {
              color: red;
              text-align: center;
            }                /*这是在 CSS 中的注释，这里定义了一个 h1 标签*/
            p {
              color: blue;
              text-align:center;
            }                /*这是在 CSS 中的注释，这里定义了一个 p 标签*/
        </style>
    </head>
    <body>
        <h1>Hello World!</h1>     <!--这是在 HTML 中注释，这里引用了 h1 标签-->
        <p>这些段落是通过嵌入式 CSS 设置样式的。</p><!--这里引用了 p 标签-->
    </body>
</html>
```

内嵌式 CSS 样式显示结果如图 7-6 所示。

数据库原理与应用（MySQL 微课版 第 4 版）

图 7-6　嵌入式 CSS 样式显示结果

2. 外链式

外链式代码格式为：

```
<link rel="stylesheet" type="text/css" href="css/public.css" />
```

【例 7-4】外链式 CSS 样式，代码示例如下。

.html 代码示例如下。

```
<!DOCTYPE html>
<html>
    <head> <meta charset="UTF-8"><title>外链式 CSS</title>
            <link rel=stylesheet HREF="public.css" tpye ="text/css">
    </head>
    <body>
            <h1>Hello World! </h1>    <!--这是在 HTML 中注释，这里引用了 h1 标签-->
            <p>这些段落是通过外链式 CSS 设置样式的。</p><!--这里引用了 p 标签-->
    </body>
</html>
```

.css 样式文件代码示例如下。

```
h1 {color: red;text-align: center;}} /*这是在 CSS 中的注释，这里定义了一个 h1 标签*/
p {color: blue;text-align:center;}  /*这是在 CSS 中的注释，这里定义了一个 p 标签*/
```

外链式 CSS 样式显示结果如图 7-7 所示。

图 7-7　外链式 CSS 样式显示结果

其他定义和引用 CSS 的方式，请读者参考相关资料进一步学习和掌握。

7.4　JavaScript

7.4.1　什么是 JavaScript

JavaScript 是一种无须编译的脚本编程语言，它可以被嵌入 HTML 文件中并由浏览器解释、执行。JavaScript 能够为网页添加各式各样的动态功能，为用户提供更流畅、美观的浏览效果。

7.4.2　JavaScript 的功能和特点

JavaScript 可被用来改进设计、验证表单、检测浏览器、创建 cookies 等。JavaScript 具有交互性，它可以做的就是信息的动态交互。JavaScript 具有安全性，不允许直接访问本地硬盘。JavaScript 具有跨平台性，只要是可解析 JavaScript 的浏览器都可以执行，与平台无关。

7.4.3　JavaScript 语法

为了便于快速理解 JavaScript，我们主要用程序代码举例+注释的方法来介绍 JavaScript 的语法。

1. 语句行与注释

JavaScript 的语法与通常的编程语言相同，一般每一行只写一个语句，语句间用 ";" 隔开。JavaScript 注释与 Java 的单行和多行注释相同，与第 8 章 PHP 语言的注释方法也是一致的，即单行注释以 "//" 开头，多行注释以 "/*" 开始并以 "*/" 结尾。

【例 7-5】JavaScript 的基本语法，代码示例如下。

```
<Script> //这里是 JavaScript 程序的开始标记，双斜线是单行注释符
alert("hello JavaScript");//作用是弹出提示框 "hello JavaScript"，分号是语句结束符
/* 这里是
多行注释 */
</Script>//这里是 JavaScript 程序的结束标记
```

2. 变量

声明变量的关键字为 "var"，程序代码写成如下形式。

```
var 变量名称；          //其中变量名称要符合命名规则
```

变量的命名规则如下。

（1）变量必须以字母开头。

（2）变量也能以$和_符号开头。

（3）变量名称对大小写敏感（y 和 Y 是不同的变量）。

（4）不能使用关键字和保留字。

【例 7-6】JavaScript 的变量定义，代码示例如下。

```
var myCompany;              //声明变量
myCompany='开课吧';         //赋值
var x=5;                    //声明的同时赋值
var y=6;                    //声明的同时赋值
var z=x+y;                  //变量也可以存储表达式
```

3. JavaScript 的数据类型

（1）字符串（string）：存储字符的变量。字符串可以是引号中的任意文本，必须使用单引号或双引号。

【例 7-7】JavaScript 的字符串变量，代码示例如下。

```
var BookName="数据库原理与应用";         //这里的双引号是标明字符串的语法标记
var hairstylist='tony';                 //这里的单引号也是标明字符串的语法标记
var message1='我的发型师是"tony"老师';//这里的单引号是语法标记，双引号是字符
var message2="我的发型师是'tony'老师";//这里的双引号是语法标记，单引号是字符
```

（2）布尔（boolean）：只能有两个值，一个为 true（真），另一个为 false（假）。

【例 7-8】JavaScript 的布尔变量，代码示例如下。

```
var isUnderstand=true;
var isSingle=false;
```

（3）空值（null）：表示没有任何信息。

【例 7-9】JavaScript 的空值变量，代码示例如下。

```
var email=null;    //设置邮件地址为空
```

（4）未定义（undifined）：表示变量、对象或对象属性不含有值。

【例 7-10】JavaScript 的未定义变量，代码示例如下。

```
var obj;              //声明了变量，但没有赋值
alert(obj);           //输出结果为 undefined
alert(obj.name);      //输出结果为报错信息，即属性未定义
function printNum(num){  //定义一个参数为 num、名称为 printNum 的函数
    alert(num);       //弹框提示 num 的值，这里显然是未定义的变量
}
var result=printNum();//调用函数未传递参数，执行函数时 num 的值是 undefined
alert(result);        //result 的值也是 undefined，因为 printNum()没有返回值
```

（5）对象（object）：JavaScript 是面向对象的前端开发语言，下面用程序代码举例说明对象的定义和属性的访问。

【例 7-11】JavaScript 的对象变量，代码示例如下。

```
var myObj={    //定义一个对象，对象名称为"myObj"
prop1:"val1";  //定义对象属性 prop1，并赋值为"val1"
prop2:"val2";  //定义对象属性 prop2，并赋值为"val2"
};
var propvar1=myObj.prop1;   //将对象属性 prop1 的值赋予变量 propvar1
var propvar2=myObj.prop2;   //将对象属性 prop2 的值赋予变量 propvar2
```

（6）数组（array）。

【例 7-12】JavaScript 的数组变量，代码示例如下。

```
var nameArr=["宝玉","黛玉","湘云"];//定义一个有 3 个元组构成的数组
var len=nameArr.length; //获取数组的长度，length 是数组对象的一个属性，结果为 3
```

（7）函数（function）。

【例 7-13】构建一个求和函数，计算两个正整数区间内所有整数之和，代码示例如下。

```
function computeSum(startValue,endValue){
//计算 startValue 到 endValue 所有整数之和
    var sum=0;  //初始化累加器变量为 0
    for (var i=startValue;i<= endValue;i++){
        sum=sum+1;  //循环累加
    }
    console.log(sum);    //console 是浏览器控制台对象，通过控制台输出信息 sum 的值
}
computSum(1,5);           //调用求和函数，并将结果赋予变量 result1，结果为 15
```

4．运算符

（1）字符串连接运算符

在两个字符变量之间使用"+"作为字符串连接运算符。

【例7-14】JavaScript 的字符串连接运算，代码示例如下。

```
var x="Java";
var y= 'Script';
var z=x+y;
alert (z);//输出结果为弹框提示 "JavaScript"
```

（2）比较运算符。

【例7-15】JavaScript 的比较运算，代码示例如下。

```
var x=5;
var y=6;
var res1=(x==5);        // "等于" 比较符，结果为 true
var res2=(y!=6);        // "不等于" 比较符，结果为 false
var res3=(x>y);         // "大于" 比较符，结果为 false
var res4=(y>=x);        // "大于或等于" 比较符，结果为 true
var res5=(x<y);         // "小于" 比较符，结果为 true
var res6=(x<=5);        // "小于或等于" 比较符，结果为 true
```

（3）特殊的比较运算

【例7-16】JavaScript 的特殊比较运算，代码示例如下。

```
var x=5;                //5 为数值类型，因此 x 也为数值类型
var res1=(x===5);       //=== 绝对等于（值和类型均相等），结果为 true，res1 为布尔类型
var res2=(x==='5');     // "5" 为字符类型，结果为 false
var res3=(x!==5);       //!== 不绝对等于（值和类型有一个不相等或两个都不等）结果为 false
var res4=(x!=='5');     //结果为 true
```

　　由于篇幅所限，有关 JavaScript 的更深入内容，我们不在这里展开讲解。下面通过两个示例，展示通过 JavaScript 程序实现页面弹窗数据录入、表单全选操作和表单验证的动态效果。

7.4.4　JavaScipt 网页动态交互示例

　　JavaScript 使用对象方法的方式可以实现网页页面的多种动态交互。

1. 弹窗及数据录入

【例7-17】JavaScript 的弹窗及数据录入，代码示例如下。

```
<script>
 //window 对象常用的弹框方法
 //基本弹框
 window.alert("只有一个确定按钮的对话框");
 //对话框：有 "确定" 按钮和 "取消" 按钮两个按钮
//单击 "确定" 按钮返回 true，单击 "取消" 按钮返回 false
 var res=window.confirm("确认要关闭吗?");
 if(res){
        alert("单击 "确定" 按钮");
 }else{
        alert("单击 "取消" 按钮");
 }
 //输入框：prompt(提示信息,默认值)
 var age=prompt("请输入年龄：",19);
 alert("输入的年龄信息是：" +age);
</script>
```

数据库原理与应用（MySQL 微课版 第 4 版）

2. 全选/全不选的交互操作

【例7-18】JavaScript 的全选/全不选交互操作。

图 7-8 所示为一个网页表格。

全选 ☑	序号	名称	单价	数量	总计
☑	1	小熊饼干	¥125	1	¥125
☑	1	小猫饼干	¥125	1	¥125
☑	1	小兔饼干	¥125	1	¥125

图 7-8　网页表格示例

实现网页表格的全选和全不选这一网页交互功能的代码示例如下。

```
<!DOCTYPE html>
<html>
    <head>
        <meta charset="UTF-8"> <title>全选</title>
        <script>
            function myAll(){
                var all=document.getElementById("all");
                var oneList=document.getElementsByName("one");
                for(var i=0;i<oneList.length;i++){
                    oneList[i].checked=all.checked;
                }
            }
            function myOne(){
                var all=document.getElementById("all");
                var oneList=document.getElementsByName("one");
                for(var i=0;i<oneList.length;i++){
                    if(oneList[i].checked==false){
                        all.checked=false;
                        return;
                    }
                }
                all.checked=true;
            }
        </script>
    </head>
    <body>
        <table id="myTable" border="1" cellpadding="0" cellspacing="0" width="90%"
height="180px">
            <tr>
                <th>全选<input id="all" type="checkbox" onclick="myAll()"/>
                </th> <th>序号</th>
                <th>名称</th>
                <th>单价</th>
                <th>数量</th>
```

```
            <th>总计</th> </tr>
        </tr>
        <tr>
            <td><input name="one" type="checkbox" onclick="myOne()"/></td>
            <td>1</td>
            <td>小熊饼干</td>
            <td>¥125</td>
            <td>1</td>
            <td>¥125</td>
        </tr>
        <tr>
            <td><input name="one" type="checkbox" onclick="myOne()"/></td>
            <td>1</td>
            <td>小猫饼干</td>
            <td>¥125</td>
            <td>1</td>
            <td>¥125</td>
        </tr>
        <tr>
            <td><input name="one" type="checkbox" onclick="myOne()"/></td>
            <td>1</td>
            <td>小兔饼干</td>
            <td>¥125</td>
            <td>1</td>
            <td>¥125</td>
        </tr>
    </table>
  </body>
</html>
```

3. 表单验证

【例 7-19】JavaScript 的表单验证。

图 7-9 所示为一个用户注册验证表单。

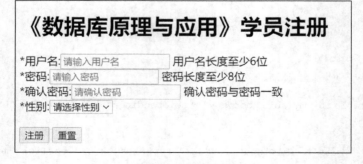

图 7-9　表单验证界面

相应的代码示例如下。

```
<!DOCTYPE html>
<html>
```

```
<head>
  <meta charset="UTF-8">
  <title>表单验证</title>
  <script>
      function validateName(){
      //所有的表单项元素都是 value 属性
          var name=document.getElementById("userName").value;
          var msg=document.getElementById("nameMsg");
          if(name==null || name ==""){
              msg.innerHTML="用户名不能为空!";
              msg.style.color="red";
              return false;
          } else if(name.length<6){
              msg.innerHTML="用户名长度至少 6 位!";
              msg.style.color="red";
              return false;
          }
          msg.innerHTML="用户名可用"; msg.style.color="green";
          return true;
      }
      function validatePwd(){
          var password1=document.getElementById("password1").value;
          var msg=document.getElementById("pwdMsg1");
          if(password1==null || password1 ==""){
              msg.innerHTML="密码不能为空!"; msg.style.color="red";
              return false;
          } else if(password1.length<8){
              msg.innerHTML="密码的长度至少 8 位!";
              msg.style.color="red";
              return false;
          }
          msg.innerHTML="密码合法"; msg.style.color="green";
          return true;
      }
      function confirmPwd(){
          var pwd1=document.getElementById("password1").value;
          var pwd2=document.getElementById("password2").value;
          var msg=document.getElementById("pwdMsg2");
          if(pwd1!=pwd2){
              msg.innerHTML="两次输入的密码不一致!";
              msg.style.color="red";
            return false;
          }
          msg.innerHTML="两次输入的密码一致";
          msg.style.color="green";
          return true;
      }
```

```
                function validateGender(){
                    var gender=document.getElementById("gender").value;
                    if(gender==-1){
                        alert("性别为必选项!");
                        return false;
                    }
                    return true;
                }
                function register(){
                    return validateName()&&validatePwd()&&confirmPwd()&&validate
Gender();
                }
            </script>
        </head>
    <body>
    <h1>《数据库原理与应用》学员注册</h1>
    <form action="提交.html" method="get" onsubmit="return register()">
    *用户名:<input type="text" id="userName" placeholder="请输入用户名" onblur=
"validateName()" />
            <span id="nameMsg">用户名长度至少 6 位</span><br />
    *密码:<input type="password" id="password1" placeholder="请输入密码" onblur=
"validatePwd()"/>
            <span id="pwdMsg1">密码长度至少 8 位</span><br />
    * 确认密码 :<input type="password" id="password2" placeholder="请确认密码"
onblur="confirmPwd()" />
            <span id="pwdMsg2">确认密码与密码一致</span><br />
    *性别:<select id="gender">
            <option value="-1">请选择性别</option>
            <option value="0">女</option>
            <option value="1">男</option>
        </select><br /><br />
    <button type="submit">注册</button>
    <button type="reset">重置</button>
    </form>
    </body>
    </html>
```

以上我们仅通过示例程序,管中窥豹地介绍了 JavaScript 语言的部分特征。读者可以通过查阅相关资料,获取更加全面的有关 JavaScript 语言的知识,从而更加全面地掌握这一重要的前端开发工具。

在图 7-9 的表单填写完成后,单击"注册"按钮时,前台程序可以触发表单提交功能,通过 $_GET 或$_POST 这样的全局变量将前台的数据以 URL 调用的方式传递给 PHP 程序,以进行后台业务操作。

7.4.5　AJAX

AJAX(Asynchronous JavaScript and XML)是 JavaScript、XML、CSS、DOM 等多个技术的组合。AJAX 的工作原理是一个页面的指定位置可以加载另一个页面的输出内容,这样就可实现静态页面也能获取到服务器返回的数据信息。所以 AJAX 技术可实现静态网页在不刷新整个页面的情况下与服务器通信，能减少用户等待时间，同时降低网络流量，增强客户体验的友好程度。

AJAX 的核心技术是 XMLHttpRequest，它是 JavaScript 中的一个对象。

AJAX 的优点如下。

（1）可减轻服务器端负担，将一部分以前由服务器负担的工作转移到客户端执行，利用客户端闲置的资源进行处理。

（2）在只局部刷新的情况下更新页面，可增强页面响应速度，使用户体验更友好。

7.5 XML

可扩展标记语言（Extensible Markup Language，XML）的设计目的是进行电子数据交换（Electronic Data Interchange，EDI）。XML 使用简单而又灵活的标准格式，为基于 Web 的应用提供描述数据和交换数据的有效手段。

7.5.1 XML 的规则

1．必须有声明语句

XML 声明是 XML 文档的第一句，其格式如下。

```
<?xml version="1.0" encoding="UTF-8"/?>
```

2．注意大小写

在 XML 文档中，大小写是有区别的，如 "<P>" 和 "<p>" 是不同的标签。注意在写元素时，前后标签的大小写要保持一致。最好养成一种习惯，即或者全部大写、全部小写，或者大写第一个字母，这样可以减少因大小写不匹配而产生的文档错误。

3．XML 文档有且只有一个根元素

格式良好的 XML 文档必须有一个根元素（紧接着声明后面建立的第一个元素），其他元素都是这个根元素的子元素，根元素完全包括文档中其他所有的元素。根元素的起始标签要放在所有其他元素的起始标签之前，根元素的结束标签要放在所有其他元素的结束标签之后。

4．属性值使用引号

在 HTML 代码中，属性值可以加引号，也可以不加。但是 XML 规定，所有属性值必须加引号（可以是单引号，也可以是双引号，建议使用双引号），否则将被视为错误。

5．所有的标签必须有相应的结束标签

在 HTML 中，标签可以不成对出现。在 XML 中所有标签必须成对出现，即有一个开始标签就必须有一个结束标签，否则将被视为错误。

6．所有的空标签也必须被关闭

空标记是指标签对之间没有内容的标签，如 "<img>" 等标签。

7.5.2 XML 举例

【例 7-20】XML 数据格式。表 7-1 和表 7-2 分别代表两个基表的结构和数据。

表 7-1 数据对象主表

No.	Name	Type	Number	Department
1	CDU	University	20000	12

表 7-2 数据库管理员表（DBA 表）

No.	Name	UserName	Password
1	CDU	rorely	136
2	CDU	Jane	123
3	CDU	Tom	456

下面是一个 XML 的数据文件，它包含表 7-1 和表 7-2 的表结构和数据。

```xml
<?xml version="1.0" encoding="UTF-8" ?>
<Configuration>
    <Name>CDU</Name>
    <Type>University</Type>
    <Number>20000</Number>
    <Department>12</Department>
    <DBA>
        <UserName>rorely</UserName>
        <Password>136</Password>
    </DBA>
    <DBA>
        <UserName>Jane</UserName>
        <Password>123</Password>
    </DBA>
    <DBA>
        <UserName>Tom</UserName>
        <Password>456</Password>
    </DBA>
</Configuration>
```

【例 7-21】用 XML 表示我国部分省市数据，代码示例如下。

```xml
<?xml version="1.0" encoding="UTF-8"?>
<country> <name>中国</name>
    <province><name>黑龙江</name><cities><city>哈尔滨</city><city>大庆</city>
</cities></province>
    <province><name>广东</name><cities><city>广州</city><city>深圳</city><city>珠
海</city> </cities> </province>
    <province>  <name> 四 川 </name><cities><city> 成 都 </city><city> 绵 阳 </city>
</cities> </province>
    <province><name>浙江</name><cities><city>杭州</city></cities></province>
```

7.6　JSON

JSON（JavaScript Object Notation，简称 JS 对象标记）是一种轻量级的数据交换格式，它采用完全独立于编程语言的文本格式来存储和表示数据。简洁和清晰的层次结构使得 JSON 成为理想的数据交换语言。用 JSON 编写的代码易于阅读，也易于机器解析和生成，并可有效地提升网络传输效率。

我们知道，互联网前端浏览器是一种跨平台通用的针对标准文本、图片、音频、视频等信息格式进行获取、解压、标记、展现的。JSON 和 XML 都是对数据信息进行文本化表达的数据库语言表达方式。

在 JSON 出现之前，大家一直用 XML 来传递数据。因为 XML 是一种纯文本格式，所以它适合在网络上交换数据。XML 本身不算复杂，但是加上 DTD、XSD、XPath、XSLT 等一大堆复杂的规范以后，任何软件开发人员碰到 XML 都会感觉茫然，即使努力钻研几个月，也未必搞得清楚 XML 的规范。

JSON 非常简单，很快就风靡 Web 世界，并且成为欧洲计算机制造商协会（European Computer Manufacturers Association，ECMA）标准。几乎所有编程语言都有 JSON 的解析库，所在 JavaScript 中，我们就可以直接使用 JSON。把任何 JavaScript 对象变成 JSON，就是把这个对象序列化成一个 JSON 格式的字符串，这样才能通过网络传递给其他计算机。如果我们收到 JSON 格式的字符串，只需要把它反序列化成 JavaScript 对象，就可以在 JavaScript 中直接使用这个对象了。

7.6.1　JSON 语法

JSON 的语法规则十分简单，总结起来有：数组（Array）用方括号（[]）表示；对象（Object）用大括号（{}）表示；名称/值对（name/value）组合成数组和对象，名称（name）置于双引号（""）中，值（value）有字符串、数值、布尔值、空值、对象和数组；并列的数据用逗号（,）分隔。

7.6.2　转义

我们在调用 JSON 接口或者调用.js 文件的时候，文件编码不同会出现乱码的问题。如果文件出现了非英文字符，调用时文件编码不一致，同样会出现乱码的情况。这样的情况也就是由于格式不统一的原因所致。JSON 是适用于 AJAX 应用程序的一种有效格式，原因是它使 JavaScript 对象和字符串值可以快速转换。JSON 是一种传递对象的语法，它提供了 stringify 和 parse 方法的内置对象。stringify 将 JS 对象转换为符合 JSON 标准的字符串；parse 将符合 JSON 标准的字符串转换为 JS 对象。

7.6.3　JSON 应用

【例 7-22】用 JSON 表示中国的部分省市数据，代码示例如下。

```
{name:"中国",</country>
   province:[ {name:"黑龙江",cities:{city:["哈尔滨","大庆"]}},
             {name:"广东",cities:{city:["广州","深圳","珠海"]}},
             {name:"四川",cities:{city:["成都","绵阳"]}},
             {name:"浙江",cities:{city:["杭州"]}}
          ]
}
```

【例 7-23】用 JSON 格式输出实训项目数据。

下面用 SQL 语句查询展商信息并通过 JSON 数据格式进行输出。SQL 语句为：

```
select user_name as username,attrib1 as boothname,attrib3 as name_zh ,attrib2
as name_en,attrib5 as bootharea ,productServices as product_zh,productservices_en
as product_en ,email as email from ecs_users where flag=0
```

输出一组参展商的 JSON 格式数据如下。

    {"username":"HEC0032","boothname":"A06","name_zh":"\u6df1\u5733\u5e02\u5fe0
\u8fbe\u6a21\u578b\u6709\u9650\u516c\u53f8","name_en":"Shenzhen Zonda Hobby Co.,
Ltd.","bootharea":"80","product_zh":"???","product_en":"xxxx","email":"jiang
xxxx@163.com"},{"username":"HEC0046","boothname":"A29,A33","name_zh":"\u4e1c\u
839e\u5e02\u7d22\u7acb\u5f97\u6a21\u578b\u79d1\u6280\u6709\u9650\u516c\u53f8",
"name_en":"Dongguan Solid Model Technology Co., Ltd","bootharea":"120","product_
zh":"\u50cf\u771f\uff1bEPO\uff1b\u6db5\u9053","product_en":"","email":"leoxxxx
@fmsmodel.com"}

> **注意**
>
> 　　以上格式中的中文和敏感信息已分别被进行转义和加密，产品中英文和部分邮件地址信息已用"xxxx"代替。

7.7　客户前端的胖与瘦

7.7.1　胖客户端

　　简单来说，胖客户端指的是客户/服务器（C/S）数据库应用架构模式的客户前端。传统的 C/S 架构通常是两层架构。服务器负责数据的管理，客户端负责完成与用户的交互任务。

　　客户端通过局域网与服务器相连，接收用户的请求，并通过网络向服务器提出请求，对数据库进行操作。服务器接受客户端的请求，将数据提交给客户端，客户端将数据进行计算并将结果呈现给用户，同时服务器要提供完善的安全保护及对数据完整性的处理等操作，并允许多个客户端同时访问服务器。在 C/S 结构中，客户端部分为某个数据库应用所专有，负责执行前台功能，在出错提示、在线帮助等方面都有强大的功能，并且可以在子程序间自由切换。

　　C/S 结构在技术上已经很成熟，它的主要特点是交互性强、具有安全的存取模式、响应速度快、利于处理大量数据。但是前端样式结构缺少通用性，增加了维护和管理的难度，所以 C/S 结构多限于局域网。

7.7.2　瘦客户端

　　简单地说，瘦客户端指的是浏览器/服务器（B/S）数据库应用架构模式的客户前端。B/S 架构是 Web 兴起后的一种网络架构模式，这种架构是三层架构。Web 浏览器是客户端最主要的应用软件。这种模式架构将客户端统一为浏览器，将系统功能实现的核心部分集中到服务器上，客户端上只要通过浏览器访问应用服务的 URL，就可以通过应用服务器（Web Server）同数据库服务器（Database Server）进行数据交互。这样就可极大简化客户端计算机载荷，减轻系统维护与升级的成本和工作量，降低用户的总体成本。本章 7.1 节至 7.4 节全部为通过浏览器解释、执行的瘦客户端开发工具的内容。

7.7.3　智能客户端

　　随着前后端开发工具的不断进步和宽带网络的不断普及，胖客户端在发挥原有 C/S 架构前端优势的基础上，借助 B/S 的三层架构将浏览器前端替换为专用智能客户端软件，将原本在客户端执行的复杂功能进行分解，将适合在服务器端执行的部分按照 B/S 架构服务器端的方式进行部署，将丰富的交互功能保留在专用客户前端软件中，逐步发展成了智能客户端，并获得更广泛的应用。现在 PC 和手机中使用的大部分应用软件都广泛地采用了智能客户端的模式进行部署。

7.8 小结

通过学习本章，读者可以大致了解数据库应用开发的主要前端技术，理解不同的技术在用户前台页面中所承担的不同任务，从而较好地设计出界面清爽、交互友好的数据库前台应用界面，如用户注册、登录、身份验证、资料提交、服务预定、通知邮件发送等常用的数据库应用开发的前台场景（人机界面），为以后从事相关工作奠定了良好的基础。

上 机 题

上机目的：

熟悉前端开发工具。

上机步骤：

（1）用 Microsoft Word 或 WPS 文档编辑工具，打开一个编辑好的 Word 文档，执行"另存为"操作，选取文件格式为"网页文件（*.html;*.htm）"。

（2）用浏览器打开保存好的网页文件，查看文件样式。

（3）打开浏览器"开发者工具"，查看网页文件 HTML 的源代码。

（4）将本章 7.3.4 小节的示例 1，以.htm 文件格式保存，并用任意浏览器打开。

（5）将本章 7.3.4 小节的示例 2，以.htm 文件格式保存，并用任意浏览器打开。

（6）将本章 7.3.6 小节的示例 3，以.htm 文件格式保存，并用任意浏览器打开。

习 题

一、填空题

1．学习 Web 前端开发基础技术需要掌握＿＿＿＿、＿＿＿＿和＿＿＿＿，它们分别代表网页的内容、表现样式和动态效果。

2．CSS 样式最常用的定义和引用的方式分别为＿＿＿＿和＿＿＿＿。

3．改变元素的外边距用＿＿＿＿关键字，改变元素的左、中、右位置用＿＿＿＿关键字。

4．在定义表格样式的时候，tr 表示＿＿＿＿，td 表示＿＿＿＿。

二、判断题

1．HTML 既是一种编程语言，也是一种标记语言。　　　　　　　　　　　　（　　　）

2．CSS 样式文件是一段标记语言，不能被多次重复引用。　　　　　　　　　（　　　）

3．CSS 样式理论上不属于任何页面文件，在任何页面文件中都可以将其引用，这样就可以实现多个页面风格的统一。　　　　　　　　　　　　　　　　　　　　　　　　（　　　）

三、单项选择题

1．在下面的 HTML 中，（　　　）是正确的换行标记。

    A．
　　　　　　B．<break />　　　　　C．
　　　　　D．

2. 下面（　　）是格式良好的 HTML。

A. <p><b><i>　　　　short</b></i>　　　　paragraph</p>

B. <p><b><i>　　　　short</i></b>　　　　paragraph</p>

C. <p><b><i>　　　　short</b></i>　　　　paragraph

D. <p><b><i>　　　　short<i/><b/>　　　　paragraph<p/>

3. 在以下的 HTML 中，（　　）是正确引用外部样式表的方法。

A. <style src="mystyle.css">

B. <link rel="stylesheet",type="text/css" href="mystyle.css">

C. <stylesheet>mystyle.css</stylesheet>

D. <rel="stylesheet",type="text/css" href="mystyle.css">

4. 在 HTML 文档中，引用外部样式表的正确位置是（　　）。

A. 文档的末尾　　　B. 文档的顶部　　　C. <body>部分　　　D. <head>部分

四、多项选择题

HTML5 将 Web 带入一个成熟的应用平台。在这个平台上，对（　　）及与设备的交互都进行了规范。

A. 基表定义　　　　　B. 音频　　　　　　C. 图像

D. 动画　　　　　　　E. 视频　　　　　　F. 执行 SQL 语言

五、简答题

1. 前端工程师应该掌握哪些技能和工具？其中哪些工具与结构化数据管理直接相关？

2. 为什么互联网兴起之后，需要跨平台的开发工具？跨平台开发工具都有哪些？

3. 分别用 XML 与 JSON 语法，写出下列数据：XX 大学{理学院(数学系,物理系),工学院(机械系,仪器系),信息学院(计算机系,大数据系)}

4. AJAX 的原理是什么？它有什么优点？

5. 瘦客户端和胖客户端都有什么特点？它们的技术架构有什么不同？

第 8 章　后端开发及工具

【本章导读】数据库应用后端开发工具是一个庞大的家族，其包括 Java、PHP、Python、C 语言等众多开发工具。在本章，我们将以 PHP 语言为例来简要介绍数据库应用后端开发工具。

8.1　PHP 的运行环境

PHP 可以运行在 UNIX、Linux 和 Windows 等操作系统下，最常用的集成环境是 Linux 操作系统下的 LAMP 和 Windows 操作系统下的 WAMP。

8.1.1　LAMP

LAMP 是 Linux Apache MySQL PHP 的简写，即把 Apache 应用服务器、MySQL 数据库服务器及 PHP 服务器组件安装在 Linux 服务器操作系统上，组成一个应用服务器环境来运行 PHP 脚本语言。

Apache 是最常用的 Web 服务软件，而 MySQL 是比较小型的数据库软件。这两个软件及 PHP 都可以安装在一台机器上，也可以分开安装，但 Apache 和 PHP 必须安装在同一台机器上，因为 PHP 是作为 Apache 的一个模块存在的。

8.1.2　WAMP

WAMP 是 Windows Apache MySQL PHP 的简写，即把 Apache 应用服务器、MySQL 数据库服务器及 PHP 服务器组件安装在 Windows 服务器操作系统上，组成一个应用服务器环境来运行 PHP 脚本语言。

WAMP 的安装

经过作者团队严格测试，我们推荐开发人员使用 WAMP 2.0c 版，这样可以正常运行本书全部示例程序和实训案例程序。

8.2　PHP 语言基础

页面超文本预处理器（Page Hypertext Preprocessor，PHP）是一种通用开源脚本语言。PHP 在自创的基础上，语法吸收了 C、Java 和 Perl 语言的特点，利于学习，使用广泛，主要适用于 Web 开发领域。用 PHP 做出的动态页面与用其他的编程语言做出的相比，PHP 是将程序嵌入 HTML 文档中去执行。PHP 还可以执行编译后代码，编译可以达到加密和优化代码运行的目的，使代码运行更快。

8.2.1 标签风格、注释和调试输出

PHP 脚本文件的扩展名为.php，其中可以包含 HTML 代码和 PHP 代码。PHP 代码的开始标签为 "<?PHP"，结束标签为 "?>"，代码行的分隔符为 ";"。

在 PHP 服务器系统目录下有一个系统参数配置文件 php.ini，如果将其中的参数 short_open_tag 和 asp_tag 设置成打开状态，即设置成 "short_open_tag=On" "asp_tag=On"，则 PHP 代码的开始标签和结束标签可以分别改成 "<?" 和 "?>" 或 "<%" 和 "%>"。此外，也可以将 PHP 代码开始标签和结束标签写成 "<script language="PHP">" 和 "</script>"。

HTML 的标签可以嵌入 PHP 的输出语句 "echo" 或 "print" 中，例如，换行符 "<br>"。也可以将一段带有开始标签和结束标签的 PHP 代码嵌入 HTML 文件中。

"//" 和 "#" 都是 PHP 代码的单行注释符，即出现任何一个单行注释符至本行结束的部分内容全部为注释语句。"/*" 和 "*/" 是一对多行注释符，即出现在这两个符号之间的任何内容均为注释语句。

PHP 的输出语句有以下两种格式。

（1）echo()：输出内容。例如，echo($variable);。

（2）var_dump()：输出数据的详细信息，带有数据类型和数据长度。例如，var_dump($num);。

8.2.2 数据类型

定义数据类型是为了便于系统确定变量的存储方式和操作方法。PHP 语言的数据类型包括 4 种标量类型、两种复合类型和两种特殊类型。其中标量类型包括字符串类型（string）、整型（integer）、浮点类型（float，也称为双精度类型 double）、布尔类型（boolean），复合类型包括数组类型（array）、对象类型（object），特殊类型包括空值（null）和资源类型（resource）。

【例 8-1】PHP 数据类型。

下面我们通过程序代码和注释来讲解常用数据类型的应用。

```php
<?php      //PHP 代码开始
/*字符串（string）：指单引号或双引号标注的字符*/
echo "12rqwr#@%";
echo 'rq#@wr12%';
/*整型（integer）：指整数，不能有小数点，可为正数或负数*/
echo 3124;
echo -3124;
/*浮点型（float）：指有小数点的小数，以及指数*/
echo 0.35;
echo 3.0;
/*布尔型（boolean）：指是或非，用 true 和 false 表示*/
echo true;
echo false;
/*数组（array）：指一组数据的集合，数据包含字符串、整型、浮点型等*/
print_r(array('hello',124,'world',0.15));
/*对象（object）：包含属性和方法的结构*/
class ClassName extends AnotherClass
{
    function _construct(argument)
    {
```

```
        …#代码省略
    }
}
/*空值（null）：表示没有值，数据为空*/
echo null;
?>          //PHP 代码结束
```

8.2.3 常量

常量是系统用于保存固定值的单元，常量的值不能任意改变。常量包括名称和值两个属性，常量名称的命名规则如下。

（1）以字母或下画线 "_" 开头。

（2）首字符的后边可以跟任何字母、数字或下画线 "_"。

（3）标识常量的字母大小写敏感，即 "a1" 和 "A1" 是两个不同的变量。建议常量名称中的字母全部使用大写，以明显区别于语法关键字。

定义常量的语法为：

```
define("常量名","常量值")
```

【例 8-2】PHP 常量定义，代码示例如下。

```
<?PHP       //PHP 代码开始
define("CONSTANT_1","365"); echo(CONSTANT_1);
?>          //PHP 代码结束
```

输出的结果为：365

PHP 一旦定义了常量并赋值，后续就不能再对这个常量重复定义和赋值。

8.2.4 变量

顾名思义，变量区别于常量的特征就是变量的值是可以改变的。变量的命名规则为 "$" 符号加上字符串，字符串的规则与常量规则相同。例如：

```
$student_name="张三";
```

PHP 的变量无须事先声明，可以直接通过赋值运算符进行赋值，系统会根据值的类型，自动确定变量的数据类型。

【例 8-3】PHP 变量定义，代码示例如下。

```
<?PHP                   //PHP 代码开始
$variable_1=365;
$variable_2=$variable_1+365;
echo($variable_1);      //代码输出的结果为：365
echo("<br>");
echo($variable_2);      //代码输出的结果为：730
?>                      //PHP 代码结束
```

8.2.5 运算符

（1）算术运算符：+（加）、-（减）、*（乘）、/（除）、%（取余）。

（2）字符串运算符：$a = 'abc'.'efg'; //结果为$a='abcefg'。

（3）赋值运算符：=（简单赋值）、+=、-=、*=、/=、%=、.=（复合赋值）、++（$a++先赋值

再加 1、++$a 先加 1 再赋值）、--（$a--先赋值再减 1、--$a 先减 1 再赋值）、&（$a=1;$b=&$a，引用赋值，修改任何一个变量的值，另一个也同样改变）。

（4）比较运算符：==（等于）、===（恒等于）、!=（不等于）、!===（不恒等于）、<>（不等于）、<（小于）、>（大于）、<=（小于或等于）、>=（大于或等于）。

（5）逻辑运算符：&&（and 与）、||（or 或）、!（not 非）、xor（异或）。

（6）位运算符：&（按位与）、|（按位或）、~（按位非）、^（按位异或）、<<（左位移）、>>（右位移）。

【例 8-4】PHP 运算符，代码示例如下。

```php
<?php
$a1=8; $a2=4; $b1='abc'; $b2='efg';
$res1=$a1+$a2-($a1/$a2-1);
echo $res1;          //输出结果为：11
$res1+=$a2;          //相当于$res1=$res1+$a2
echo $res1;          //输出结果为：19
$res2=$b1.$b2;
echo $res2;          //输出结果为：abcefg
?>
```

【例 8-5】PHP 运算符综合举例，代码示例如下。

```php
<?php
$a=10;
echo $a++;      //显示结果为：10
echo $a;        //显示结果为：11
echo '<hr>';
$b=20;
echo ++$b;      //显示结果为：21
echo $b;        //显示结果为：21
echo '<hr>';
$c=10;
$result=$c++ + ++$c;
echo $result;   //显示结果为：22
echo '<hr>';
$c=10;
$result=++$c+$c++;
echo $result;   //显示结果为：22
echo $c;        //显示结果为：12
echo '<hr>';
$a=10;
$b=5;
$c=$a++ - $b-- + ++$a;
var_dump($a, $b, $c);    //显示结果为：12 4 17
echo '<hr>';
$a=5;
$b=2;
$c=--$a - $a-- + ++$b;
$d=$b-- + --$c - $a++;
var_dump($a, $b, $c, $d);    //显示结果为：4 2 2 2
?>
```

8.2.6 逻辑表达式

【例8-6】PHP 逻辑表达式综合举例，代码示例如下。

```php
<?php
var_dump(1>2);           //系统提示为：boolean false
var_dump(2>=2);          //系统提示为：boolean true
echo '<hr>';
var_dump(1==1);          //系统提示为：boolean true
var_dump(1==true);       //系统提示为：boolean true
var_dump(0==false);      //系统提示为：boolean true
var_dump(null==false);   //系统提示为：boolean true
var_dump(null==1);       //系统提示为：boolean false
echo '<hr>';
var_dump(null !=1);      //系统提示为：boolean true
echo '<hr>';
var_dump(1===true);      //系统提示为：boolean false
var_dump(1===1);         //系统提示为：boolean true
echo '<hr>';
var_dump(''=='0');       //系统提示为：boolean false    #ASCII
var_dump(''==='0');      //系统提示为：boolean false    #ASCII
echo '<hr>';
var_dump(''==false);     //系统提示为：boolean true
var_dump('0' ==false);   //系统提示为：boolean true
echo '<hr>';
var_dump(1!== true);     //系统提示为：boolean true
var_dump(1!==1);         //系统提示为：boolean false
?>
```

8.2.7 函数

函数就是将一些重复使用到的功能写在一个独立的代码块中，需要时被单独调用。创建函数的基本语法格式为：

```php
function($str1,$str2,…,$strn){
    fun_body;
}
```

函数调用时，实参要按照顺序传递给形参。函数被多次调用时，互相独立，默认没有联系。执行完后，返回调用的位置，继续向下执行。

【例8-7】函数创建和调用，代码示例如下。

```php
<?php
header("Content-type:text/html; charset=UTF-8");
function A($exc_num){
    echo "This is A fun!<hr />";
    $exc_num=$exc_num+1;
    return $exc_num;
}
function B($exc_num){
    echo "Fun B begining<hr />";
```

```
    $exc_num=A($exc_num);
    echo "Fun B end!<hr />";
    $exc_num=$exc_num+1;
    return $exc_num;
}
function C($exc_num){
    echo "This is fun C<hr />";
    $exc_num=B($exc_num);
    echo "All fun end!<hr />";
    $exc_num=$exc_num+1;
    return $exc_num;
}
$exc_num=0;
$exc_num=C($exc_num);
echo $exc_num;
?>
```

案例结果如下：

```
This is fun C
Fun B begining
This is A fun!
Fun B end!
All fun end!
3
```

8.3　PHP 编程基础

养成良好的编程习惯（如使用良好的名称、模块化、为代码添加注释、对可能的报错进行拦截处理、尽量减少重复代码等）能够提高程序设计质量，从而使代码更加容易理解、维护更加容易，也能降低维护成本。

8.3.1　语句流程控制

语句流程控制包括三大经典控制结构：顺序结构控制、条件分支控制和循环流程控制。

1. 顺序结构控制

语句顺序执行为顺序结构控制。其按照代码的正常执行顺序，从上到下，从左到右，从文件头到文件尾依次执行指定的每条语句。

2. 条件分支控制

（1）条件分支（if）

if…elseif…elseif…else 的标准格式为：

```
if(expr1){
    statement1;
}else if(expr2){
    statement2;
}
...
```

```
else{
statementn
}
```

【例8-8】条件分支控制，示例代码如下。

```php
<?php
header("Content-type:text/html; charset=UTF-8");
$month=date("n");
$today=date("j");
if($today>=1 and $today<=10){
    echo "今天是".$month."月".$today."日上旬";
}elseif($today>10 and $today<=20){
    echo "今天是".$month."月".$today."日中旬";
}else{
    echo "今天是".$month."月".$today."日下旬";
}
?> //程序运行结果为：今天是7月28日下旬
```

（2）多分支（switch）

switch多重判断语句语法格式为：

```
switch(variable){
    case value1:
        statement1;
        break;
    case value2:
    ...
    default:
        default statement;
}
```

【例8-9】switch多重判断语句举例，示例代码如下。

```php
<?php
header("Content-type:text/html; charset=UTF-8");
$month=date("n");
$today=date("j");
switch($today){
case ($today>=1 and $today<=10):
    echo "今天是".$month."月".$today."日上旬";
    break;
case ($today >10 and $today<=20):
    echo "今天是".$month."月".$today."日中旬";
    break;
default:
    echo "今天是".$month."月".$today."日下旬";
    break;
}
?> //程序运行结果为：今天是7月28日下旬
```

3. 循环流程控制

通过循环流程控制，可以达到重复使用某段代码或函数的目的。

（1）while 循环语句

while 循环语句是 PHP 中最简单的循环语句之一，它的语法格式为：

```
while(expr){
    statement;
}
```

当表达式 expr 的值为真时，将执行 statement 语句，执行结束后，返回到 expr 表达式继续进行判断；直到表达式的值为假，才跳出循环，执行下面的语句。

【例 8-10】while 循环举例，示例代码如下。

```
<?php
header("Content-type:text/html; charset=UTF-8");
$num=1;
$str="10 以内的偶数为: ";
while($num<=10){
    if($num % 2==0){
        $str.=$num." ";
    }
    $num++;
}
echo $str;        //程序运行结果为: 10 以内的偶数为: 2 4 6 8 10
?>
```

（2）do…while 循环语句

while 语句还有另一种形式的表示，即 do…while。两者的区别在于，do…while 要比 while 语句多循环一次。当 while 表达式的值为假时，while 循环直接跳出当前循环；而 do…while 语句则是先执行一遍程序块，然后对条件表达式进行判断。

【例 8-11】do…while 循环举例，示例代码如下。

```
<?php
header("Content-type:text/html; charset=UTF-8");
$num=1;
while($num != 1){
    echo "不会看到";
}
do{
    echo "会看到";
}while($num != 1);
?> //程序运行结果为: 会看到
```

（3）for 循环语句

for 循环语句是 PHP 中最复杂的循环结构之一，它的语法格式为：

```
for(expr1;expr2;expr3){
    statement;
}
```

其中，expr1 在第一次循环时无条件取一次值；expr2 在每次循环开始前求值，如果值为真，则执行 statement，否则跳出循环；expr3 在每次循环后被执行一次。

【例 8-12】for 循环举例，示例代码如下。

```
<?php
header("Content-type:text/html; charset=UTF-8");
$num=1;
```

数据库原理与应用（MySQL 微课版 第 4 版）

```
for($i=1;$i<=5;$i++){
    $num*=$i;
}
echo "5!=".$num;
?> //程序运行结果为：5!=120
```

8.3.2　字符串操作

在人机交互界面和 MySQL 数据库之间，会遇到大量输入数据需要进行字符串操作，从而满足业务的需要和数据交换规则的要求。

1. 去除字符串首尾空格和特殊字符

（1）trim( )函数

【例 8-13】trim( )函数举例，示例代码如下。

```
<?php
header("Content-type:text/html; charset=UTF-8");
$str='  #123456#  ';
var_dump($str);                  //调试提示: string '  #123456#  ' (length=14)
var_dump(trim($str));            //调试提示: string '#123456#' (length=8)
var_dump(trim($str,'#'));        //调试提示: string '  #123456#  ' (length=14)
var_dump(trim(trim($str),'#'));//调试提示: string '123456' (length=6)
?>
```

（2）ltrim( )函数和 rtrim( )函数

【例 8-14】ltrim( )函数和 rtrim( )函数举例，示例代码如下。

```
<?php
header("Content-type:text/html; charset=UTF-8");
$str="hpx Hello hp xx phqpqxyz";
var_dump($str);               //调试提示: string 'hpx Hello hp xx phqpqxyz' (length=24)
var_dump(trim($str,'hp..z'));   //调试提示: string ' Hello hp xx ' (length=13)
var_dump(rtrim($str,'hp..z')); //调试提示: string 'hpx Hello hp xx ' (length=16)
var_dump(ltrim($str,'hp..z')); //调试提示: string ' Hello hp xx phqpqxyz'
(length=21)
?>
```

> **提示**
>
> 'hp..z'是单字母集合，即'h'小写字母和从'p'至'z'的小写字母。

2. 转义、还原字符串数据

单引号（'）、双引号（"）、反斜杠（\）和 null 是 4 种系统默认的预定义字符。转义字符串函数就是将字符串中含有的预定义字符前自动增加一个转义字符"\"，使得预定义字符转变成普通字符。

【例 8-15】转义、还原字符串数据举例，示例代码如下。

```
<?php
header("Content-type:text/html; charset=UTF-8");
$str="select * from 'book' where bookname='数据库原理与应用'";
```

```php
echo $str."<br/>";
/* 输出结果: select * from 'book' where bookname='数据库原理与应用' */
echo $astr=addslashes($str);
/* 输出结果: select * from \'book\' where bookname=\'数据库原理与应用\' */
echo "<br/>";
echo stripslashes($astr);
/* 输出结果: select * from 'book' where bookname='数据库原理与应用' */
?>
```

3. 获取字符串的长度

【例 8-16】用 strlen( )函数和 mb_strlen( )函数获取字符串长度的方法，示例代码如下。

```php
<?php
header("Content-type:text/html; charset=UTF-8");
$rawStr='hello 世界';
$res=strlen($rawStr);
echo $res;echo '<br>';        //显示结果为: 12
$res=mb_strlen($rawStr,'UTF-8');
echo $res;        //显示结果为: 8
?>
```

4. 截取字符串

【例 8-17】用 substr( )函数和 mb_substr( )函数截取字符串的方法，示例代码如下。

```php
<?php
$str="phpddt.com";
echo substr($str,2);    //显示结果为: pddt.com
echo substr($str,2,3);  //显示结果为: pdd
echo substr($str,-2);   //显示结果为: om（说明: 负数从结尾开始取）
echo mb_substr("php点点通",1,3,"UTF-8");        //显示结果为: hp点
?>
```

5. 比较字符串

字符串比较函数主要有 strcmp($str1,$str2)、strcasecmp($str1,$str2)、strnatcmp($str1,$str2)、strnatcasecmp($str1,$str2)，这 4 个函数的返回结果都一样。如果$str1 等于$str2，返回 0；如果$str1 大于$str2，返回 1；如果$str1 小于$str2，返回-1。字典排序: 按照字节的 ASCII 进行逐字节的比较（字节排序中"2">"11"）; 自然排序: 按照人类自然的思维排序（自然排序中"2"<"11"）。

【例 8-18】比较字符串，示例代码如下。

```php
<?php
$str1='hello11';
$str2='hello2';
$str3='Hello11';
$str4='Hello2';
echo strcmp($str1,$str2).'<br>';              //输出结果为: -1
echo strcasecmp($str1,$str3).'<br>';          //输出结果为: 0
echo strnatcmp($str1,$str2).'<br>';           //输出结果为: 1
echo strnatcasecmp($str2,$str4).'<br>';       //输出结果为: 0
?>
```

6. 检索字符串

strpos( )是最常用的字符串位置检索函数之一。

【例8-19】检索字符串，示例代码如下。

```php
<?php
echo strpos("一二三四五","一");    //输出结果为：0
echo '<br>';
echo strpos("一二三四五","二");    //输出结果为：3
echo '<br>';
echo strpos("一二三四五","七");    //输出结果为：空
?>
```

7. 替换字符串

str_replace( )是最常用的字符串替换函数之一。

【例8-20】替换字符串，示例代码如下。

```php
<?php
header("Content-type:text/html; charset=UTF-8");
$string1=str_replace('皇上','王爷',"XX皇上，万岁，万岁，万万岁！");
echo $string1;        //输出结果为：XX王爷，万岁，万岁，万万岁！
$string2=str_replace('万','千',$string1,$num1);
echo $string2;        //输出结果为：XX王爷，千岁，千岁，千千岁！
echo $num1;           //输出结果为4，表示替换了4次
?>
```

8. 格式化字符串

number_format( )函数用来将数字格式化成小数点前每3位数字加一个"，"，并保留指定小数位数。

【例8-21】格式化字符串，示例代码如下。

```php
<?php
$number=1234.5678;
echo number_format($number);      //输出结果为：1,234
echo number_format($number,2);    //输出结果为：1,234.56
?>
```

9. 合并与分割字符串

字符串合并函数为implode( )，字符串分割函数为explode( )。

【例8-22】合并字符串，示例代码如下。

```php
$arr=array('Hello', 'World!'); //给数组变量赋值，一共两个元组
$result=implode(",$arr);        //用字符串合并函数将两个元组合并
print_r($result);               //结果显示：Hello World!
```

【例8-23】分割字符串，示例代码如下。

```php
$str='apple,banana';
$result=explode(',', $str);
print_r($result);               //结果显示：array('apple','banana')
```

10. 字符串中的变量解析

当用双引号指定字符串时，其中的变量会被解析。

【例 8-24】字符串中的变量解析，示例代码如下。

```php
<?php
error_reporting(E_ALL);
$great='fantastic';
echo "This is {$great}". "</br>";    //不行，输出为：This is { fantastic}
echo "This is {$great}". "</br>";    //可以，输出为：This is fantastic
echo "This is ${great}";             //可以，输出为：This is fantastic
?>
```

8.3.3　正则表达式

正则表达式（Regular Expression）是对字符串［包括普通字符（例如 a 到 z 之间的字母）和特殊字符（称为"元字符"）］检测的一种逻辑公式，就是用事先定义好的一些特定字符及这些特定字符的组合来组成一个"规则字符串"，这个"规则字符串"可用来表达对字符串的一种过滤逻辑。

正则表达式描述了一种字符串匹配的模式（Pattern），其可以用来检查一个字符串是否含有某种子串、将匹配的子串替换或者从某个串中取出符合某个条件的子串等。

例如，jb51goo+d，可以匹配 jb51good、jb51goood、jb51goooood 等，"+"代表前面的字符必须至少出现 1 次（即 1 次或多次）；再如，jb51goo*d，可以匹配 jb51god、jb51goood、jb51goooood 等，"*"代表字符既可以不出现也可以出现 1 次或者多次；又如，colou?r 可以匹配 color 或者 colour，"?"代表前面的字符最多只可以出现 1 次（即 0 次或 1 次）。

构造正则表达式的方法和创建数学表达式的方法一样，也就是用多种元字符与运算符将小的表达式结合在一起来创建更大的表达式。正则表达式的组件可以是单个字符、字符集合、字符范围、字符间的选择或者这些组件的任意组合。

理解和掌握正则表达式是考察和甄别程序员技术等级的重要指标。我们这里介绍的正则表达式仅仅是入门级的；有关更进一步的正则表达式规则，读者可以参考更全面的资料，进一步学习和应用。

8.3.4　PHP 数组

数组就是一组数据的集合。一般一个数组由多个元组构成，每个元组有一个键值（下标）作为唯一标识。

【例 8-25】声明数组并输出，示例代码如下。

```php
<?php
header("Content-type:text/html; charset=UTF-8");
$arrayname=array("张三","李四","王五");//系统默认这 3 个元组的下标分别为 0、1、2
print_r($arrayname);    //输出结果为：Array ( [0] => 张三 [1] => 李四 [2] => 王五 )
$arrayname[2]="赵六";    //可以通过数组下标，修改数组中的元组
$arrayname[3]="田七";    //可以通过数组下标，添加数组中的元组
print_r($arrayname);
            /*输出结果为：Array ( [0] => 张三 [1] => 李四 [2] => 赵六 [3] => 田七 ) */
?>
```

【例 8-26】用 foreach 函数语句对数组进行遍历输出，示例代码如下。

```php
<?php
header("Content-type:text/html; charset=UTF-8");
$urls=array('aaa','bbb','ccc','ddd');
```

```
    foreach($urls as $link){
      echo $link.", ";
    }            //输出结果为: aaa, bbb, ccc, ddd
?>
```

【例 8-27】用 while 语句和 list( )函数对数组进行遍历输出，示例代码如下。

```
<?php
header("Content-type:text/html; charset=UTF-8");
$urls=array('aaa','bbb','ccc','ddd');
    while(list($key, $val)= each($urls)) {
      echo $key.'对应'.$val.', ';
    }              //输出结果为: 0 对应 aaa, 1 对应 bbb, 2 对应 ccc, 3 对应 ddd
?>
```

8.4 PHP 数据库应用开发基础

在互联网高速发展的今天，PHP 的应用领域非常广泛，如小中型网站的开发、Web 办公管理系统的开发、硬件管控软件的图形用户界面（Graphical User Interface，GUI）开发、电子商务应用开发、多媒体系统开发、企业级应用开发等。

8.4.1 PHP 与 Web 页面的数据交互

PHP 与 Web 页面交互有以下优势。

（1）PHP 能够直接输出 HTML、CSS、JavaScript，并且能够与 HTML 进行混合编写代码。

（2）PHP 能够直接返回格式化和非格式化数据，Web 前端可以直接使用。

（3）PHP 语言相对简单，容易上手，关键是能很方便地对数据库进行增、删、改、查等操作。

（4）PHP 跨平台性很强。由于 PHP 是运行在服务器端的脚本语言，无须编译，因此它可以运行在 UNIX、Linux、Windows 和 macOS 上。

（5）PHP 程序执行效率高，消耗系统资源相对较少。

1. 创建一个表单

【例 8-28】创建表单。

新建一个文件名为 user.html 的 HTML 文件，内容如下。

```
<!DOCTYPE html PUBLIC "-//W3C//DTD XHTML 1.0 Transitional//EN"
"http://www.w3.org/TR/xhtml1/DTD/xhtml1-transitional.dtd">
<html xmlns="http://www.w3.org/1999/xhtml" lang="en_US" xml:lang="en_US">
    <head>
        <title> 测试表单提交</title>
    </head>
    <body>
        <form name="form1" method="post" enctype="multipart/form-data"
action="index.php">
            <table width ="300" border="0" cellpading="0" cellspacing="0">
                <tr>
                <td height="30" align="right">姓名: </td>
                <td height="30">
                <input name="userName" type="text" size="20">
```

```
            <input name="submit" type="submit" value="提交">
            </td>
            </tr>
        </table>
    </form>
  </body>
</html>
```

2. 使用 POST( )方法提交表单

【例 8-29】使用 POST( )方法提交表单。

新建一个 index.php 文件，内容如下。

```php
<?php
header("Content-type:text/html; charset=UTF-8");
include("user.html");
$userName=$_POST["userName"];
echo $userName;
?>
```

将 index.php 和 user.html 两个文件同时放在 www 根目录下，在本地浏览器中访问应用服务器 www 子目录下的应用，输入 http://127.0.0.1:8080/index.php，浏览器显示效果如图 8-1 所示。

在表单界面的"姓名"文本框中输入"张三"，然后单击"提交"按钮，浏览器显示效果如图 8-2 所示。此时表明"张三"这一姓名数据通过$_POST 全局变量已经从浏览器前台传递到服务器后台，并准备接受 PHP 程序的下一步处理。

图 8-1 表单界面

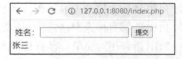

图 8-2 用 POST( )方法获取 Web 数据

3. 使用 GET( )方法提交表单

【例 8-30】使用 GET( )方法提交表单。

将 user.html 文件中 method 的值从"post"改成"get"，如下所示。

```
<form name="form1" method="get" enctype="multipart/form-data" action="index.php">
```

将 index.php 中的$_POST 改成$_GET，如下所示。

```php
<?php
include("user.html");
$userName =$_GET["userName"];
echo $userName;
?>
```

在表单界面的"姓名"文本框中输入"李四"，然后单击"提交"按钮，浏览器显示效果如图 8-3 所示。此时表明"李四"这一姓名数据通过$_GET 全局变量已经从浏览器前台传递到服务器后台，并准备接受 PHP 程序的下一步处理。

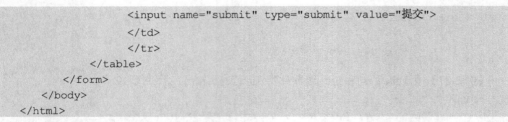

图 8-3 用 GET( )方法获取 Web 数据

很明显，用 GET( )方法获取数据的时候，在浏览器地址栏中可以看到获取的数据，这样有一定的安全风险。因此，在实际应用中，大多数情况下会使用 POST( )方法获取数据。POST( )方法也是系统默认的获取数据方法。

8.4.2　PHP 访问数据库的步骤

PHP 访问 MySQL 数据库的基本步骤如下（以传统的 MySQL 扩展方式举例）。

（1）使用 mysql_connect( )函数连接 MySQL 服务器。

（2）使用 mysql_select_db( )函数选择 MySQL 数据库。

（3）使用 mysql_query( )函数执行 SQL 语句。

（4）使用 mysql_free_result($result)函数关闭结果集。

（5）使用 mysql_close( )函数关闭 MySQL 服务器。

8.4.3　PHP 访问数据库的方法及举例

1. 使用传统的 mysql 扩展方式访问数据库 MySQL

【例 8-31】PHP 访问数据库的基本方法。

下列程序代码是实训软件会展管理系统程序连接数据库的配置子程序 config.php 的代码。

```php
<?php
$db_host="localhost:3306"; //数据库地址及端号
$db_name="bhdjz";          //数据库名称
$db_user="root";           //数据库用户名
$db_pass="test123456";     //数据库密码
$before=empty($_REQUEST['before']) ? 1 : intval($_REQUEST['before']);
//var_dump($_GET);
$link_config=mysql_connect($db_host,$db_user,$db_pass) or die(mysql_errno());
mysql_select_db($db_name) or die(mysql_errno());
mysql_query('SET NAMES utf8');
$sql="select dropping_out_before from ecs0_successive_eras where id = $before";
$result=mysql_query($sql) or die(mysql_errno());
$row=mysql_fetch_array($result,MYSQL_ASSOC);
...

?>
```

2. 使用 mysqli 扩展方式访问数据库 MySQL

【例 8-32】使用 mysqli 扩展方式访问数据库 MySQL，示例代码如下。

```php
<?php  //PHP 程序开始
$mysqliConn=new mysqli();// 实例化 mysqli 类
$mysqliConn->connect('127.0.0.1', 'root', 'root', 'db_test');
                                        //连接服务器，并选择数据库
printf("MySQL error number:%d", $mysqliConn->errno); //本行代码可分拆成以下两行
   //$mysqliConn->connect("http://127.0.0.1", 'root', 'root');
   //$mysqliConn->select_db('db_test');
   //与数据库交互
   ...
```

```
$mysqliConn->close();    //关闭连接
?>    //PHP 程序结束
```

3. 通过 PDO 方式访问数据库 MySQL

【例 8-33】通过 PDO 方式访问数据库 MySQL，示例代码如下。

```
<?php //PHP 程序开始
$dbh=new PDO('mysql:host=localhost;dbname=access_control', 'root','');
$dbh->setAttribute(PDO::ATTR_ERRMODE, PDO::ERRMODE_EXCEPTION);
$dbh->exec('set names utf8');
/*添加*/
//$sql="INSERT INTO 'user' SET 'login'=:login AND 'password'=:password";
$sql="INSERT INTO 'user' ('login' ,'password')VALUES (:login, :password)";
$stmt=$dbh->prepare($sql); $stmt->execute(array(':login'=>'kevin2',':
password'=>''));
echo $dbh->lastinsertid();
/*修改*/
$sql="UPDATE 'user' SET 'password'=:password WHERE 'user_id'=:userId";
$stmt=$dbh->prepare($sql);
$stmt->execute(array(':userId'=>'7', ':password'=>'4607e782c4d86fd5364d7e
4508bb10d9'));
echo $stmt->rowCount();
/*删除*/
$sql="DELETE FROM 'user' WHERE 'login' LIKE 'kevin_'"; //kevin%
$stmt=$dbh->prepare($sql);
$stmt->execute();
echo $stmt->rowCount();
/*查询*/
$login='kevin%';
$sql="SELECT * FROM 'user' WHERE 'login' LIKE :login";
$stmt=$dbh->prepare($sql);
$stmt->execute(array(':login'=>$login));
while($row = $stmt->fetch(PDO::FETCH_ASSOC)){
    print_r($row);
}
print_r($stmt->fetchAll(PDO::FETCH_ASSOC));
?>    //PHP 程序结束
```

8.4.4　PHP 操作 MySQL 数据库

下面我们仅以传统的 mysql 扩展方式来介绍 PHP 操作 MySQL 数据库的语法。

1. 使用 mysql_query( )函数创建数据库和数据表

语法格式 1：

```
mysql_query("CREATE DATABASE db_name",$link)
```
说明：这条语句可在 MySQL 中创建数据库，创建成功则返回 true，失败则返回 false。

语法格式 2：

```
mysql_query("CREATE TABLE tb_name (col_name1 col_type1, col_name2 col_type2,
col_name3 col_type3)", $link)
```

说明：这条语句可在 MySQL 中创建数据表，创建成功则返回 true，创建失败则返回 false。

2. 使用 mysql_select_db( )函数选择数据库文件

语法格式 1：

```
mysql_select_db(string 数据库名[,resource link_identifier])
```

语法格式 2：

```
mysql_query(use "数据库名"[,resource link_identifier]);
```

说明：如果没有指定 link_identifier，则使用上一个打开的连接。如果没有打开的连接，本函数将以无参数形式调用 mysql_connect( )函数来尝试打开一个数据库并使用。其后每个 mysql_query( )函数调用都会作用于当前活动数据库。

3. 使用 mysql_query( )函数执行 SQL 语句

语法格式为：

```
mysql_query(string query [,resource link_indentifier]);
```

说明：第一个参数为字符串类型，传入的是 SQL 语句；第二个参数为 MySQL 服务器的连接标识；mysql_query( )函数中执行的 SQL 语句不应以分号结尾。如果 SQL 语句是查询指令 select，成功则返回查询后的结果集，失败则返回 false；如果 SQL 语句是 insert、delete、update 等操作指令，成功则返回 true，失败则返回 false。mysql_unbuffered_query( )函数向 MySQL 发送一条 SQL 语句，但不获取和缓存结果集。它不像 mysql_query( )函数那样自动获取并缓存结果集，这样一方面在处理很大的结果集时会节省可观的内存，另一方面可以在获取第一行后立即对结果集进行操作，而不是等到整个 SQL 语句都执行完毕。

4. 从结果集中获取信息

（1）使用 mysql_fetch_array( )函数从数组结果集中获取一行作为数组，语法格式为：

```
mysql_fetch_array(resource result [,int result_type]);
```

说明：该函数返回的字段名区分大小写。result 为资源类型的参数，要传入的是由 mysql_query( )函数返回的数据指针。result_type（可选项）为整数类型参数，要传入的是 MYSQL_ASSOC（关联索引）、MYSQL_NUM（数字索引）、MYSQL_BOTH（同时包含关联和数字索引的数组）等索引类型，默认值为 MYSQL_BOTH。

实际使用的时候，可以采用变量赋值的方式获取函数返回值，举例如下。

```
$info=mysql_fetch_array($result); print_r($info);
```

（2）使用 mysql_fetch_object( )函数从结果集中获取一行作为对象，语法格式为：

```
mysql_fetch_object(resource result);
```

说明：mysql_fetch_object( )与 mysql_fetch_array( )函数的唯一区别是 mysql_fetch_object( )函数只能通过字段名来访问数组，方式如下。

```
$row->col_name ;//col_name 为列名，$row 代表结果集
```

（3）使用 mysql_fetch_row( )函数逐行获取结果集中的每条记录，语法格式为：

```
mysql_fetch_row(resource result);
```

说明：mysql_fetch_row( )函数从与指定的结果标识关联的结果集中获取一行数据并作为数组返回，将此行赋予数组变量$row。

（4）使用 mysql_num_rows( )函数获取查询结果集中的记录数，语法格式为：

```
mysql_num_rows(resource result);
```

说明：使用 mysql_unbuffered_query( )函数查询到的数据结果无法使用 mysql_num_rows( )函数来获取查询结果集中的记录数。

【例 8-34】数据库操作综合示例，示例代码如下。

```php
<?php  //PHP 程序开始
$con=mysql_connect("localhost","root","test123456");
if (!$con){
    die('Could not connect: ' . mysql_error());
}
mysql_select_db("my_db", $con);
echo "选取存储在 Persons 表中的所有数据: ";
$result1=mysql_query("SELECT * FROM Persons");
disTable($result1);
echo "从 Persons 表中选取所有 FirstName='Peter'的行: ";
$result2=mysql_query("SELECT * FROM Persons WHERE FirstName='Peter'");
disTable($result2);
echo "选取 Persons 表中存储的所有数据，并根据 Age 列对结果进行排序";
$result3=mysql_query("SELECT * FROM Persons ORDER BY Age");
disTable($result3);
echo "将 Persons 表中 Peter 的年龄改为 36，并将表中数据重新输出";
mysql_query("UPDATE Persons SET Age='36' WHERE FirstName='Peter' AND LastName =
'Griffin'");
$result4=mysql_query("SELECT * FROM Persons");
disTable($result4);
echo "将 Persons 表中 Trump 的数据删除，并将表中数据重新输出";
mysql_query("DELETE FROM Persons WHERE Firstname='Trump'");
$result5=mysql_query("SELECT * FROM Persons");
disTable($result5);
mysql_close($con);
//定义表格函数
function disTable($result){
    echo "<table border='1' style='border-collapse:collapse;background-color:
#efefef;margin:20px;'>
    <tr style='background-color: #d5d5d5;'>
    <th>personID</th>
    <th>Firstname</th>
    <th>Lastname</th>
    <th>Age</th>
    </tr>";
    while($row=mysql_fetch_array($result)){
        echo "<tr>";
        echo "<td>" . $row['personID'] . "</td>";
        echo "<td>" . $row['FirstName'] . "</td>";
        echo "<td>" . $row['LastName'] . "</td>";
        echo "<td>" . $row['Age'] . "</td>";
        echo "</tr>";
    }
    echo "</table>";
    echo "<br/>";
}
?>  //PHP 程序结束
```

选取存储在 Persons 表中的所有数据，如表 8-1 所示。

表 8-1   **Persons 表**

personID	Firstname	Lastname	Age
1	Peter	Griffin	35
2	Glenn	Quagmire	33
3	Trump	Done	30

从 Persons 表中选取所有 Firstname='Peter'的行，如表 8-2 所示。

表 8-2   **筛选后的 Persons 表**

personID	Firstname	Lastname	Age
1	Peter	Griffin	35

选取 Persons 表中存储的所有数据，并根据 Age 列对结果进行排序，如表 8-3 所示。

表 8-3   **排序后的 Persons 表**

personID	Firstname	Lastname	Age
3	Trump	Done	30
2	Glenn	Quagmire	33
1	Peter	Griffin	35

将 Persons 表中 Peter 的年龄改为 36，并将表中数据重新输出，如表 8-4 所示。

表 8-4   **重新输出的 Persons 表**

personID	Firstname	Lastname	Age
1	Peter	Griffin	36
2	Glenn	Quagmire	33
3	Trump	Done	30

将 Persons 表中 Trump 的数据删除，并将表中数据重新输出，如表 8-5 所示。

表 8-5   **删除部分数据后的 Persons 表**

personID	Firstname	Lastname	Age
1	Peter	Griffin	36
2	Glenn	Quagmire	33

8.5   小结

通过对本章的学习，读者应该具备 PHP 语言编程基础和应用开发基础，并掌握如何通过 PHP 程序连接和操作 MySQL 数据库。

熟练掌握后端开发工具连接和操作 MySQL 数据库是数据库应用开发的最重要技能之一。至此，相信读者已经有信心成为数据库应用开发工程师了。

 上 机 题

一、配置数据库访问参数，通过 PHP 代码和 SQL 语句实现数据查询和输出

上机目的：

熟悉 PHP 开发环境。

上机步骤：

1. 在工程文件夹中找到数据库访问配置文件.php。
2. 结合已有的本地数据库，修改数据库连接参数。
3. 通过 PHP 代码程序查询本地数据库的一个基表，并输出全部数据。

二、设计用户密码验证功能

上机目的：

熟悉 PHP 开发工具。

上机步骤：

1. 利用开发工具（如 Dreamweaver）新建一个 PHP 动态页，并将其保存为 index.php。
2. 添加一个表单，将表单的 action 属性设置为 index_ok.php。
3. 应用 HTML 设计页面，添加一个 "用户名" 文本框，命名为 user；添加一个 "密码" 文本框，命名为 pwd；添加一个图像域，指定源文件位置为 images/btn.jpg。
4. 新建一个 PHP 动态页，保存为 index_ok.php，其代码如下。

```php
<?php
if(strlen($_post['pwd'])<6){       //检测用户密码长度是否小于 6 位
    echo "<script>alert('用户密码的长度不得少于 6 位！请重新输入');history.back();
</script>";
}
else{
    echo "用户信息输入合法！";       //用户密码长度达到 6 位，则输出该提示信息
}
?>
```

 习 题

一、填空题

1. PHP 程序代码开始和结束的标签有多种形式，分别是_____、_____和_____。
2. HTML 由_____解释、执行，PHP 由_____解释、执行，SQL 语句由_____解释、执行。
3. $str1="加油！"，则 "echo "中国"+$str1" 输出结果为_____，"echo "中国".$str1" 输出结果为_____。

二、判断题

1. PHP 脚本文件的扩展名为.php，文件内部只能包含 PHP 代码。（   ）
2. PHP 中布尔类型数据只有两个值：真和假。（   ）
3. PHP 中连接两个字符串的符号是 "+"。（   ）

4. PHP 可以使用"scanf"来输出结果。 （　　）

5. 每个语句结尾都要加";"来表示语句结束。 （　　）

6. PHP 变量使用之前需要定义变量类型。 （　　）

7. 在 PHP 中，"=="的含义是"等于"。 （　　）

8. while 和 do…while 语句都是先判断条件再执行循环体。 （　　）

9. "break"的含义是跳出循环。 （　　）

10. 若定义数组时省略关键字 key，则第三个数组元素的关键字为 3。 （　　）

三、单项选择题

1. LAMP 体系结构不包含（　　）。

 A. Windows 系统   B. Apache 服务器

 C. MySQL 数据库   D. PHP 语言

2. PHP 中哪个语句可以输出变量类型？（　　）

 A. echo 字符串   B. print

 C. var_dump( )   D. print_r( )打印数组

3. PHP 定义变量正确的是（　　）。

 A. var a=5;   B. $a=10;   C. int b=6;   D. var $a=12;

4. PHP 中分别用单引号和双引号标识字符串的区别是（　　）。

 A. 单引号速度快，双引号速度慢   B. 双引号速度快，单引号速度慢

 C. 单引号里面可以解析转义字符   D. 双引号里面可以解析变量

5. 若 x 与 y 为整型数据，以下语句执行的结果为$y=（　　）。

$x=1;

++$x;

y=$x++;

 A. 1   B. 2   C. 3   D. 0

6. PHP 输出拼接字符串正确的是（　　）。

 A. echo $a+"hello"   B. echo a+b

 C. echo $a."hello"   D. echo '{$a}hello'

7. 在用浏览器查看网页时出现 404 错误，可能的原因是（　　）。

 A. 页面源代码错误   B. 文件不存在

 C. 与数据库连接错误   D. 权限不足

8. PHP 中以下能输出当前时间格式 2016-5-6 13:10:56 的语句是（　　）。

 A. echo date("y-m-d H:i:s");   B. echo time( );

 C. echo date( );   D. echo time("y-m-d H:i:s");

9. PHP 中以下能输出 1~10 之间随机数的语句是（　　）。

 A. echo rand( );   B. echo rand( )*10;

 C. echo rand(1,10);   D. echo rand(10);

四、多项选择题

1. 其他类型的变量转换为布尔类型时，被认为是 false 的有（　　）。

 A. 整型值 1   B. 整型值 0

 C. 浮点型值 0.0   D. 空白字符串

2. 下列变量名称格式正确的是（　　　）。

    A. $2B　　　　　　　　B. $abc　　　　　　　C. $_123　　　　　　　D. $_abc

3. 下列表达式结果为 true 的是（　　　），结果为 false 的是（　　　）。

    A. var_dump(1>2);

    B. var_dump(2>=2);

    C. var_dump(1= =1);

    D. var_dump(1= =true);

    E. var_dump(0= =false);

    F. var_dump(null= =false);

    G. var_dump(null= =1);

    H. var_dump(null != 1);

4. 下列表达式结果为 true 的是（　　　），结果为 false 的是（　　　）。

    A. var_dump(1= = =true);

    B. var_dump(1= = =1);

    C. var_dump("= ='0');

    D. var_dump("= = ='0');

    E. var_dump("= =false);

    F. var_dump('0'= =false);

    G. var_dump(1 != = true);

    H. var_dump(1 != = 1);

五、简答题

1. PHP 中 echo 的功能是什么？

2. PHP 中变量有哪些基本数据类型？

3. 如果定义了两个相同的常量，前者和后者哪个起作用？

4. 常量和变量有哪些区别？

5. 控制流程语句有哪些？

6. 字符串运算符 "." 与算术运算符 "+" 有什么区别？

数据库原理与应用（MySQL 微课版　第 4 版）

第4篇

复杂数据库设计与应用

【本篇导读】在掌握了 MySQL 数据库的基本概念、基本操作及前后台开发工具的基础上，读者已经具备设计开发复杂数据库应用系统的基础知识。此时，学习一些软件工程学的基础知识、了解大数据的管理与应用就显得十分必要了。

第 9 章　复杂数据库设计

【本章导读】本章将介绍数据库设计方法学的一些基本概念、实用技术和实现方法。复杂数据库设计要从需求出发，通过分析、筛选、归纳、抽象、演绎，逐步获取数据实体与实体间的关系，从而确定数据的基表结构和各种约束条件。

9.1　数据库设计概述

本节主要讲述数据库设计的主要内容、规范要求和基本过程。数据库设计通常是指数据库应用系统的设计，并不是要设计一个完整的 DBMS。这里我们要讨论的数据库设计是指在关系数据库管理系统的基础上建立关系数据库及应用系统的整个过程。

要建立一个数据库应用系统，我们需要根据数据处理的规模及对应用系统的性能要求等，选择合适的计算机硬件配置（如数据库服务器的选型）、网络配置（公网即广域网或私网即本地局域网）、软件环境配置（如操作系统）、选定 DBMS，并组织开发人员小组，在熟悉计算机硬件、网络环境及 DBMS 的基础上，完成整个应用系统的设计工作。

人们通常把以数据库为核心的应用系统称为管理信息系统（Management Information System，MIS）。管理信息系统一般具有对信息的存储、检索和加工等功能。随着数据库技术的发展和广泛使用，各行各业都有大量的信息待处理，迫切需要建立管理信息系统。

如何建立一个高效、适用的数据库应用系统是数据库应用领域研究的一个主要课题。在数据库应用初期，数据库往往是凭借设计者的经验、知识和水平设计的，因此设计出的应用系统性能的好坏差别很大，常常不能满足应用要求，特别是不断变化的应用要求。数据库工作者经过大量探索和研究，提出了不少设计数据库的方法，如新奥尔良（New Orleans）法、规范化法和基于 ER 模型的数据库设计方法等。

实践表明，数据库设计是一项软件工程，应该把软件工程的原理、技术和方法应用到数据库设计中。与一般软件工程相比，数据库设计与应用环境联系紧密，应用系统的信息结构复杂，加上数据库系统本身的复杂性，因此数据库设计具有自身的特点，逐渐形成了数据库设计方法学。

9.1.1　数据库设计的内容和要求

一个数据库的设计主要包括两个方面，即结构特性的设计和行为特性的设计，它们分别描述了数据库的静态特性和动态性能。

1. 结构特性的设计

结构特性的设计是指数据结构的设计。设计结果能否得到一个合理的数据模型是数据库设计的关键。数据模型用来反映和显示事物及事物间的联系；对现实世界模拟的精确程度越高，形成的数据模型就越能反映现实世界，在此基础上生成的应用系统就越能较好地满足用户对数据处理的要求。

传统的软件设计一般注重处理过程的设计，而忽视对数据语义的分析和抽象。对数据库应用系统来说，管理的数据量很大，数据间联系复杂，数据要供多用户共享，因此数据模型设计是否合理将直接影响应用系统的性能和质量。

结构特性的设计涉及实体和属性及相互的联系、域和完整性的约束等。它包括模式和子模式的设计，在设计的最后要建立数据库。结构特性的设计内容及其间的关系可以用图 9-1 表示。

结构特性的设计应满足如下几点。

（1）能正确反映现实世界，满足用户要求。

（2）减少和避免数据冗余。

（3）维护数据的完整性。

2. 行为特性的设计

行为特性的设计是指应用程序的设计。应用程序的设计包括在分析用户需要处理哪些数据的基础上，完成对各个功能模块的设计，如完成对数据的查询、修改、插入、删除、统计和报表等，还包括对事务的设计，以保证在多用户环境下数据的完整性和一致性等。行为特性的设计可以用图 9-2 表示。

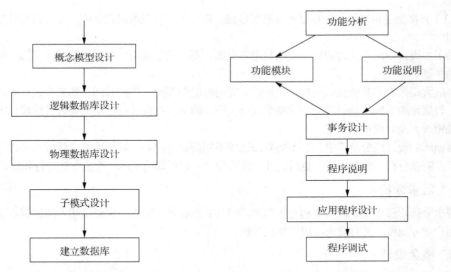

图 9-1　结构特性设计内容　　　　图 9-2　行为特性设计内容

数据库设计是一项复杂的工程，它要求设计人员不但要具有数据库的基础知识和数据库设计技术、熟悉 DBMS，而且要有应用领域方面的知识，因为了解应用环境和用户业务才能更好地设计出满足应用需求的数据库应用系统。在数据库设计中，结构特性和行为特性的设计可以结合起来进行。

一个满足应用需求的数据库系统应具有良好的性能。数据库的性能包括数据库的存取效率和存储效率。数据库的存取效率主要表现在对数据访问的请求和存取次数方面，存取次数是指为查找一个记录所需存取逻辑记录的次数；存储效率是指存储数据的空间利用率，即存储用户数据所占有实际存储空间的大小。存取效率和存储效率经常是一对矛盾体，如有时为了提高存取效率，不得不保存大量中间数据，反而降低了存储效率。计算机硬件的进步也主要是提高运算及存取速度和增加内部及外部存储空间。

随着计算机硬件和软件技术的不断发展，数据库越来越普及，数据库应用系统是否便于使用、便于维护和便于扩充等方面成为衡量数据库系统性能的重要指标，因为这些指标直接影响数据库应用系统是否具有较长的使用寿命。

9.1.2 数据库设计过程

数据库设计与应用环境联系紧密，其设计过程与应用规模、数据复杂程度密切相关。实践表明，数据库设计应分阶段进行。

早期数据库设计中，由于数据库应用涉及面小，通常只是处理某一方面的事务，如工资管理和人事档案管理等系统，需求比较简单，因此数据库结构并不复杂。设计人员在了解用户的信息要求、处理要求和数据量之后，就可以经过分析和综合，建立起数据模型，然后结合 DBMS，将数据的逻辑结构、物理结构和系统性能一起考虑，直接编程，完成应用系统的设计。使用这种手工设计方法，数据库设计的好坏完全取决于设计人员的经验和水平，缺乏科学根据，因而很难保证设计的质量。

现在大多数数据库管理系统与早期数据库系统比较，规模越来越大，需要处理的信息越来越多。其设计中存在以下几个问题。

（1）数据间的关系十分复杂，仅凭设计人员的经验很难准确地表达不同用户的要求和数据间的关系。

（2）直接把逻辑结构、物理结构和系统性能一起考虑，涉及的因素太多，设计过程复杂，难以控制。

（3）在设计中缺乏文档资料，很难与用户交流，而准确了解用户需求是数据库应用系统设计成功的关键。

一般大型数据库系统设计周期都比较长，有的可能需要两三年的时间。如果在设计后期发现错误，轻则影响系统质量，重则导致整个设计失败。因此，在设计过程中需要进行阶段评审，及时发现错误，及时纠正。

数据库的设计应分阶段进行，不同阶段完成不同的设计内容。数据库的设计过程可以分为 6 个阶段：需求分析、概念设计、逻辑设计、物理设计、数据库的实施、数据库的运行和维护。

1. 需求分析

需求分析阶段主要是对所要建立数据库的信息要求和处理要求的全面描述。通过调查研究，了解用户业务流程，针对需求与用户达成共识。

2. 概念设计

概念设计阶段要对收集的信息和数据进行分析与整理，确定实体、属性及它们之间的联系，将各个用户的局部视图合并成一个总的全局视图，形成独立于计算机的反映用户观点的概念模式。概念模式与具体 DBMS 无关，它接近现实世界，结构稳定，用户容易理解，能较准确地反映用户的信息需求。

3. 逻辑设计

逻辑设计要在概念模式的基础上导出数据库可处理的逻辑结构（仍然与具体 DBMS 无关），

即确定数据库模式和子模式，其包括确定数据项、记录及记录间的联系、安全性和一致性约束等。

导出的逻辑结构是否与概念模式一致、从功能和性能上是否能满足用户要求，设计人员还要对其进行模式评价。如果达不到用户要求，要反复修正或重新设计。

4．物理设计

物理设计的任务是确定数据在介质上的物理存储结构，即数据在介质上如何存放，数据的存取方式及存取路径的选择。物理设计的结果将导出数据库的存取模式。

逻辑设计和物理设计的结果对数据库的性能影响很大。在物理设计完后，要进行性能分析和测试。如果有问题，我们需要重新设计逻辑结构。在逻辑结构和物理结构确定后，就可以建立数据库了。

5．数据库的实施

数据库的实施阶段包括建立实际数据库结构、装入数据、完成编码和进行测试及投入正式运行。

6．数据库的运行和维护

按照软件工程的设计思想，软件生存期是指软件从开始分析、设计，直到停止使用的整个时间。运行和维护阶段是整个软件生存期的最长时间段。数据库的运行和维护阶段需要不断完善系统性能和改进系统功能，进行数据库的再组织和重构造，以延长数据库使用时间。

以上数据库设计过程如图 9-3 所示。

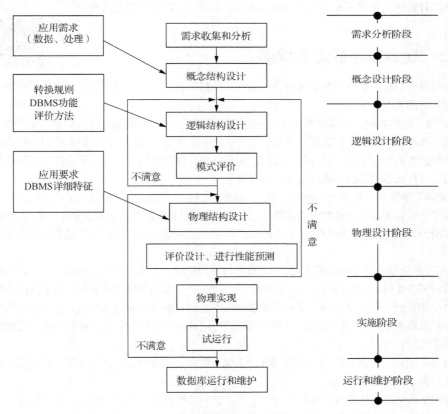

图 9-3　数据库设计过程

为保证设计质量，在数据库设计的不同阶段需要产生文档资料或程序产品，以便进行评审、检查和与用户交流。如果设计不能满足用户要求，则需要回溯、重复设计过程。为了减少重复设计的过程、降低开发成本，设计人员应特别重视需求分析和概念设计阶段的工作。

9.2 需求分析

在 9.1.2 小节讨论数据库设计过程时，我们说明了需求分析的重要性，它是数据库各个设计阶段的基础。这一阶段的主要任务是：确认用户需求，确定设计范围；收集和分析需求数据；撰写需求说明书。

9.2.1 确认用户需求，确定设计范围

为了解用户需求，首先要了解企业的经营方针、管理模式和组织结构，弄清各个部门的职责范围和主要业务活动，然后深入各个科室对具体业务活动情况进行详细调研，了解用户需要计算机存储和处理哪些数据，并找出现有管理系统存在的问题。

通过对业务现况和信息流程的分析，确定计算机能够处理的范围和内容，然后明确哪些功能由计算机完成，或者准备让计算机完成，哪些环节由人工完成，以确定新的应用系统应实现的功能。

在进行需求调研时，往往存在这样一个问题：用户熟悉自己的业务而不了解计算机数据库知识，设计人员懂得计算机技术但不了解用户的业务和要求。因此，在调查过程中，设计人员要帮助不熟悉计算机的用户了解计算机及数据库的基本概念，以获得对需求的一致看法。

9.2.2 收集和分析需求数据

进行需求分析需要获得数据库设计所必需的数据信息，这些信息包括信息需求和处理需求。

案例：课堂教学质量评估

"信息"是指在设计范围内所涉及的所有信息的内容、特征和需要存储的数据。在调查活动中要注意：收集各种资料，如票证、单据、报表、档案、计划、合同等；了解本部门的职责、主要业务处理流程和数据来源；处理什么数据，如何处理；保存数据，以什么形式保存；哪些数据需要输出，以什么形式输出，输出到哪些部门等。

"处理"是指对收集到的资料进行加工、抽取、归并、分析。为了能够充分表达用户要求，人们研究了许多用于需求分析的方法和技术。这些方法有面向数据的方法和面向过程的方法两大类。其中常用的方法是结构化分析方法（简称 SA 方法），该方法近年来在信息管理系统开发中得到广泛应用。

SA 方法是面向过程的分析方法，它把分析对象抽象成一个系统，然后"自顶向下，逐层分解"。它以数据流图（Data Flow Diagram，DFD）为主要工具，描述系统组成及各部分之间的关系。在DFD 中，有向线段表示数据流，其中箭头表示数据流向；椭圆表示过程处理；方块表示数据来源和去向；双线表示需要存储的信息。每个椭圆都可以进一步细化为下一层数据流图，直到椭圆能表示基本的处理过程为止。

图 9-4 所示为"教师课堂教学质量评价系统"的简化数据流图，其描述在评价过程中涉及的数据流、数据的来源和去向。

数据字典是结构化分析方法的另一个工具，它用来描述数据流图中出现的所有数据，以使数据流图中的数据、处理过程和数据存储得到详尽的描述。

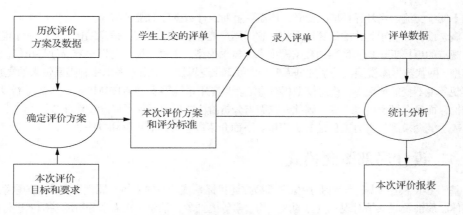

图 9-4 "教师课堂教学质量评价系统"的简化数据流图

数据字典的内容可以分成以下四大类。

"数据存储"是指在处理过程中需要存取的数据。设计时,要说明数据存储由哪些数据项组成,以及数据项的存取频度和存取方式(如对数据项是随机存取还是批处理)等。

"数据流"是指处理过程中的输入数据流和输出数据流。设计时,要说明数据流由哪些数据项组成,以及数据流的来源、走向和流量,如一个小时、一天或一个月的数据处理量。

"数据项"要说明的内容包括数据项的名称、类型、长度和取值范围。

"处理过程"用来描述处理的逻辑功能。设计时,要说明输入、输出的数据和处理的逻辑,如工厂生产计划制订的处理过程大致为:按订货合同中各个产品的需求量及各个产品现有的库存量计算生产数量。

数据字典的建立是一项细致而复杂的工作,并且一般应采用计算机对数据字典进行自动管理。需求分析阶段建立的数据字典在以后的设计阶段将得到不断修改和补充,它是建立数据库应用系统的基础。

9.2.3 撰写需求说明书

需求说明书是在需求分析活动后建立的文档资料,它是对开发项目需求分析的全面描述。需求说明书的内容有需求分析的目标和任务、具体需求说明、系统功能和性能、系统运行环境等。需求说明书还应包括在分析过程中得到的数据流图、数据字典、功能结构图和系统配置图等必要的图表说明。

需求说明书是需求分析阶段成果的具体表现,是用户和开发人员对开发系统的需求取得认同基础上的文字说明。需求说明书需要由用户、领导和专家相结合进行评审。它是以后各个设计阶段的主要依据,也是进行数据库评价的依据。

需求分析是一项技术性很强的工作,其应该由有经验的专业技术人员完成,如系统分析员和数据库管理员。需求分析阶段用户的参与和支持也是很重要的;如果没有用户的积极参与,需求分析难以顺利进行。因此,要取得用户的支持,应同他们一起完成需求分析的工作。

9.3 概念设计

早期的数据库设计是在需求分析的基础上直接设计数据库的逻辑结构。逻辑结构与具体DBMS 有关,因而用其描述客观世界将受到一定的限制,用户也不容易理解,用户与设计人员之间也不便于交流。当外界环境改变时，还需要重新设计数据库的逻辑结构。

概念设计独立于具体的计算机系统，它以用户能理解的形式表示信息结构，产生一个能反映用户观点的更接近于现实世界的数据模型，即概念模型。由概念模型可以很容易地导出层次数据库模型、网状数据库模型或关系数据库模型，可简化逻辑设计中由于考虑多种因素带来的复杂性。在客观环境不变的情况下，概念模型相对稳定。当应用系统需要更换 DBMS 时，只需重新设计逻辑结构，而概念模型可以不变。因此，在需求分析阶段之后，增加了概念设计环节。

表示概念模型的有力工具是 E-R 模型。下面介绍概念设计的步骤和方法。

9.3.1 设计局部概念模式

基于 E-R 模型的概念设计是用概念模型描述目标系统涉及的实体、属性和实体间的联系。这些实体、属性及联系是对现实世界的人、物、事等的抽象，抽象是在需求分析的基础上进行的。

概念设计通常分两步进行，首先建立局部概念模式，然后综合局部模式为全局概念模式。这种方式是概念设计普遍采用的一种方式。

下面我们以 E-R 模型为工具，讨论数据库的概念设计。

局部概念模式的设计是从用户的观点出发，设计符合用户需求的概念结构。局部概念模式设计的第一步是确定设计的范围。一个数据库应用系统是面向多个用户的，不同用户对数据库有不同的要求，因而对数据库的需求也不同。从用户或用户组的不同要求出发，数据库应用系统可以划分成多个不同的局部应用。对每个局部应用分别设计一个局部概念模式，如一个工厂的数据库应用系统有销售、物资、生产、人力、财务等不同部门的用户，这些用户涉及的数据库和对数据库处理的要求各不相同，应分别设计他们的局部概念模式。局部设计的范围确定得合理，将会使数据和应用界面清晰，减少设计的复杂性。

设计范围确定后，就可以分别设计局部结构。首先把需求分析阶段得到的与局部应用有关的数据流图汇集起来，同时把涉及的数据元素从数据字典中抽取出来，进行分类、聚集、抽象、定义实体、联系和确定与之有关的属性。

如何确定实体呢？一般是按自然习惯来划分的，如学校的教师、学生和课程等，这些都是自然存在的实体。但有些实体要根据信息处理需求定义，如单价通常是商品的一个属性，但商店为了促销，在不同季节规定了商品的不同价格，此时单价就成了一个独立的实体，如图 9-5 所示。可见，实体与属性间不存在形式上可以截然划分的界限。但如果确定为属性，则不能再用其他属性加以描述，也不能与其他实体或属性产生联系。

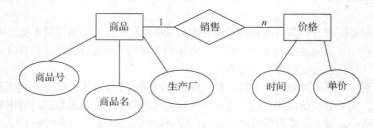

图 9-5　确定单价实体

实体确定后，组成实体的属性就基本确定了。接下来，要给这些属性指定一个表示符，以建立同其他实体间的联系。实体间的联系也是根据需求分析结果确定的。在实体确定之后，一一考虑某个实体是否同其他实体有联系，它们之间是 $1:1$、$1:n$ 还是 $m:n$ 的关系。有的联系需要用属性说明，也要随之确定。

在确定实体间的联系时可能会出现冗余联系。冗余联系应该在局部设计中消除，如在实体用户、合同和产品间存在着联系如图 9-6 所示，其中产品与用户间的供应联系就是冗余联系。如果要了解产品有哪些用户，设计人员可以从另外两个联系中导出。

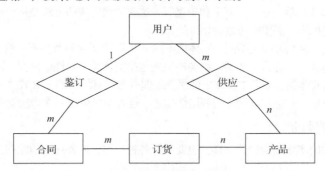

图 9-6 用户、合同和产品间的联系

确定了实体及其联系后，基本的 E-R 模型框架就形成了。剩下的工作是进行属性分配，把属性分配给实体和联系的过程中属性就基本确定了。这一步主要是考虑在需求分析中收集的数据元素是否还有一些没有确定，并通过分析数据流图将它们合理分配给实体类或联系。对不宜归属于实体或联系类的属性可增加新的实体表示，如关于职工的奖惩情况，有的职工有，有的职工没有，有的职工可能有多次，故奖惩情况应作为一个实体。有关奖惩的时间和内容等属性都应归入这一实体。

有的属性在多个实体中都要用到，应将它分配给其中的一个实体，以避免数据冗余、影响数据的完整性和一致性。

9.3.2 设计全局概念模式

局部 E-R 模式反映的是用户的数据观点，也称局部视图。全局概念模式设计就是要汇集局部E-R 模式，从全局数据观点出发，进行局部视图的综合和归并，消除不一致和冗余，形成一个完整的、能支持各个局部概念模式的数据库的概念结构。

对于大型应用系统，视图的归并可以分步完成：先归并联系较紧密的两个或多个局部视图，形成中间局部视图，然后将中间局部视图归并成全局视图。对归并后的全局视图要从全局概念结构考虑，进行调整和重构，生成全局 E-R 模式。

视图的归并包括实体类的归并和联系类的归并，主要应解决局部视图中用户观点的不一致性和消除冗余。

1. 实体类的归并

在实体类归并时主要应注意如下几点。

（1）命名冲突。命名冲突有两种情况，即同名异义和异名同义。

同名异义是指命名相同，但由于局部模式中抽象的层次不同，因而含义也不同，如学生实体在有的局部模式中指所有的在校学生，也有的指本科生，还有的指研究生。为了消除冲突，设计人员可将学生改为本科生和研究生或在学生实体中增加属性来区分。

异名同义大多同人们的习惯有关，一般可通过协商解决，也可以用行政手段解决。

（2）标识符冲突。标识符冲突，即同一实体类的标识符不一致，如职工实体，在人事部门用职工号标识，在图书馆用图书证号标识，而在医院用医疗证号标识，又如产品代码，有的用 5 位标识，有的用 7 位。类似以上情况，在归并时要统一表示同一实体类的标识符。

（3）属性冲突。属性冲突包括属性名、类型、长度、取值范围、度量单位等的冲突，如产品价格在工厂的不同部门，有的叫现行价，有的叫销售价，又如产品数量，有的用整数表示，有的用实数表示，再如度量单位有个、万个和千克等。这些冲突解决的方法是从全局出发，以能满足所有用户的需要为原则，必要时可进行相应的转换。

（4）结构冲突。结构冲突包括同一实体在不同 E-R 图中所含的属性不一致，此时应该将不同属性归并到一起形成一个综合实体类。结构冲突还包括实体类与属性的冲突，即有的属性在其他 E-R 图中是独立的实体类，如职工实体中的属性配偶姓名在有的局部 E-R 图中被作为一个实体，用职务、职称、单位、住址和电话号码等属性描述，这种情况应统一作为独立实体处理。

2. 联系类的归并

联系类的归并同实体类的归并一样，也要消除各种冲突，此外还应消除归并后的冗余联系及冗余属性。

联系类的归并是通过对语义的分析来归并和调整来自不同局部模式的联系结构。在联系类型的归并中，存在以下两种情况。

一种情况是实体间的联系在不同局部视图中联系名相同，但联系类型不同。例如，有的系规定学生只能参加一个社团活动，有的系允许学生参加多个社团活动，则在社团与学生间分别存在 $1:n$ 和 $m:n$ 的联系。为了满足不同应用要求，在归并时实体间可以用 $m:n$ 的联系表示，而 $1:n$ 的联系作为约束条件处理，使全局视图中二者的联系接近一致。

另一种情况是联系的实体类不同。例如，管理工程项目中，在供应部门，材料与供应商间有供应联系；在施工部门，材料与工程项目有供需联系；在管理部门，材料、供应商与工程项目间有供应联系。它们间的联系都是多对多的联系，可直接归并在一起，统一用材料、供应商和工程项目三者之间的多对多联系表示。

在归并中要注意消除冗余联系和冗余数据。图 9-6 所示为一个冗余联系的例子，而图 9-7 所示为一个冗余数据的例子。在图 9-7 中，数量 3 可由数量 1 和数量 2 获得，因此，数量 3 是冗余数据，应在 E-R 图中去掉。

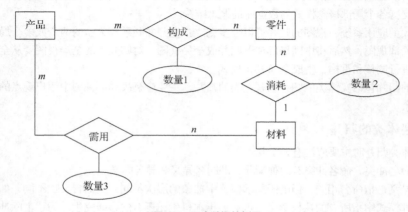

图 9-7　冗余数据的例子

9.4 逻辑设计

数据库的逻辑设计是把在概念设计阶段得到的概念模型转换为具体的 DBMS 所支持的数据模型的过程。不同 DBMS 的能力和限制不同，应按概念模型结构及用户对数据的处理需求选择合适的 DBMS。

逻辑设计过程可分为以下几步。

（1）将 E-R 图转换为一般的数据模型。现有的 DBMS 支持网状、层次和关系模型，要按不同的转换规则将 E-R 图转换为某一种数据模型。

（2）模型评价。检验转换后的模型是否满足用户对数据的处理要求主要包括功能和性能要求两个方面。

（3）模型优化。根据模型评价的结果调整和修正数据模型，以提高系统性能。对修改后的模型重新进行评价，直到认为满意为止。

数据库逻辑设计的过程如图 9-8 所示。

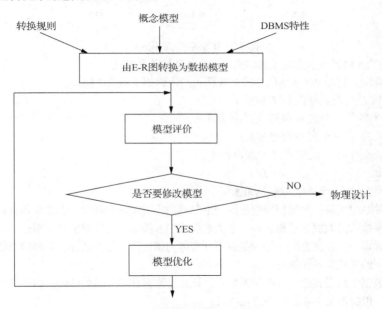

图 9-8　数据库逻辑设计的过程

由 E-R 图转换为数据模型要遵守一定的规则，下面分别讨论 E-R 图转换为关系模型的规则。

关系模型是关系模式的集合。将 E-R 图转换为关系模型时，所有实体和联系都要转换为相应的关系模型。转换规则如下。

（1）每个实体类型转换为关系模式，实体的属性均为关系的属性，实体的标识符就是关系的关键字。

（2）每个联系转换为关系模式，关系的属性由联系实体的标识符和联系本身所具有的属性构成。关系的关键字是联系实体的关键字的组合。

由联系转换的关系模式是否作为基本关系由设计者确定。由于通过关系中外键的概念就可以建立起两个实体间的联系，因而不一定非要转换为独立的关系模式不可。对于 $1:1$、$1:n$ 的二元联系，其关系模式可与联系实体合并为一个关系模式。图 9-9 中仓库与零件是 $1:n$ 联系，"存放"联系在转换时可将联系对应的关系模式与零件实体对应的模式合并，合并后的关系模式如下。

零件（*零件号,零件名,规格,库存量,仓库号*）
其中仓库号是外键。

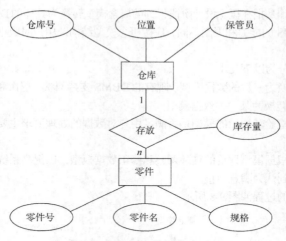

图9-9　转换实体间联系的例子

$m:n$ 的二元联系或多元联系都转换为一个单独的关系模式。

用转换规则，将图 9-7 所示的相关 E-R 图可转换为如下的关系模式。

职工（*职工号,职工姓名,职工年龄*）

产品（*产品号,产品名,规格型号,产品负责人*）

材料（*材料号,材料名,规格型号*）

供应者（*供应者号,供应者名,产品负责人*）

生产（*职工号,产品号,工作天数*）

供应（*供应者号,产品号,材料号,数量*）

在得到关系模式后，要运用规范化的理论对其进行进一步的处理，以消除各种存储异常。首先要确定关系模式的数据依赖集。在一个关系模式中非关键字属性对关键字属性的函数依赖比较明显，容易确定。但在属性间（特别是在不同实体的属性间）是否还存在某种数据依赖，要结合分析阶段得到的文档资料仔细分析。

在获得数据依赖后，逐一分析关系模式，检查是否存在部分函数依赖、传递函数依赖、多值函数依赖等，以确定关系模式处于第几范式。

关系模式是否进行分解，要根据数据处理要求决定。例如，在关系模式中存在部分或传递函数依赖需要进行分解。但若在数据处理中，关系的所有属性需要一起处理，则从处理效率出发，可以考虑不进行模式分解。规范化理论是逻辑数据库设计的指南和工具。

9.5　物理设计

数据库物理设计的任务是有效地把数据库逻辑结构在物理存储器上加以实现。这里"有效"主要有两层含义：一是要使设计出的物理数据库占有较小的存储空间；二是对数据库的操作具有尽可能高的处理速度。这二者有时是矛盾的，数据库物理设计的目标就是在限定软硬件及应用环境下建立具有较高性能的物理数据库。

数据库的物理设计与具体 DBMS 有关，物理设计的内容大致包括确定记录存取格式、选择文件的存储结构、决定存取路径和分配存储空间。

目前主流的关系数据库管理系统都具有可视化的设计工具。它的许多物理设计要素均被封装起来，用户只要按照系统提供的工具进行逻辑设计，其物理模式的设计及逻辑模式与物理模式之间的映像关系可完全由系统自动完成；数据库的结构、记录、索引、关联，乃至视图和应用模块均由系统进行统一维护，全部在一个文件目录下管理和存储。

9.6　数据库的实施、运行和维护

实施数据库这一阶段的主要工作是建立数据库结构、装入数据和试运行等。它对应软件工程的编码、调试阶段。

9.6.1　实施数据库

1．建立数据库结构

用 DBMS 提供的数据描述逻辑设计和物理设计的结果，得到模式和子模式，经编译和运行后形成目标模式，建立实际数据库的结构。

2．装入数据

装入数据称为数据库加载。装入前，有大量的数据准备工作要做。由于数据来自各种资料、文件、原始凭证、报表等，因此首先要将它们进行整理、分类，对不符合数据格式要求的还要完成相应的转换。由于数据量很大，这一工作是十分耗费时间和人力的。整理出的数据一定要保证准确性及一致性，否则将会影响系统的调试。

数据装入一般由编写的装入程序或 DBMS 提供的试用程序完成，并且数据装入要与调试运行结合起来进行。我们可以先装入少量数据，待调试后系统基本稳定了，再装入大批数据，因为在调试中很可能发现有的结构及数据间的关系不符合应用要求。尽管在前面设计的各个阶段进行了评审，但由于对计算机知识及业务的了解有一个过程，因此上述这种情况还是难免的。

3．试运行

数据装入后，要运行实际应用程序，执行各种操作以对系统的功能和性能进行测试及检查是否满足设计目标。

试运行阶段要对系统功能及性能进行全面检查，如系统需要完成的各种功能、系统的响应时间、数据占有空间、系统的安全性、完整性控制等。如果基本满足要求，此时就可以让用户熟悉系统，进行测试和运行了。之后，装入大批数据，投入实际运行。

9.6.2　数据库的重组织和重构造

数据库投入运行后，基本的设计工作就结束了。接下来，进入数据库的使用和维护阶段。要使一个数据库系统应用得好、生命周期长，设计人员需要不断地进行调整、修改和扩充新的功能等。数据库的重组织和重构造是数据库使用和维护阶段要做的主要工作之一。

1．数据库重组织

数据库重组织是指不改变数据库原有的逻辑结构和物理结构，只改变数据的存储位置，把数据重组织存放。

数据库是随时间变化的，用户经常需要对数据记录进行插入、修改和删除操作。多次插入、修改、删除后，数据库系统的性能会下降。插入新的数据时，系统将尽量使新插入的记录与基表中的其他记录存放在同一页中，但当一页放满时，插入的记录将会存放在其他页的自由空间内或新页内。多次插入后，同一基表中的记录将分散在多个页中，这样易使查询的 I/O 次数增加，降低存储效率。删除记录时，系统一般采取的策略是不马上将记录从物理上抹掉，而是做一个删除标志。多次删除后，易造成存储空间的浪费，同时使系统性能下降。因此，在数据库运行阶段，DBA 需要监测系统性能，定期地进行数据库的重组织。

数据库重组织时要占用系统资源，耗费一定的时间，所以重组工作不能频繁进行。数据库什么时候进行重组，要根据 DBMS 的特性和实际应用决定。

DBMS 一般都提供功能程序，用来对数据库进行重组织。MySQL 数据库管理系统提供了校验（Check）、分析（Analyze）、校验值（Checksum）、优化（Optimize）和修复（Repair）等功能。数据库检测修复工具如图 9-10 所示。

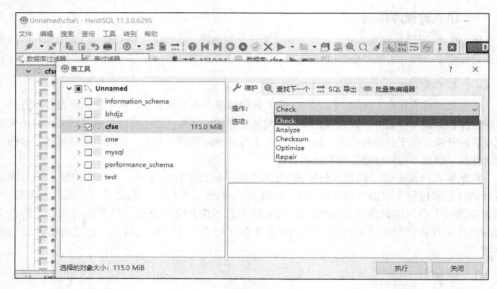

图 9-10　数据库检测修复工具

2．数据库重构造

改变数据库的逻辑结构或物理结构称为数据库重构造。随着应用环境的改变、用户需求的改变往往需要对原有系统进行修正、扩充新的功能，因此设计人员需要部分改变原有数据库的逻辑结构或物理结构，以满足新的需要。例如，信息定义发生变化、要增加新的数据类型及对原有的数据提出新的要求等，这些都需要进行数据库的重构造。

重构造需要改写数据库的模式和存储模式。关系数据库系统需要通过重定义或修改表的结构或定义视图来完成重构造。对部分结构的修改会影响与之有关的数据和应用程序，有的数据需要转换或重新装入。应用程序如果完成的功能不变，则可不必修改，而通过定义视图以适应修改后的模式。对于非关系型数据库系统来说，改写后的模型要重新编译，形成新的目标模式，并且原有数据都要重新装入。

数据库的重构造对应用系统的使用寿命是很重要的，因而重构造是必要的。但数据库的重构造程度是有限的，设计人员只能对数据库的结构进行局部修改和调整。当修改和扩充的内容太多时，应考虑是否需要开发新的应用系统。

关系数据库管理系统提供"表分析器向导",利用它可以很方便地进行数据库的重构造。重新构造后,系统可以自动生成基于重构后表的查询,以代替原先的表。表分析器向导的使用方法将在后面详细介绍。

数据库运行期间的工作还有数据库的安全性、完整性控制,以及系统的转储和恢复、性能监督、统计分析等。

9.7 小结

数据库设计通常是指数据库应用系统的设计,并不是要设计一个完整的 DBMS。这里我们讨论的数据库设计是指在关系数据库管理系统的基础上建立关系数据库及应用系统的整个过程。本章介绍了数据库设计方法学的一些基本概念、实用技术和实现方法。

习 题

一、填空题

1. 一个数据库的设计主要包括两个方面,即_____设计和_____设计,它们分别描述数据库的_____特性和_____性能。

2. 结构特性的设计应满足 3 点要求:第一是_____;第二是_____;第三是_____。

3. 数据字典的内容可以分成四大类,分别是_____、_____、_____和_____。

4. 数据项说明的内容包括数据项的_____、_____、_____和_____。

5. 1976 年陈品山(P.S.Chen)提出 E-R 模型,这种模型的中文名称是_____,英文全称是_____。

6. E-R 模型中有 3 个基本的成分,它们分别是_____、_____和_____。

7. 概念设计通常分两步进行,首先建立____模式,然后综合_____模式为_____模式。

8. 人们研究了许多用于需求分析的方法和技术,主要有_____、_____和面向对象三大类,其中常用的方法是_____(简称_____)。

9. 需求说明书是在需求分析活动后建立的文档资料,它是对开发项目需求分析的全面描述。需求说明书的内容有_____、_____、_____和_____等,还应包括在分析过程中得到的_____、_____、_____和_____等必要的图表说明。

10. 在实体类归并时,主要应注意 4 点,分别是_____、_____、_____和_____。

11. 关系数据库管理系统可完成数据库的重组织,即使用数据库实用工具中的_____。

12. 关系数据库管理系统提供_____,利用它可以很方便地进行数据库的重构造。重新构造后,系统可以自动生成基于重构后表的查询,以代替原先的表。

13. 概念设计的结果是得到一个与_____无关的概念模式。

14. 关系数据库规范化理论是数据库_____设计的一个有力工具;E-R 模型是数据库_____设计的一个有力工具。

15. 父亲实体集与子女实体集之间有_____联系。

二、判断题

1. 需求分析是基础,它由设计者完成。 （　　）

2. 数据库的重组织不改变原设计的数据逻辑结构和物理结构。 （　　）

三、单项选择题

1. 在设计数据库系统的概念结构时，常用的数据抽象方法是（　　）。
   A. 合并与优化　　　　B. 分析和处理　　　　C. 聚集和概括　　　　D. 分类和层次

2. 如果采用关系数据库来实现应用，在数据库设计的（　　）阶段将关系模式进行规范化处理。
   A. 需求分析　　　　　B. 概念设计　　　　　C. 逻辑设计　　　　　D. 物理设计

3. 下列关于数据库运行和维护的叙述中，正确的是（　　）。
   A. 只要数据库正式投入运行，便标志着数据库设计工作的结束
   B. 数据库的维护工作就是维护数据库系统的正常运行
   C. 数据库的维护工作就是发现错误和修改错误
   D. 数据库正式投入运行标志着数据库运行和维护工作的开始

4. 如果采用关系数据库来实现应用，在数据库逻辑设计阶段需将（　　）转换为关系数据模型。
   A. E-R 模型　　　　　B. 层次模型　　　　　C. 关系模型　　　　　D. 网状模型

5. 在数据库设计的需求分析阶段，业务流程表示一般用（　　）。
   A. E-R 模型　　　　　B. 数据流图　　　　　C. 程序结构图　　　　D. 程序框图

6. 关系数据库规范化是为了关系数据库中（　　）问题而引入的。
   A. 数据冗余、数据的不一致性、插入和删除异常
   B. 提高查询速度
   C. 减少数据操作的复杂性
   D. 保证数据的安全性和完整性

四、多项选择题

1. 关于需求分析阶段，下列选项中叙述正确的是（　　）。
   A. 确认用户需求，确定设计范围
   B. 收集和分析需求数据
   C. 由设计者完成
   D. 撰写需求说明书

2. 关于数据字典，下列选项中叙述正确的是（　　）。
   A. 用来描述数据流图中出现的所有数据
   B. 采用计算机和人工共同维护
   C. 在需求分析阶段建立
   D. 内容固定不变

3. 衡量一个数据库系统的性能，需要看其是否（　　）。
   A. 具有高效的存储效率
   B. 具有高效的存取效率
   C. 便于维护
   D. 便于扩充

4. 关于概念设计阶段，下列选项中叙述正确的是（　　）。
   A. 有力的工具是 E-R 模型
   B. 要考虑具体的 DBMS
   C. 当外界环境改变时要重新设计数据库的逻辑结构
   D. 对收集的信息和数据进行分析与整理

5. 关于数据库的重组织和重构造，下列选项中描述正确的是（　　　）。

　　A．数据库的重构造不改变原设计的数据逻辑结构和物理结构

　　B．数据库的重组织要占用系统资源

　　C．数据库的重构造是必要的和无限的

　　D．数据库的重组织和重构造是数据库运行和维护阶段的主要工作之一

五、简答题

1．数据库设计的内容和要求是什么？

2．试简述数据库的设计过程。

3．数据库设计过程的输入和输出有哪些内容？

4．数据库需求分析的任务是什么？需求分析的方法和工具有哪些？

5．数据字典的内容和作用是什么？

6．简述数据库逻辑结构设计的内容和步骤。

7．什么是数据库的概念结构，试简述设计概念结构的策略。

8．简述把 E-R 图转换为关系模型的转换规则。

9．什么是数据库结构的物理设计，试简述其内容和步骤。

10．什么是数据库的重组织和重构造，为什么要进行数据库的重组织和重构造？

11．简述在关系数据库中使用的设计向导和分析工具。

12．规范化理论对数据库设计有何指导意义？

六、综合题

1．设某销售公司的数据库需要进行如下数据处理。

（1）每月做一张月报表，表中包括如下信息：顾客订单号、订货日期、交货日期、产品号、产品名、产品类别、订购数量、单价、金额、顾客号、顾客姓名、地址。

（2）订购产品要组织货源，需要在终端上查询。输入：产品号；输出：产品号、产品名、生产厂、出厂价、交货日期、交货数量。

（3）经理要了解某段时间的业务状况。输入：交货日期范围；输出：订货总数量、订货总金额。

（4）经理还要了解某段时间不同类别产品的订货情况。输入：订货日期范围；输出：产品类别、订货数量、订货金额。

根据上述数据处理要求，进行数据库的概念设计和逻辑设计。

要求：①画出 E-R 图。②导出数据库的关系模型。③用 SQL 语句实现上面的 4 项数据处理。

提示：一张订单可订多种产品，一个产品可由多个厂家供货，一个产品类别有多种产品。

2．某工程公司有下属部门：工程部门、供应部门。对于工程部门，每个部门有若干职工，每个职工可参加一个工程项目，一个工程可有若干职工参加，某个职工是某个工程项目的领导，假设每个项目只有一个领导。对于供应部门，一个供应商可以给多个项目供应多种零件，一个项目可由多个供应商供应零件，零件存放在多个仓库中，一个仓库可放多种零件。

要求：①画出 E-R 图。②给出所有的函数依赖。③导出工程公司的关系模型。④自己设计一些处理数据功能，用 SQL 语句和开发工具实现，以验证所设计的关系模型是否满足开发需求。

10

第 10 章　　大数据管理系统

【本章导读】本章先介绍大数据的定义和特征，然后介绍大数据采集、处理、存储的一般方式，最后介绍几个大数据平台及可视化工具。

10.1　大数据简介

大数据一词由英文"Big Data"翻译而来，它是最近几年兴起的概念。目前对其还没有一个统一的定义。狭义上，大数据可以定义为：现有的一般技术难以管理的大量数据的集合。其一般是指无法在一定时间范围内用常规软件或工具进行捕捉、管理和处理的数据集合，需要新处理模式才能具有更强的决策力、洞察发现力和流程优化能力的海量、高增长率和多样化的信息资产。

大数据是时代发展的趋势。全球管理咨询公司麦肯锡曾在《大数据时代到来》报告中指出，大数据现在已经进入全球经济的各个领域，越来越多企业需要从海量数据中挖掘出数据真正的价值。大数据指的是所涉及的数据集规模已经超过了传统数据库软件的获取、存储、管理和分析能力所能处理的模块。大数据是一个被故意设计成主观性的定义，并且是一个关于多大的数据集才能被认为是大数据的可变定义，即并不定义大于一个特定规模的数据才叫大数据。随着技术的不断发展，符合大数据标准的数据集容量也会增长，并且定义随不同的行业也有变化，这一点依赖于在一个特定行业通常使用何种软件和数据集有多大。因此，大数据在今天不同行业中可以从几十 TB 到几 PB。

随着大数据的出现，数据仓库、数据安全、数据分析、数据挖掘等围绕大数据商业价值的相关应用正逐渐成为行业人士争相追捧的利润焦点，在全球引领了又一轮数据技术革新的浪潮。

10.1.1　大数据特征

大数据的特征由维克托·迈尔-舍恩伯格和肯尼思·库克耶在其编写的《大数据时代》一书中被提出。大数据的 4V 特征：大量（Volume）、高速（Velocity）、多样（Variety）、价值（Value）。

1. 大量

大数据的特征首先就体现为"大"，一般只有数据体量达到 PB 级别以上才能被称为大数据。随着信息技术的高速发展，各行各业的数据均呈爆发式增长，如各种社交网站、金融服务、医疗服务等产生大量数据。生活中每个人都离不开互联网，也就是说每个人每天都在向大数据"提供"大量的资料。如某一知名社交网站每天产生约 4PB 的数据，其中包含约 100 亿条消息，以及约 3.5 亿张照片和约 1 亿小时的视频浏览数据。百度资料表明，其新首页导航每天需要提供的数据超过

1.5PB，这些数据如果打印出来将使用超过 5000 亿张 A4 纸。据 IDC 发布《数据时代 2025》的报告显示，全球每年产生的数据将从 2018 年的 33ZB 增长到 175ZB，相当于每天产生 491EB 的数据。

2. 高速

大数据的高速性是指数据增长快速，处理快速。每一天，各行各业的数据在呈现指数级的"爆炸"增长。在许多场景下，数据都具有时效性，如搜索引擎要在几秒内呈现出用户所需数据。企业或系统在面对快速增长的海量数据时，必须高速处理，快速响应。算法对数据的逻辑处理速度非常快，才能从各种类型的数据中快速获得高价值的信息，这一点也与传统的数据挖掘技术有着本质的不同。对于一个平台而言，保存的只有过去几天或者一个月之内的数据，再"远"的数据就要及时清理；服务器中大量的资源都用于处理和计算数据，很多平台都需要做到实时分析。数据时刻在产生，谁的速度更快，谁就有优势。

3. 多样

广泛的数据来源决定了大数据形式的多样性。它不仅包含传统的关系型数据，还包含来自网页、互联网流数据、搜索索引、社交媒体、电子邮件、文档、传感器数据等原始、半结构化和非结构化数据。

4. 价值

现实世界所产生的数据中有价值的数据所占比例很小。相较于传统的小数据，大数据最大的价值在于从大量貌似不相关的各种类型数据中挖掘出对未来趋势与模式预测分析有价值的数据，并通过机器学习算法、人工智能算法或数据挖掘算法深度分析，发现新规律和新知识。各种网站的推荐系统，如购物网站都会通过对用户的日志数据进行分析，从而推荐用户可能喜欢的东西。

通过对大数据的分析与处理，最后能够解释结果和预测未来，但前提是提取的数据要有足够的准确性。因此，另外有人提出大数据的特征为 5V 特征，即在上述 4V 基础上增加了 Veracity：数据的准确性和可信赖度，即数据的质量。质量特性在价值特性的部分已经有所体现。

10.1.2 大数据的构成

大数据包括交易数据和交互数据在内的所有数据集。

1. 海量交易数据

企业内部的经营交易信息主要包括联机交易数据和联机分析数据，它们是结构化的、通过关系数据库进行管理和访问的静态、历史数据。通过这些数据，我们能了解过去发生了什么。

2. 海量交互数据

海量交互数据由社交媒体数据构成，它包括呼叫详细记录、设备和传感器信息、GPS 和地理定位映射数据、通过管理文件传输协议传送的海量图像文件、Web 文本和单击流数据、科学信息、电子邮件等。通过这些数据，可以告诉我们未来会发生什么。

10.1.3 大数据技术框架

大数据技术是一系列技术的总称。它集合了数据采集与传输、数据存储、数据处理与分析、数据挖掘、数据可视化等技术，是一个庞大而复杂的技术体系。根据大数据从来源到应用这一实现传输的流程，大数据技术架构可以被分为数据来源层、数据收集层、数据存储层、资源管理层、数据计算层、任务调度层、数据应用层（见图 10-1）。

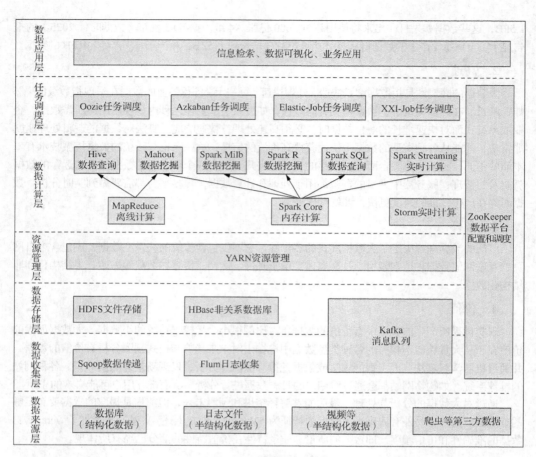

图 10-1　大数据技术框架

　　数据来源层：数据集来源主要分为结构化数据、半结构化数据和非结构化数据。

　　数据收集层：主要采用大数据采集技术，实现对数据的清洗（Extract）、转换（Transform）和装载（Load）操作（这 3 个操作简称 ETL）。

　　数据存储层：数据的存储分为持久化存储和非持久化存储。

　　资源管理层：主要是让部署在同一个集群中的框架共享集群资源，对资源进行统一管理，典型的有 YARN、Mesos。

　　数据计算层：大数据计算分为两类，即批量计算（离线计算）和实时计算（在线计算）。

　　任务调度层：采用任务调度系统实现任务编排、任务调度执行、运维执行等。

　　数据应用层：应用一般包括信息检索、关联分析、业务应用等功能。

10.2　大数据采集

　　大数据采集是指利用多个数据库或存储系统来接收发自客户端（Web、App 或者传感器等）的数据。例如，电商会使用传统的关系数据库 MySQL 或 Oracle 等来存储每一个事务数据；在大数据时代，Redis、MongoDB 和 HBase 等 NoSQL 数据库也常用于数据的采集。数据采集是大数据挖掘和分析的重要基础，有效的数据采集对大数据挖掘研究具有十分重要的意义。大数据采集可以具有多种多样的渠道，在互联网上主要针对网络媒介（如搜索引擎、新闻网站、论坛、微博、

博客、电商网站等）的各种页面信息和用户访问信息进行数据采集，通过网络爬虫或网站公开 API
采集内容。在系统外部，可以通过移动 App、智能终端和可穿戴设备等多种方式采集。

10.2.1 元数据定义

元数据（Metadata）又称中介数据、中继数据，它是描述其他数据的数据，或者说是用于提
供某种资源的有关信息的结构数据（Structured Data），用以支持如指示存储位置、历史数据、资
源查找、文件记录等功能。其使用目的在于：识别资源、评价资源、追踪资源在使用过程中的变
化、实现简单且高效地管理大量网络化数据，以及实现信息资源的有效发现、查找、一体化组织
和对使用资源的有效管理。

元数据的基本特点如下。

1. 元数据一经建立，便可实现共享

元数据的结构和完整性依赖于信息资源的价值和使用环境，但元数据的开发与利用环境往往
是一个变化的分布式环境。任何一种格式的数据都不可能完全满足不同团体的不同需要，而元数
据一经建立，便可实现共享，以满足多元的数据需求。

2. 元数据首先是一种编码体系

元数据是用来描述数字化信息资源（特别是网络信息资源）的编码体系，这样使元数据和传
统数据编码体系有根本区别；元数据最为重要的特征和功能是为数字化信息资源建立一种机器可
理解框架。元数据体系构建了电子政务的逻辑框架和基本模型，从而决定电子政务的功能特征、
运行模式和系统运行的总体性能。电子政务的运作都基于元数据实现。

10.2.2 数据清洗、转换与装载

1. 数据清洗

现实世界的数据常常是不完整或不一致的。数据清洗通过填补遗漏数据、消除异常数据、平
滑噪声数据，以及纠正不一致的数据等手段，以确保数据处理软件和数据模型能够直接使用最终
数据。数据清洗目的是提高数据的质量，为数据分析准备有效的数据集。数据清洗的方法有很多，
其主要与我们所使用的数据处理工具有关系。数据如果规律性很强、数据量很大，还可以采用编
程的方式来实现数据清洗。实践中，数据分析师要熟练掌握清洗软件的操作方法。数据清洗工作
是占用数据分析师时间最长的工作，这项工作虽然价值产出很低、耗费大量时间，但是必不可少
的。进行数据清洗的主要原因是数据建表和数据采集过程中质量不高。如果在数据采集、数据存
储和数据传输过程中能够提高数据的质量、保证数据的有效性，数据清洗工作可以大幅度缩减。

2. 数据转换

数据转换的任务主要是进行不一致的数据转换、数据粒度的转换和一些商务规则的计算。

（1）不一致的数据转换。这个过程是一个整合的过程，用以将不同业务系统的相同类型数据
统一，如同一数据在企业资源计划（Enterprise Resource Planning，ERP）系统中编码是 XX0001，
而在客户关系管理（Customer Relationship Management，CRM）系统中编码是 YY0001，这种情况
下就需要将它们抽取出来之后统一转换成一个编码。

（2）数据粒度的转换。业务系统一般存储非常详细的数据，而数据仓库中的数据是用来分析
的，不需要非常详细的数据。一般情况下，我们会将业务系统数据按照数据仓库粒度进行聚合。

（3）商务规则的计算。不同的企业有不同的业务规则、不同的数据指标，这些指标有的时候

不是简单加减就能完成的，因此，我们需要在 ETL 中将这些数据指标计算好之后存储在数据仓库中，以供分析与使用。

3. 数据装载

数据装载的主要任务是将经过清洗后的干净数据集按照物理数据模型定义的表结构装入目标数据仓库的数据表中，并允许人工干预，以及提供强大的错误报告、系统日志、数据备份与恢复功能。整个操作过程往往要跨网络、跨操作平台。在实际的工作中，数据加载需要结合使用的数据库系统（Oracle、MySQL、Spark、Impala 等），确定最优的数据加载方案，节约 CPU、硬盘 I/O 和网络传输资源。

10.2.3　常用大数据采集工具介绍

下面介绍当前常用的 6 款数据采集工具，并重点关注它们是如何做到高可靠、高性能和高扩展的。

1. Apache Flume

Flume 是 Apache 旗下的一款开源、高可靠、高扩展、容易管理、支持客户扩展的数据采集系统。Flume 的核心任务是把数据从数据源（Source）收集过来，再将收集到的数据送到指定的目的地（Sink）。为了保证输送的过程一定成功，在送到目的地之前，系统会先缓存数据（Channel），待数据真正到达目的地后，Flume 再删除缓存内的数据。

Flume 支持定制各类数据发送方，用于收集各类型数据；同时，Flume 支持定制各种数据接方，用于最终存储数据。一般的采集需求，通过对 Flume 的简单配置即可满足。针对特殊场景，Flume 也具备良好的自定义扩展能力。因此，Flume 可以用于大部分的日常数据采集场景。Flume 被设计成一个分布式的管道架构，可以看作在数据源和目的地之间有一个 Agent 的网络，支持数据路由。每一个 Agent 都由 Source、Channel 和 Sink 组成。Source 负责接收输入数据，并将数据写入管道；Channel 负责缓存从 Source 到 Sink 的中间数据；Sink 负责从管道中读出数据，并发给下一个 Agent 或最终的目的地。

2. Fluentd

Fluentd 是一个开源的通用日志采集和分发系统。Fluentd 使用 C/Ruby 开发，使用 JSON 文件来统一日志数据。它可以从 Apache/Nginx 等广泛应用的系统、数据库、自定义系统中采集日志，数据进入 Fluentd 后可根据配置进行过滤、修改、缓存，最终分发到各种后端系统中。Fluentd 把通常的日志采集—缓存—分发—存储流程提炼出来，用户只需要考虑业务数据，至于数据的传输、容错等过程细节都交给 Fluentd 来做。

3. Logstash

Logstash 是一个实时的管道式开源日志收集引擎。Logstash 用 JRuby 开发，运行时依赖 Java 虚拟机（Java Virtual Machine，JVM）。Logstash 可以动态地将不同来源的数据进行归一化，并将格式化的数据存储到选择的位置，做数据清洗和大众化处理，以便进行数据分析和可视化。通过输入、过滤和输出插件，Logstash 可以对几乎任何类型的事件进行加工和转换；通过本地编码器还可以进一步简化此过程。

4. Chukwa

Chukwa 是一个开源的用于监控大型分布式系统的数据收集系统。它是构建在 Hadoop 的 HDFS

和 MapReduce 框架之上的，继承了 Hadoop 的可伸缩性和健壮性。Chukwa 还包含一个强大和灵活的工具集，它可用于展示、监控和分析已收集的数据。在一些网站上，甚至声称 Chukwa 是一个"日志处理/分析的 full stack solution"。

5. Scribe

Scribe 是开源的日志收集系统，它能够从各种日志源上收集日志且存储到一个中央存储系统（可以是网络文件系统、分布式文件系统等）上，以便进行集中统计、分析处理。Scribe 为日志的"分布式收集，统一处理"提供了一个可扩展的、高容错的方案。当中央存储系统的网络或者机器出现故障时，Scribe 会将日志转存到本地或者另一个位置；当中央存储系统恢复后，Scribe 会将转存的日志重新传输给中央存储系统。其通常与 Hadoop 结合使用，Scribe 用于向 HDFS 中推送日志，而 Hadoop 通过 MapReduce 作业进行定期处理。

6. Splunk Forwarder

在商业化的大数据平台产品中，Splunk Forwarder 提供完整的数据采集、数据存储、数据分析和处理，以及数据展现的功能。

10.3　大数据处理

数据采集完成后就可以对数据进行加工处理，该处理可分为离线批处理、实时处理。大数据离线计算主要用于数据分析、数据挖掘等领域，常用技术是 Hadoop。数据实时处理包括数据的实时计算、数据的实时落地、数据的实时展示与分析。数据的实时计算是对得到的数据进行 ETL 操作或者进行关联，目前主流的实时计算框架有 Spark、Storm、Flink 等。数据的实时落地是将源数据或者计算好的数据进行实时的存储，常用技术是 HDFS、ES。数据的实时展示与分析，利用前端框架进行数据实时展示。另外对其中一些数据进行算法训练、预测未来走势等，采用的技术主要是 BI，也可综合利用数据仓库、联机分析处理（Online Analytial Processing，OLAP）和数据挖掘技术。

10.3.1　离线处理

离线（Offline）计算也可以理解为批处理（Batch）计算，与其相对应的是在线（Online）计算或实时（Realtime）计算。离线计算数据量巨大且保存时间长，在大量数据上进行复杂的批量运算，且能够方便地查询批量计算的结果，数据在计算之前已经完全到位，不会发生变化。

Hadoop 是 Apache 开源组织的一个分布式计算开源框架，用 Java 程序实现开源软件框架，以实现在大量计算机组成的集群中对海量数据进行分布式计算。Hadoop 框架中最核心设计就是：HDFS 和 MapReduce。HDFS 实现存储，而 MapReduce 实现原理分析处理。Hadoop 运行平台为GNU/Linux，它已在由 2000 个节点的 GNU/Linux 主机组成的集群系统上得到验证。

Hadoop MapReduce 是一个使用简单的软件框架，基于它写出来的应用程序能够运行在由上千个商用计算机组成的大型集群上，并以一种可靠容错的方式并行处理上 TB 级别的数据集。一个MapReduce 作业（Job）通常会把输入的数据集切分为若干独立的数据块，由 Map 任务（Task）以完全并行的方式处理它们。框架会对 Map 的输出先进行排序，然后把结果输送给 Reduce 任务。通常，作业的输入和输出都会被存储在文件系统中。整个框架负责任务的调度和监控，以及重新执行已经失败的任务。通常，MapReduce 框架和分布式文件系统是运行在一组相同的节点上的，也就是说，计算节点和存储节点通常在一起。

MapReduce 也采用了 Master/Slave（M/S）架构。它主要由以下几个组件组成：JobClient（客户端）、JobTracker、TaskTracker 和 Task，如图 10-2 所示。MapReduce 框架由一个单独的 Master JobTracker 和一个集群节点 Slave TaskTracker 共同组成。Master JobTracker 负责调度构成一个作业的所有任务，这些任务分布在不同的 Slave TaskTracker 上，Master JobTracker 监控它们的执行，重新执行已经失败的任务；Slave TaskTracker 仅负责执行由 Master JobTracker 指派的任务。Hadoop 的 JobClient 负责提交作业（.jar 包/可执行程序等）和配置信息给 JobTracker，JobTracker 负责分发这些软件和配置信息给 Slave TaskTracker、调度任务并监控它们的执行，同时提供状态和诊断信息给 JobClient。

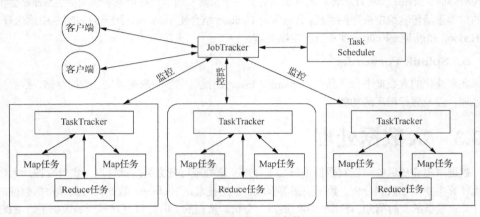

图 10-2 MapReduce 架构

10.3.2 实时处理

Apache Spark 是一款用于大规模数据处理的统一分析引擎，由美国加利福尼亚大学伯克利大学分校 AMP 实验室（Algorithms, Machines and People Lab）开发；其特点是能处理大规模数据、计算速度快、易用性好、通用性强和可随处运行。Spark 延续了 Hadoop 的 MapReduce 计算模型，但不同于 MapReduce 的是中间输出结果可以保存在内存中，从而不再需要读写 HDFS，因此 Spark 能更好地适用于数据挖掘和机器学习等需要迭代的 MapReduce 的算法。Spark 以其先进的设计理念迅速成为大数据处理的热门项目，业界围绕着 Spark 推出了 Spark SQL、Spark Streaming、MLLib 和 GraphX 等组件，也就是 BDAS（伯克利数据分析栈），这些组件逐渐形成大数据处理一站式解决平台。Spark 的目标是替代 Hadoop 成为大数据处理的主流标准。在 Spark 中每个作业被分解成一系列任务，并被发送到若干个服务器组成的集群上完成。Spark 有分配任务的主节点 Driver 和执行计算的工作节点 Worker。Driver 负责任务分配、资源安排、结果汇总和容错等处理；Worker 负责存放数据和进行计算。

Apache Storm 集群表面上类似 Hadoop 集群，但在 Hadoop 上运行 MapReduce 作业、在 Storm 上运行 topologies 作业与拓扑本身有很大的不同，主要的区别是 MapReduce 作业最终会完成，而拓扑会永远处理消息（或者直到关闭它）。Storm 集群上有两种节点：主节点和工作节点。主节点运行一个名为 Nimbus 的守护进程，它类似 Hadoop 的 JobTracker。Nimbus 负责在集群中分发代码，为计算机分配任务，并监视故障。每个工作节点运行一个名为 Supervisor 的守护进程。Supervisor 会监听分配给其计算机的工作，并根据 Nimbus 分配给它的内容在必要时启动和停止工作进程。每个工作进程执行拓扑的一个子集，一个正在运行的拓扑由分布在计算机上的许多工作进程组成。Strom 集群架构如图 10-3 所示。

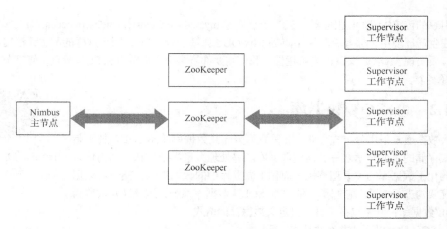

图 10-3 Strom 集群架构

Nimbus 和 Supervisor 之间的所有协调都是通过 ZooKeeper 集群完成的。此外，Nimbus 守护进程和 Supervisor 守护进程是快速故障恢复和无状态的；所有状态都保存在 ZooKeeper 或本地磁盘上。这样意味着可以关闭 Nimbus 或者 Supervisor，它们会像什么都没发生一样重新开始。这种设计使得 Storm 集群非常稳定。

10.4 大数据存储

大数据存储和传统的数据存储不同，其特点是实时性或者近实时性。随着科技的进步，有越来越多的移动设备、社交多媒体等产生大量数据，其中大部分是非结构化数据，而且数据会持续增长。面对结构化、半结构化和非结构化海量数据的存储与管理问题，轻型数据库无法满足对其存储及复杂的数据挖掘和分析操作需求。大数据需要非常高性能、高吞吐率、大容量的基础设备，通常使用分布式文件系统、NoSQL 数据库、云数据库等。

10.4.1 MySQL 集群

MySQL 集群使用 shared-nothing 架构，系统可以在廉价的硬件上工作，对硬件和软件的需求很小。一套 MySQL 集群包含一系列的计算机主机，每台主机运行一个或多个进程；这些进程（被称为节点）包含 MySQL 服务器（用于访问 NDB 的数据）、数据节点（用于存储数据）、一个或多个管理服务器、其他定制的数据访问程序。在一套 shared-nothing 系统中，每个节点都有自己的内存和硬盘，像共享网络、网络问卷系统和存储区域网络（SAN）存储这些共享存储机制不被 MySQL 集群推荐和支持。

MySQL 集群通过一个称为 NDB 的内存集群存储引擎，并将其与标准的 MySQL 服务器集成在一起。也就是说，MySQL 集群是 MySQL 服务器和 NDB 存储引擎的结合。在一套 MySQL 集群配置中，至少有以下 3 个节点。

管理节点：这个节点用来管理集群中的其他节点，提供配置数据，启动、停止节点和执行备份功能。因为这个节点要管理其他节点的配置信息，所以在集群中应该首先启动这个节点。

数据节点：这种类型的节点用来存储集群的数据。MySQL 集群中的表通常被保存在内存中，而不是磁盘上（这是我们称呼 MySQL 集群为内存数据库的原因）。然而，一些 MySQL 集群的数据也可以存储在磁盘上。

SQL 节点：这个节点用来访问集群数据。在 MySQL 集群中，SQL 节点是使用 NDBCLUSTER

存储引擎的传统 MySQL 服务器。SQL 节点通过 mysqld --ndbcluster --ndb-connectstring 方式启动。

在生产环境中，部署一套 3 节点的 MySQL 集群是不现实的，因为这样的配置无法提供冗余保护。要实现 MySQL 集群的高可用性，我们需要部署多个数据节点和 SQL 节点；管理节点也推荐部署多个。

10.4.2　NoSQL 数据库

NoSQL 数据库系统演示

大数据通常采用分布式存储，非关系型分布式数据库（NoSQL）技术是分布式存储的主要技术之一。这些数据库能够处理大量半结构和非结构化数据，弱化了数据库的关系型特性，简化了数据库中的数据组织，便于对数据和系统架构进行扩展。它们是一种"非 SQL"数据库系统，因此通常被称为 NoSQL 数据库；其特点在于可以自定义数据存储格式。

NoSQL 具有以下几方面的基本特征。

（1）易扩展性。

（2）大数据量、高性能。

（3）灵活的数据格式。

（4）高可用性。

NoSQL 数据库分类如下。

（1）key-value 数据库，如 Memcached、Tokyo Cabinet、Redis、Flare。

（2）列存储数据库，如 Cassandra、HBase、Riak。

（3）文档型数据库，如 CouchDB、MongoDB。

（4）图形数据库，如 Neo4j、Infogrid、Infinite Graph。

Redis 是一个高性能的 key-value 数据库，也是 key-value 存储系统。它支持存储的 value 类型相对更多，如 string（字符串）、list（列表）、set（集合）、zset（sorted set，有序集合）和 hash（散列类型）。这些数据类型都支持 push/pop、add/remove 及取交集、并集、差集和更丰富的操作，而且这些操作都是原子性的。在此基础上，Redis 支持各种不同方式的排序。为了保证效率，数据都是缓存在内存中。Redis 会周期性地把更新的数据写入磁盘或者把修改操作写入追加的记录文件，并且在此基础上实现 master-slave（主从）同步。Redis 提供了 Java、C/C++、C#、PHP、JavaScript、Perl、Object-C、Python、Ruby、Erlang 等客户端，使用很方便。由于 Redis 支持主从同步，数据可以从主服务器向任意数量的从服务器上同步，从服务器可以是关联其他从服务器的主服务器，这样使得 Redis 可执行单层树复制。由于完全实现了发布/订阅机制，因此从数据库的任何地方同步树时，可订阅一个频道并接收主服务器完整的消息发布记录。同步对读取操作的可扩展性和数据冗余很有帮助。

MongoDB 数据库是由 MongoDB（原名 10gen）公司开发的一款用 C++语言编写的、基于分布式文件存储的数据库。作为一种介于关系数据库和非关系型数据库之间的产品，MongoDB 也许是各类非关系型数据库当中功能丰富且更像关系数据库的开源软件。MongoDB 服务端可运行在 Linux 9、Windows 或 macOS 平台，支持 32 位和 64 位应用，默认端口为 27017。MongoDB（源自英文单词"Humongous"，中文含义为"庞大"）是可以应用于各种规模的企业、各个行业及各类应用程序的开源数据。作为一个适用于敏捷开发的数据库，MongoDB 的数据模式可以随着应用程序的发展而灵活地更新。与此同时，它也为开发人员提供了传统数据库的功能：二级索引、完整的查询系统及严格一致性等。MongoDB 是专为追求可扩展性、高性能和高可用性等的用户而设计的数据库：它可以从单服务器部署扩展到大型、复杂的多数据中心架构；利用内存计算的优势，MongoDB 能够提供高性能的数据读写操作；MongoDB 的本地复制和自动故障转移功能使应用程序具有企业级的可靠性和操作灵活性。

10.4.3　常用数据存储技术介绍

HDFS（Hadoop Distributed File System, Hadoop 分布式文件系统）是 Hadoop 项目的核心之一，其被设计成适合运行在通用硬件（Commodity Hardware）上的分布式文件系统。HDFS 是一款具备高容错性的系统，适合部署在廉价的计算机上。HDFS 支持高吞吐量的数据访问，非常适合在大规模数据集上应用。

HDFS 有以下基本特点。

（1）高容错性。数据自动保存多个副本，通过增加副本的形式提高容错性。每当集群中的任何计算机崩溃时，用户都可以从包含该数据块的其他计算机访问数据。

（2）数据局部性。通过移动计算（而不是移动数据）会把数据位置暴露给计算框架。

（3）数据数量、种类、格式多。HDFS 可以存储 MB 级、GB 级甚至 TB 级的任何格式数据。

（4）流式文件访问。HDFS 的构建思路是：一次写入，多次读取。文件一旦写入，就不能修改，只能增加，这样可以保证数据的一致性。

（5）成本低。在 HDFS 架构中，存储实际数据的数据节点是廉价的计算机。

（6）低延时数据访问。HDFS 不适合对实时性要求高的场合。

（7）小文件的存储。存放过多的小文件会大量占用 NameNode 的内存存储文件，造成资源浪费，这样会对存储元数据节点造成负担；另外，小文件存储的寻址时间会超过读取时间，违背了 HDFS 的设计目标。

（8）不能并发写入、不能随机修改。HDFS 中的文件只能有一个写入者，而且写操作总是将数据添加在文件的末尾。它不支持具有多个写入的操作，也不支持在文件的任意位置进行修改。

一个 HDFS 集群主要由一个 NameNode 和很多个 DataNode 组成。NameNode 用来管理文件系统的元数据，主要负责管理 HDFS 的名称空间、配置副本策略、管理数据块映射信息、处理客户端读写请求；DataNode 存储了实际的数据，执行数据块的读写操作。图 10-4 所示为 HDFS 架构。

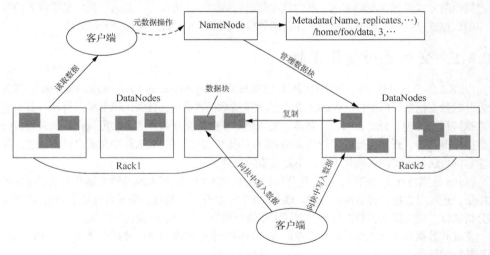

图 10-4　HDFS 架构

HBase 是一种构建在 Hadoop 之上的分布式、可扩展、面向列的存储系统。需要实时读写、随机访问超大规模数据集时可以使用 HBase。尽管已经有许多数据存储和访问的策略与实现方法，但事实上大多数解决方案，特别是一些关系类型的数据库，在构建时并没有考虑超大规模和分布式的特点。许多商家通过复制和分区的方法来扩充数据库使其突破单个节点的界限，但这些功能通常都是事后增加的，安装和维护都很复杂，同时会影响关系数据库管理系统的特定功能，例如连接、复杂的查询、触发器、视图和外键约束这些操作在大型关系数据库系统上的代价相当高，甚至根本无法实现。

HBase 从另一个角度处理伸缩性问题，它通过线性方式从下到上增加节点来进行扩展。HBase 不是关系数据库，也不支持 SQL，但是它有自己的特长，即 HBase 巧妙地将大而稀疏的表放在商用的服务器集群上，这一点是关系数据库管理系统不能处理的。

HBase 是 Google Bigtable 的开源实现，Google Bigtable 利用 GFS 作为其文件存储系统，HBase 利用 Hadoop HDFS 作为其文件存储系统；Google 运行 MapReduce 来处理 Bigtable 中的海量数据，HBase 同样利用 Hadoop MapReduce 来处理 HBase 中的海量数据；Google Bigtable 利用 Chubby 作为协同服务，HBase 利用 ZooKeeper 作为协同服务。

HBase 具有以下特点。

（1）大：一个表可以有上亿行、上百万列。

（2）面向列：面向列表（簇）的存储和权限控制，列（簇）独立检索。

（3）稀疏：为空（NULL）的列并不占用存储空间，因此，表可以设计得非常稀疏。

（4）无模式：每一行都有一个可排序的主键和任意数量的列，列可以根据需要动态增加，同一个表中不同的行可以有截然不同的列。

（5）数据多版本：每个单元中的数据可以有多个版本。默认情况下，版本号自动分配为单元格插入时的时间戳。

（6）数据类型单一：HBase 中的数据都是字符串。

10.5　大数据可视化

在大数据分析中，人们可以从数据中获取大量的信息，但数据的分析结果需要以易于理解、内容简单的方式呈现在我们面前，此时就需要进行数据可视化操作。数据可视化是指将大型数据集中的数据通过图形图像方式表示，并利用数据分析和开发工具发现其中未知信息。

10.5.1　交互式可视化工具

WEKA 的全名是怀卡托智能分析环境（Waikato Environment for Knowledge Analysis）。作为一个公开的数据挖掘工作平台，WEKA 集合了大量能承担数据挖掘任务的机器学习算法，其中包括对数据进行预处理、分类、回归、聚类、关联规则及在新交互式界面上的可视化。如果想自行实现数据挖掘算法，开发人员可以看一看 WEKA 的接口文档。在 WEKA 中集成自己的算法，甚至借鉴它的方法自行实现可视化工具并不是很难的事情。

Gephi 是进行社交图谱数据可视化分析的工具，它不但能处理大规模数据集并生成漂亮的可视化图形，还能对数据进行清洗和分类。Gephi 作为一款开源、免费、跨平台且基于 JVM 的复杂网络分析软件，可以供项目数据分析、新闻工作统计研究、微博信息研究等使用。

交互式数据可视化工具一般为商业软件，适用于业务需求简单、数据简单直接且用户不缺乏编程基础的场景。

10.5.2　配置式可视化工具

ECharts 是用 JavaScript 实现的开源可视化工具，是 JavaScript 的一个单纯图表库。它可以流畅地运行在 PC 或者移动设备上，兼容大部分浏览器。EChart 底层依赖于 Canvas 类库 ZRender，因此其可以提供直观、生动、可交互、可高度个性化定制的数据可视化图表。

Plotly 是一个非常知名且强大的开源数据可视化框架，它拥有所有 Python 绘图库中的 API，支持科学、统计学、金融、地理、农业等多个领域内各种各样的图表。

Vega-Lite 基于可视化语法 Vega 进行了上层封装，是一种能够快速构建交互式可视化效果的高阶语法。Vega-Lite 可以通过几行 JSON 配置代码完成一些通用图表的创建。不同于传统的可视化语法，Vega-Lite 使用组合的方式来更加灵活地生成图表，其配置语法的基础部分主要由 4 个部分组成：数据、转换、标记类型、编码。使用 D3.js 等可视化工具构建一个基础统计图表可能需要编写几十行代码，而使用 Vega-Lite 仅需几行代码。

相较于交互式可视化工具，配置式可视化工具适用于稍微复杂的场景，其需要用户有一定的编程基础、数据简单、业务需求中等复杂。

10.5.3　编程式可视化工具

D3.js（D3 全称为 Data-Driven Documents）是用于实时交互式大数据可视化的 JavaScript 库，其将数据以 SVG 和 HTML5 的格式呈现，允许用户根据数据集的内容进行引入、删除或编辑。D3.js 具有以下特点：灵活、易于使用、支持大型数据集、声明性编程、代码可重用、支持多种曲线生成等。

众所周知，Canvas、Svg 作为 2D 绘图的技术代表，在数据可视化领域内被广泛应用。为了适应对 3D 绘图需求，WebGL 技术应运而生。WebGL（Web Graphics Library）是一种 3D 绘图协议，它把 JavaScript 和 OpenGL ES 2.0 结合在一起。WebGL 可以为 Canvas 提供硬件 3D 加速渲染，开发人员可以借助系统显卡在浏览器里更加流畅地展示 3D 场景模型及创建复杂的导航和使数据可视化。

Processing 是一个开源的编程语言和编程环境，支持 Windows、macOS、Linux 等多种操作系统。Processing 作为一种具有革命前瞻性的计算机语言、以数字艺术为背景的程序语言，它的用户主要为计算机程序员和数字艺术家。

相较于配置式可视化工具，编程式可视化工具在业务需求复杂、数据比较复杂的场景下更加适用，对开发人员编程能力要求高。

10.6　小结

大数据最重要的是对数据进行分析，获取智能的、深入的、有价值的信息；其分析工作离不开高质量的数据和有效的数据管理。ETL 技术负责将分布的、异构数据源中的数据（如关系数据、平面数据文件等）抽取到临时中间层后进行清洗、转换、集成，最后加载到数据仓库或数据集市中，成为联机分析处理、数据挖掘的基础。云存储和分布式文件作为大数据的存储基础架构。使用常用的统计方法和各种数据挖掘算法分析海量数据，进行预测性分析、可视化分析，读者需要掌握一些常用的大数据平台及其分析工具。

习　题

一、填空题

1. 大数据的 4V 特性为_____、_____、_____、_____。
2. 大数据的构成主要是两种数据：_____和_____。
3. 数据的存储分为_____和_____。
4. 大数据处理分为两类：_____和_____。

5. 数据转换的任务主要是_____、_____和_____。

6. MapReduce 采用了_____架构。它主要由以下几个组件组成：_____、_____、_____和_____。

7. Apache Spark 是一个用于大规模数据处理的统一分析引擎，由_____开发，其特点是_____、_____、_____和_____。

8. 大数据存储与传统数据存储不同，通常使用_____、_____和_____等。

9. Storm 集群上有两种节点：主节点、_____。主节点运行一个名为_____的守护进程。

10. NoSQL 数据库可分类为：_____、_____、_____和_____。

二、选择题

1. 从大量数据中提取知识的过程通常称为（　　）。
   A. 数据挖掘　　　　B. 人工智能　　　　C. 数据清洗　　　　D. 数据仓库

2. 大数据处理技术和传统的数据挖掘技术最大的区别是（　　）。
   A. 处理速度快（秒级定律）　　　　　B. 算法种类更多
   C. 精度更高　　　　　　　　　　　　D. 更加智能化

3. 大数据的起源是（　　）。
   A. 金融　　　　　　B. 电信　　　　　　C. 互联网　　　　　D. 公共管理

4. 数据清洗的方法不包括（　　）。
   A. 缺失值处理　　　　　　　　　　　B. 噪声数据清除
   C. 一致性检查　　　　　　　　　　　D. 重复数据记录处理

5. 下列可以对大数据进行深度分析的工具是（　　）。
   A. 浅层神经网络　　B. Scala　　　　　C. 深度学习　　　　D. MapReduce

6. 大数据的 4V 特征中的 Volume 是指（　　）。
   A. 价值密度低　　　B. 处理速度快　　　C. 数据类型繁多　　D. 数据体量巨大

7. 当前大数据技术的基础是由（　　）首先提出的。
   A. 微软　　　　　　B. 百度　　　　　　C. 谷歌　　　　　　D. 阿里巴巴

8. 智能健康手环的应用开发体现了（　　）数据采集技术的应用。
   A. 统计报表　　　　B. 网络爬虫　　　　C. API 接口　　　　D. 传感器

9. 经过一系列处理，在基本保持原始数据完整性的基础上，减小数据规模的是（　　）。
   A. 数据清洗　　　　B. 数据融合　　　　C. 数据规约　　　　D. 数据挖掘

10. （　　）反映数据的精细化程度，越细化的数据，价值越高。
    A. 规模　　　　　　B. 活性　　　　　　C. 关联度　　　　　D. 颗粒度

三、简答题

1. 叙述元数据及其特点。
2. 为什么需要进行数据清洗？
3. 什么是 NoSQL 数据库？它有什么特点？
4. 简述 HDFS 的基本特点。
5. 简述数据可视化的优点。
6. 简述 MapReduce 的工作流程。

11

第 11 章　综合案例——会展管理系统开发

【本章导读】本章将通过开源商用软件——五方协同会展电子商务管理平台详细讲解数据库应用系统的需求分析、数据库设计、各类开发工具的使用、功能的实现与验证、大数据分析等内容。

11.1　会展业务信息化管理需求分析

本节主要讲述与会展业务相关的基础知识和管理需求。

11.1.1　会展的定义

会展是会议、展览、大型活动等集体性活动的简称。会展是指在一定的地域空间内，许多人聚集在一起形成的、定期或不定期、制度或非制度的传递和交流信息的群众性社会活动。会展包括各种类型的博览会、展览展销活动、大型会议、体育竞技运动、文化活动、节庆活动等。

为了简化应用场景，我们下一步仅针对展览会的相关事务展开研讨。

11.1.2　会展信息化

会展的本质是为参展企业提供一个充分展示自身价值的实体环境。由于会展本身的价值和影响力，这个实体环境中会聚集相关行业或领域的专业观众来参与各种有价值的信息分享活动和现场体验。

会展管理业务背景
介绍

在市场经济条件下，信息已经成为一种极其重要的商品。随着信息技术的飞速发展，我国已经进入信息社会。对信息的需求、依赖程度及信息需求被满足的程度是衡量社会信息化程度的重要指标。随着信息社会的发展，信息的交换强度和信息流动的持久性都越来越强。

一个高效信息社会的信息交流应该是活跃和快速的，供给更充分的信息将会对生产者或消费者制订更完备的生产计划或消费计划有很大帮助。而不完整的信息不利于我们对前景的准确预测和对未来的合理预期。

因此，通过会展官方网站、参展企业名录、展品展示平台、参展商会员管理、购买商会员管理等信息化平台，为展会的参与各方提供全面、精准的信息服务已经逐步成为会展信息化的标配模块。

11.1.3　会展管理信息化与五方协同

举办一个会展，其本质是一场信息交换和服务交易的盛宴。众所周知，获取信息要付出一定的资金成本，更重要的是还必须付出时间成本。而一场会展活动在相对短的时间内会将某一行业或与某一主题相关的各类企事业单位和人员聚集起来，进行集中的交流，其间会涉及大量复杂的信息搜集、信息加工和信息交换。

一场有规模的展览会或博览会（简称展会）一般会同时举办相关的主题会议、现场参观和延伸旅游，这种展会被普遍认为是比较综合的会展活动。

展会的参与者可分为 5 类业务主体，即主办（含承办、协办）方、代理方（展团）、参展方、购买方（专业观众）、服务方（展馆、广告、搭建、承运、餐饮、住宿等服务方，以及政府相关主管部门，如商委部门、公安部门、消防部门等）。会展相关五方的信息沟通和协调是一件极其复杂和艰巨的工作，因此对组织者的管理能力要求是极高的。

会展的组织实施和信息交换分为 3 个阶段：展前、展中和展后。在展会的不同阶段，会展相关五方的信息交换和产生的信息价值可极大地促进会展相关行业的发展，同时创造可观的经济和社会价值，因此越来越受到政府的重视，政府甚至不惜投入巨资对展会的主承办方进行高额补贴。

11.1.4　电子商务管理

展览会各阶段的信息量非常大，且很多信息都具有很高的商业价值，此时信息交换的可靠性和效率高低会直接影响会展组织的效率和效果。一般举办一个新的主题会展，前 3 届都属于投入阶段，很难盈利。

五方协同电子商务会展管理平台就是针对前述展会的业务场景，集信息有偿服务的交易管理和协同信息的可控共享这两方面的功能于一体的云服务平台。其具体功能包括展商管理、观众管理、服务商管理、代理商管理、展馆展位及展位图管理、会展服务管理、会刊管理、约见对接管理、主题会议管理、服务交易管理、通知管理、车辆管理、沟通记录管理、制证管理、签到管理等。

11.2　会展管理需求分析举例

随着信息工具的不断发展和丰富，现代展会已经形成了线上与线下相结合的智慧会展新业态。

11.2.1　参展商、专业观众注册与登录

参展商和专业观众借助主办方官网平台（PC 端网站、手机端微网站或微信公众号）以参展商或专业观众的身份来注册用户、提交单位或个人信息（包括营业执照或个人身份认证信息等），通过主办方的审批后，获得展会的在线服务和现场服务。

11.2.2　展位分配

参展商根据主办方提供的展位图，选定展位，并缴纳展位费，进而获得进一步的服务，例如展位搭建、设施租赁、酒店预订等各项服务。

11.2.3　参展指南

根据参展商注册信息时选定的产品或服务的分类，主办方要将相关参展商信息通过多种方式进行分类索引（如产品服务分类索引、地区索引、名称索引、展馆展位索引等），编辑成册形成参展商名录（展会会刊）。

11.2.4 关注参展商与观众邀约

观众获得参展商名录后，可以提前查询和标记关注的参展商，规划参观路线，高效率地参观展会。同时，主办方可以主动联系专业观众，为参展商提供观众邀约服务。

11.2.5 观众签到与参观轨迹

为了更好地为展会服务，主办方一般都会要求观众进行签到，并发放参观证及会刊资料，同时要统计专业观众到达现场或参加其他重要活动的签到数量。通过双向获取信息，参展商可以通过主办方提供的信息工具扫描观众胸卡，获得观众信息。同样地，观众也可以通过主办方提供的信息工具扫描参展商的展位二维码，获取参展商的详细信息。

11.3 会展相关数据实体分析

了解业务需求之后，我们就要通过对信息实体进行分析和整理，形成基本数据体系。

11.3.1 实体抽象

1. 单位实体

单位实体包括但不限于如下几类。

- 主办方：展览会的发起方。大型展会一般还会有承办方和协办方等不同经济实体。
- 代理商：负责分包、代理对参展商的招募和管理等工作，如展团就是代理商的一种形式。
- 参展商：在展览会中搭建展台向观众展示产品或服务的经济实体，其通常包括制造商、分销商、媒体机构等来自特定行业产业链不同环节的企业和机构。
- 专业观众：从事展览会上所展出商品或服务的设计、开发、生产销售、提供相关服务的专业人士及用户。
- 服务商：为展会提供各种资源的服务机构，如提供场馆、广告服务、搭建服务、运输服务、餐饮服务、酒店服务等。

2. 服务实体

服务实体包括但不限于如下几类。

- 地点。属性包括：地点 ID、地点名称、地点分类等。
- 展位。属性包括：展位 ID、展位名称、展位分类、所属楼层、x 坐标、y 坐标、长及宽等。
- 会议室。属性包括：会议室 ID、会议室名称、面积大小、容纳人数、其他信息。
- 展品。属性包括：展品 ID、展品名称、公司 ID、展品分类 ID、展品尺寸、重量等。
- 项目。属性包括：项目 ID、项目名称、公司 ID、项目分类 ID 等。
- 活动。属性包括：活动 ID、活动名称、公司 ID、活动分类 ID、活动时间等。
- 胸卡。属性包括：胸卡 ID、用户 ID、姓名、公司、电话、胸卡分类 ID、创建时间、修改时间、创建者等。
- 联系人。属性包括：联系人 ID、所属用户 ID、联系人姓名、固定电话、手机号码、电子邮件地址等。
- 车辆。属性包括：车辆 ID、车牌号、所属用户 ID、车辆分类 ID、车辆型号、规格、司机姓名、手机号码、登记时间等。

○　施工人员。属性包括：施工人员 ID、所属公司 ID、人员姓名、联系电话、照片地址等。

3．业务相关实体

业务相关实体包括但不限于如下几类。

　　○　订单。属性包括：订单 ID、订单日期、订单金额、用户信息等。

　　○　单位分配。属性包括：分配 ID、用户 ID、展位 ID、展位销售状态等。

　　○　合同。属性包括：合同 ID、合同名称、合同条款、合同金额、付款进度、甲方信息、乙方信息、合同日期等。

　　○　发票。属性包括：发票 ID、发票号码、发票种类、发票金额、开票时间、发票单位、纳税识别号、联系地址及电话、银行账号信息等。

　　○　付款。属性包括：付款 ID、付款人、付款金额、付款时间、付款方式、银行账号、付款附言等。

　　○　邮件。属性包括：邮件 ID、邮件主题、主送邮箱、抄送邮箱、邮件内容、发送时间、发送/接收状态、发件邮箱等。

　　○　短信。属性包括：短信 ID、短信内容、接收人号码、发送/接收状态、发送通道号、发送时间等。

会展管理业务数据
模型分析

11.3.2　数据模型分析

　　在初步了解会展管理业务的基础上，我们将会展管理的基本业务实体和实体之间的关联关系进行举例说明，如图 11-1 所示。

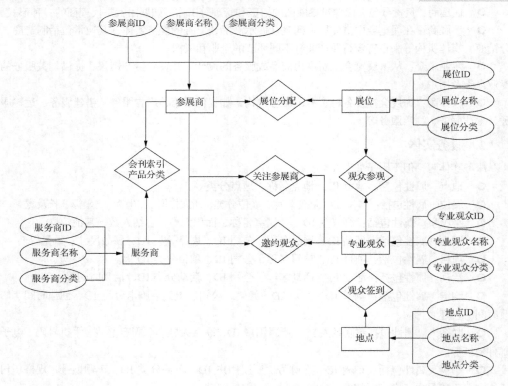

图 11-1　会展管理业务基本数据模型

　　参展商和专业观众是会展管理的两个基本实体（会展主办方的服务对象），展位实体与展商实体之间的匹配关系（多对多或一对多）形成参展商展位分配记录。参展商与产品服务分类实体之间的匹配关系（多对多）形成参展商产品服务类别索引记录。参展商与专业观众之间的匹配关系，一方面构成了专业观众对展商的关注记录，另一方面形成了参展商对专业观众的邀约申请。专业观众实体与地点实体之间的匹配关系（多对多）形成了观众地点签到记录，专业观众实体与展位实体之间的匹配关系形成了专业观众参观路径记录。

11.3.3　系统角色职能分析

　　会展基本角色职能流程图如图 11-2 所示。

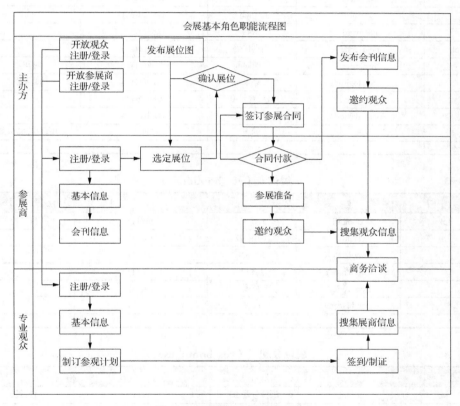

图 11-2　会展基本角色职能流程图

11.4　数据库详细设计

　　依据数据模型分析，建立相关数据基表结构（见表 11-1 和表 11-12），并在数据库系统中进行创建和配置。

表 11-1　　　　　　　　　　　　　　用户分类表（ecs_user_type）

标记	字段名	名称	类型及长度	说明
pk	type_id	用户类型	mediumint(8)	自增长
pk	type_code	类别代码	varchar(20)	

标记	字段名	名称	类型及长度	说明
	type_name_zh	中文名称	varchar(300)	
	effect_flag	生效标志	tinyint(1)	
……	……	……	……	……

表 11-2　　　　　　　　参展商/专业观众/服务商表（ecs_users）

标记	字段名	名称	类型及长度	说明
pk	user_id	用户 ID	mediumint(8)	
	user_name	用户名称	varchar(60)	
	email	电子邮件	varchar(60)	
	password	密码	varchar(32)	
pk	type_code	类别代码	varchar(20)	
	reg_time	注册时间	int(11)	时间戳
	last_login	最后登录时间	int(11)	时间戳
	last_ip	最后登录 IP	varchar(15)	
	login_device	登录设备	varchar(60)	
	plag	标志	int(3)	申请/正式/失效
……	……	……	……	……

表 11-3　　　　　　　　展位表（ecs_boothinfo）

标记	字段名	名称	类型及长度	说明
pk	BoothId	展位 ID	int(11)	自增长
rk	HallID	场馆 ID	int(11)	
	CoordinateX	坐标 x	int(11)	
	CoordinateY	坐标 y	int(11)	
	BoothWidth	宽度	int(11)	
	BoothHeight	高度	int(11)	
……	……	……	……	……

表 11-4　　　　　　　　展位分配表（ecs_booth_user）

标记	字段名	名称	类型及长度	说明
pk	BUId	展位分配 ID	int(11)	自增长
rk	BoothId	展位 ID	int(11)	
rk	UserId	用户 ID	mediumint(8)	
	SalesStatus	销售状态	int(11)	
……	……	……	……	……

表 11-5　　　　　　用户签到表（含邀约、关注等）（ecs_user_check）

标记	字段名	名称	类型及长度	说明
pk	check_id	签到 ID	mediumint(8)	自增长
rk	user_id	观众 ID	mediumint(8)	观众 user_id
	batch_id	签到批次 ID	mediumint(8)	boothID/position_id
	type_name	类型名称	tinyint(1)	地点或展位

标记	字段名	名称	类型及长度	说明
	check_time	签到时间	int(11)	时间戳
	check_ip	签到 IP	varchar(15)	
	location	位置	varchar(100)	
	device_name	签到设备	varchar(100)	
	check_source	签到来源	varchar(255)	
	check_code	签到代码	varchar(255)	
	check_table	签到对象基表	varchar(60)	
	check_table_id	基表对象 ID	mediumint(8)	
……		……	……	

表 11-6　　　　　　　　　产品服务分类大类表（ecs_proceeding_category）

标记	字段名	名称	类型及长度	说明
pk	cat_it	大分类 ID	smallint(4)	
	cat_name	大分类名称	varchar(60)	
	sort_order	排列顺序	tinyint(1)	
	max_num	最大数量	int(11)	
	min_num	最少数量	int(11)	
……	……	……	……	……

表 11-7　　　　　　　　　　产品服务分类小类表（ecs_proceeding）

标记	字段名	名称	类型及长度	说明
pk	proceeding_id	小分类 ID	smallint(4)	
	cat_id	小分类名称	smallint(4)	
	zh_name	中文名称	varchar(60)	
	en_name	英文名称	varchar(80)	
	p_order	排列顺序	smallint(4)	
……	……	……	……	……

表 11-8　　　　　　　　　展商会刊登记主表（ecs_contact_information）

标记	字段名	名称	类型及长度	说明
pk	contact_id	会刊 ID	mediumint(8)	
rk	editor_id	用户 ID	mediumint(8)	user_id
	company_name	中文名称	varchar(128)	
	company_name_en	英文名称	varchar(128)	
	contact_address	联系地址	varchar(255)	
	linkman	联系人	varchar(50)	
	edit_ip	编辑 IP	varchar(15)	
	edit_time	编辑时间	varchar(300)	
	approved_flag	审批标志	int(1)	Nullable
	approved_time	审批时间	int(15)	
	approved_ip	审批 IP	varchar(15)	
……	……	……	……	……

表 11-9　　　　　　　　　会刊登记分类表（ecs_information_proceeding）

标记	字段名	名称	类型及长度	说明
pk	ip_id	分类登记 ID	int(11)	
rk	i_id	会刊 ID	mediumint(8)	contact_id
rk	p_id	小分类 ID	smallint(4)	proceeding_id
	zh_name	中文名称	varchar(300)	
	en_name	英文名称	varchar(300)	
……	……	……	……	……

表 11-10　　　　　　　　　　地点表（ecs_location）

标记	字段名	名称	类型及长度	说明
pk	location_id	用户类型	mediumint(8)	
	location_type	类别代码	varchar(100)	
	location_name	中文名称	varchar(100)	
	effect_flag	生效标志	tinyint(1)	Nullable
……	……	……	……	……

表 11-11　　　　　　　　观众地点签到表（ecs_viewer_check）

标记	字段名	名称	类型及长度	说明
pk	check_id	签到 ID	mediumint(8)	
rk	viewer_id	观众 ID	mediumint(8)	观众 user_id
rk	location	位置	varchar(100)	
	check_time	签到时间	int(11)	时间戳
	check_ip	签到 IP	varchar(15)	
	check_souse	签到来源	varchar(255)	
	device_name	签到设备	varchar(100)	
	reply_content	签到响应信息	varchar(255)	
……	……	……	……	……

表 11-12　　　　　　　　　观众关注表（ecs_viewer_follow）

标记	字段名	名称	类型及长度	说明
pk	follow_id	关注 ID	mediumint(8)	
rk	viewer_id	位置 ID	mediumint(8)	观众 user_id
rk	user_id	关注对象 ID	varchar(300)	
	follow_time	观注时间	int(11)	时间戳
	follow_type	关注类型	varchar(60)	展商/展品/项目等
	lollow_ip	IP 地址	varchar(60)	
……	……	……	……	……

11.5　会员注册和问卷调查功能设计与实现

实训平台安装
演示

11.5.1　参展商注册和登录

图 11-3 所示为参展商注册界面，图 11-4 所示为参展商登录界面。图 11-5 所示为参展商登录

后的首页，图 11-6 所示为参展商基本信息界面。

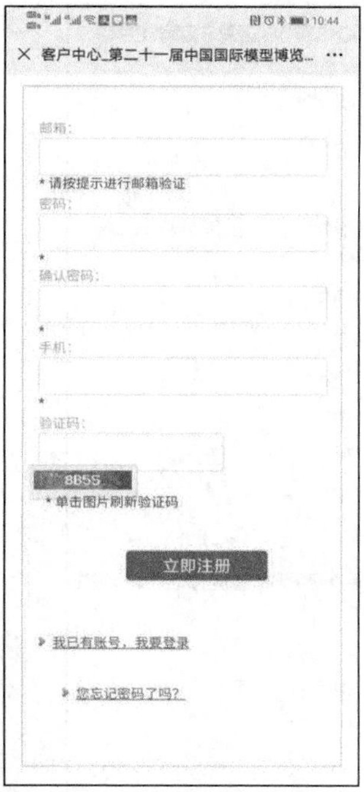

图 11-3　参展商注册界面

图 11-4　参展商登录界面

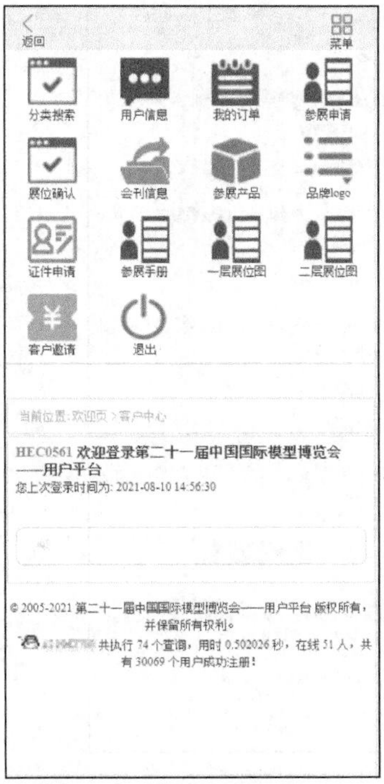

图 11-5　参展商登录后的首页

图 11-6　参展商基本信息界面

图 11-7 所示为参展商会刊相关信息界面。

参展商会刊信息演示

图 11-7　参展商会刊相关信息界面

图 11-8 所示为一层展位图界面，图 11-9 所示为二层展位图界面。

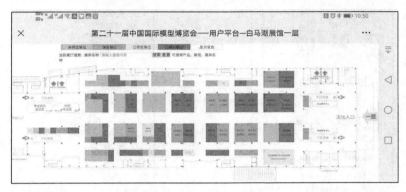

图 11-8　一层展位图界面

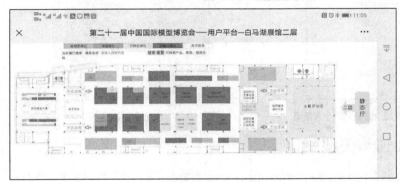

图 11-9　二层展位图界面

展位及展位分配演示

11.5.2　专业观众注册和登录

图 11-10 所示为专业观众注册界面，图 11-11 所示为专业观众注册信息完善界面。

图 11-10　专业观众注册界面

图 11-11　专业观众注册信息完善界面

专业观众注册流程
演示

图 11-12 为专业观众登录后的个人首页，图 11-13 所示为专业观众胸卡预览界面。

图 11-12　专业观众登录后的个人首页

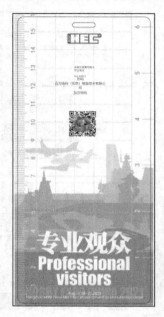

图 11-13　专业观众胸卡预览界面

11.5.3　电子会刊与关注展商

图 11-14 所示为电子会刊及展商查询界面，图 11-15 所示为查看展商详情并添加关注界面。

图 11-14　电子会刊及展商查询界面

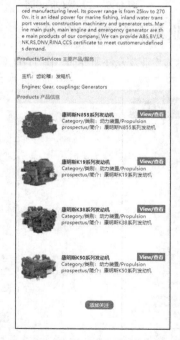

图 11-15　查看展商详情并添加关注界面

电子会刊与展商关注
演示

数据库原理与应用（MySQL 微课版　第 4 版）

11.5.4　观众签到与统计

观众签到与统计演示

观众签到是展会现场管理的一个重要环节。在与会人员中，参展商的愿望是通过展会获取与专业观众面对面沟通交流的机会。为了协助双方快速建立信任关系，主办方通常会将确认的观众信息制成"参观证"（见图 11-16），并将观众的签到统计信息（见图 11-17）分享给参展商。

图 11-16　签到制证界面

图 11-17　制证结果

11.6　会展业务的商业智能

会展业务的商业智能演示

展会主办方与平台软件提供方经过常年的合作，在系统中沉淀了各种数据，数据量也很大。通过对这些数据的分析和整理，我们可以挖掘出很多有价值的信息。这些信息有助于指导展会主办方为下一届展会做更充分的准备，以便提高工作效率、获得更好的经济和社会效益。

11.6.1　数据整合

会展管理平台沉淀下来的数据涉及各个维度，如时间维度、国家地区维度、展位数量维度、展品种类维度、展商享受折扣维度等。开发人员需要对数据进行整合，将相同维度的数据进行汇总（如加总或求平均）。

【例 11-1】将付费专业观众签到表中的数据按签到日期进行整合，得到付费专业观众签到时间分布。SQL 语句如下：

```
SELECT SUBSTRING(FROM_UNIXTIME(check_time),6,5),COUNT(check_id) FROM ecs_
viewer_check WHERE batch_id=20 AND check_time>'1524153600' AND check_time <
'1524412799' GROUP BY SUBSTRING(FROM_UNIXTIME(check_time),6,5)
```

展示结果如图 11-18 所示。

【例 11-2】将 2017 年参观签到的付费专业观众划分成两类：一类是参观了 2016 年展会的老观众；另一类是只参观了 2017 年展会的新观众。SQL 语句如下：

```
(SELECT '新观众',COUNT(a.viewer_id)-COUNT(b.viewer_id) AS viewer_number
```

```
    FROM (SELECT DISTINCT viewer_id AS viewer_id FROM ecs_viewer_check WHERE
batch_id=16) a LEFT JOIN (SELECT DISTINCT viewer_id AS viewer_id FROM ecs_viewer_
check WHERE batch_id=17) b ON a.viewer_id=b.viewer_id)
    UNION (SELECT '老观众',COUNT(b.viewer_id) AS viewer_number
    FROM (SELECT DISTINCT viewer_id AS viewer_id FROM ecs_viewer_check WHERE
batch_id=16) a LEFT JOIN (SELECT DISTINCT viewer_id AS viewer_id FROM ecs_viewer_
check WHERE batch_id=17) b ON a.viewer_id=b.viewer_id)
```

展示结果如图 11-19 所示。

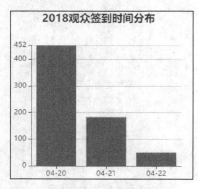

图 11-18　付费专业观众签到时间分布

图 11-19　新老观众比例

11.6.2　数据挖掘

经过分析，数据之间是有逻辑关系的。例如，展位费折扣与展位面积和展位费用之间的连带关系是否充分体现了薄利多销，以实现主办方和参展商的双赢。为此，我们需要将多个维度汇总的数据再进一步关联起来，看一看享受不同折扣的参展商所支付展位费用总额之间的比例关系，由此指导主办方制定更加合理的价格政策。

再如，通过比较本届和上一届展会中不同签到窗口签到数量来分析签到窗口的工作效率和志愿者引导专业观众签到的效果，如图 11-20 所示。

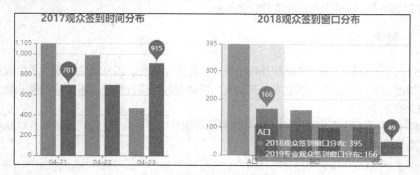

图 11-20　两届展会观众签到时间及窗口分布对比

11.6.3　数据展现

数据展现要考虑展现的形式、媒介和权限。数据展现的形式包括表格和图表，其中图表又包括饼图（见图 11-19）、柱状图（见图 11-20）、折线图（见图 11-21）、仪表盘图（见图 11-22）和雷达图等不同的样式。展现的表格或图表要兼容 PC 客户端、pad 和手机端等媒介。展现的权限分为内部展现和外部展现，其中内部展现要设置用户权限，以避免敏感信息外泄而影响顺利招展。

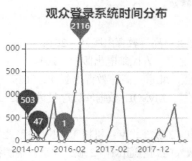

图 11-21 观众登录系统时间分布

图 11-22 2017 年注册观众数量

11.7 存在的问题

本系统是作者历经十多年时间，在 ecshop 开源平台上打造的一款开放的会展电子商务管理平台。它已经经过多家大型会展主办方的实际应用，并获得一致好评。但是，随着互联网生态环境的不断改善，本系统还有很大的发展空间。希望读者可以根据自身的兴趣和市场的需要，借鉴现有平台不断丰富和改进系统的功能和性能，以便在学习和实践中掌握基本的数据库原理与应用开发能力，进而跨入现代互联网服务行业，实现个人事业的发展和财务的自由。

参考文献

[1] 王珊，萨师煊. 数据库系统概论[M]. 5版. 北京：高等教育出版社，2014.

[2] 孔祥盛. MySQL数据库基础与实例教程[M]. 北京：人民邮电出版社，2014.

[3] 周德伟，覃国蓉. MySQL数据库技术[M]. 2版. 北京：高等教育出版社，2019.

[4] 教育部考试中心. 全国计算机等级考试二级教程：MySQL数据库程序设计[M]. 北京：高等教育出版社，2020.

[5] 李辉. 数据库系统原理及MySQL应用教程[M]. 2版. 北京：机械工业出版社，2019.

[6] 王飞飞，崔洋，贺亚茹. MySQL数据库应用从入门到精通[M]. 2版. 北京：中国铁道出版社，2014.

[7] 刘乃琦，李忠. PHP和MySQL Web应用开发[M]. 北京：人民邮电出版社，2013.

[8] 明日科技. PHP从入门到精通[M]. 4版. 北京：清华大学出版社，2017.

[9] 陈为，巫英才，鲍虎军. 大数据可视化分析方法与应用[M]. 北京：化学工业出版社，2019.

[10] 江大伟，高云君，陈刚. 大数据管理系统[M]. 北京：化学工业出版社，2019.